Hans-Georg Schumann

Visual Basic 2015 für Kids

mitp

Bibliografische Information der Deutschen Nationalbibliothek
Die Deutsche Nationalbibliothek verzeichnet diese Publikation in der Deutschen Nationalbibliografie; detaillierte bibliografische Daten sind im Internet über <http://dnb.d-nb.de> abrufbar.

Bei der Herstellung des Werkes haben wir uns zukunftsbewusst für umweltverträgliche und wiederverwertbare Materialien entschieden.
Der Inhalt ist auf elementar chlorfreiem Papier gedruckt.

ISBN 978-3-95845-206-0
1. Auflage 2015

www.mitp.de
E-Mail: mitp-verlag@sigloch.de
Telefon: +49 7953 / 7189 - 079
Telefax: +49 7953 / 7189 - 082

Lektorat: Katja Völpel
Sprachkorrektorat: Petra Heubach-Erdmann
Covergestaltung: Christian Kalkert
Satz: III-Satz, Husby, www.drei-satz.de
Druck: Medienhaus Plump GmbH, Rheinbreitbach

Inhalt

Vorwort

Es sind schon wahre Wunderwerke, die Computer! Man trifft diese Dinger überall, sie können allerhand Sachen, man kann damit Texte schreiben, Bilder malen und spielen.

In Wirklichkeit aber sind sie strohdumm. Denn sie machen nur das, was ihnen ein Programm sagt. Ist das ein Grafikprogramm, dann lassen sich mit dem Computer Bilder bearbeiten. Ist das ein Actionspiel, dann lässt sich der Computer mit einem Joystick oder den Tasten steuern und bewegt irgendwelche Figuren oder andere Objekte über den Bildschirm.

Programme werden von Leuten erstellt, die sich in einer Programmiersprache auskennen, sich Nächte um die Ohren schlagen und nur in der Nähe ihres Computers schlafen. So sagt man, aber das muss ja nicht stimmen.

Was heißt eigentlich Programmieren?

Wenn du aufschreibst, was ein Computer tun soll, nennt man das **Programmieren**. Das Tolle daran ist, dass du selbst bestimmen kannst, was getan werden soll. Lässt du dein Programm laufen, macht der Computer die Sachen, die du ausgeheckt hast. Natürlich wird er dann dein Zimmer nicht aufräumen und dir auch keine Tasse Kakao ans Bett bringen. Aber kannst du erst mal programmieren, kannst du den Computer sozusagen nach deiner Pfeife tanzen lassen.

Allerdings passiert es gerade beim Programmieren öfter mal, dass der Computer nicht so will, wie du es gerne hättest. Meistens ist das ein Fehler im Programm. Das Problem kann aber auch irgendwo anders im Computer oder im Betriebssystem liegen. Das Dumme bei Fehlern ist, dass sie sich gern so gut verstecken, dass die Suche danach schon manchen Programmierer zur Verzweiflung gebracht hat.

Vielleicht hast du nun trotzdem Lust bekommen, das Programmieren zu erlernen. Dann brauchst du ja nur noch eine passende **Entwicklungsumgebung**, und schon kann's losgehen.

Was ist eine Entwicklungsumgebung?

Um ein Programm zu erstellen, musst du erst mal etwas eintippen. Das ist wie bei einem Brief oder einer Geschichte, die man schreibt. Das Textprogramm dafür kann sehr einfach sein, weil es ja nicht auf eine besondere Schrift oder Darstellung ankommt wie bei einem Brief oder einem Referat. So etwas wird **Editor** genannt.

Ist das Programm eingetippt, kann es der Computer nicht einfach lesen und ausführen. Jetzt muss es so übersetzt werden, dass der PC versteht, was du von ihm willst. Weil er aber eine ganz andere Sprache spricht als du, muss ein Dolmetscher her. Du programmierst in einer Sprache, die du verstehst, und der Dolmetscher übersetzt es so, dass es dem Computer verständlich wird. So was heißt dann **Compiler**.

Schließlich müssen Programme getestet, überarbeitet, verbessert, wieder getestet und weiterentwickelt werden. Dazu gibt es noch einige zusätzliche Hilfen. Daraus wird dann ein ganzes System, die Entwicklungsumgebung. Und ein solches (sehr mächtiges) System ist **Visual Studio** von Microsoft.

Warum gerade (Visual) Basic?

Leider kannst du nicht so programmieren, wie dir der Mund gewachsen ist. Eine **Programmiersprache** muss so aufgebaut sein, dass möglichst viele Menschen in möglichst vielen Ländern einheitlich damit umgehen können.

Weil in der ganzen Welt Leute zu finden sind, die wenigstens ein paar Brocken Englisch können, besteht auch fast jede Programmiersprache aus englischen Wörtern. Es gab auch immer mal Versuche, z.B. in Deutsch zu programmieren, aber meistens klingen die Wörter dort so künstlich, dass man lieber wieder aufs Englische zurückgreift.

Eigentlich ist es egal, welche Programmiersprache du benutzt. Am besten eine, die möglichst leicht zu erlernen ist. In diesem Buch hast du es mit der Programmiersprache **BASIC** zu tun. Das ist die Abkürzung für den langen englischen Begriff »Beginner's All-purpose Symbolic Instruction Code«, der so viel bedeutet wie »Symbolische Allzweckprogrammiersprache für Anfänger«.

BASIC ist inzwischen eine der Sprachen, die am meisten verbreitet sind. Sie ist einfach und für Anfänger, die zuvor noch nie mit irgendeiner Programmiersprache Kontakt hatten, sehr gut geeignet. (Willst du auch mal in andere Sprachen hineinschnuppern, dann empfehle ich dir eines der anderen Kids-Bücher z.B. über Delphi oder Java.)

Da es eine ganze Reihe verschiedener Basic-Dialekte gibt, musste ich mir einen heraussuchen. Besonders stark verbreitet und dazu noch vielseitig ist **Visual Basic**, weshalb ich mich auch hier für diesen Dialekt entschieden habe.

Mit der von Microsoft kostenlos zur Verfügung gestellten Software **Visual Studio** hast du eine sehr leistungsfähige Entwicklungsumgebung für die neuesten Windows-Versionen.

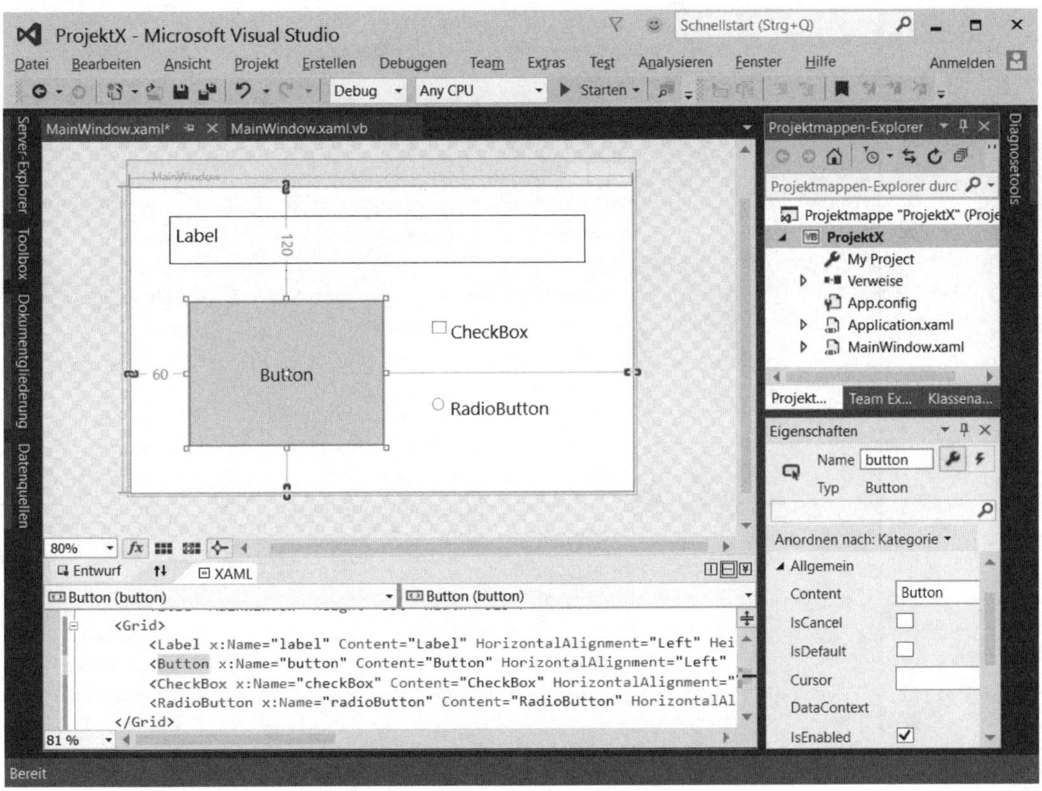

Und was bietet dieses Buch?

Über eine ganze Reihe von Kapiteln verteilt lernst du

- Grundlagen der Sprache Basic kennen
- mit Visual Studio unter Windows umzugehen
- mit Komponenten zu arbeiten (das sind Bausteine, mit denen du dir viel Programmierarbeit sparen kannst)
- einiges über Grafik, Animation und Spiele
- die Geheimnisse der Objektorientierten Programmierung (kurz: OOP) kennen

Im **Anhang** gibt es dann noch einiges an Informationen und Hilfen. Auch für deine Eltern und Lehrer, aber vor allem für dich!

Einleitung

Wie arbeitest du mit diesem Buch?

Grundsätzlich besteht dieses Buch aus einer Menge Text mit vielen Abbildungen dazwischen. Natürlich habe ich mich bemüht, alles so zuzubereiten, dass daraus lauter gut verdauliche Happen werden. Damit das Ganze noch genießbarer wird, gibt es zusätzlich noch einige Symbole, die ich dir hier gern erklären möchte:

Arbeitsschritte

≫ Wenn du dieses Zeichen siehst, heißt das: Es gibt etwas zu tun. Damit kommen wir beim Programmieren Schritt für Schritt einem neuen Ziel immer näher.

→ Grundsätzlich lernt man besser, wenn man einen Programmtext selbst eintippt oder ändert. Aber nicht immer hat man große Lust dazu. Weil sich alle Projekte im Buch von der Verlags-Homepage herunterladen lassen, findest du hinter einem Programmierschritt auch den jeweiligen Namen des Projekts oder einer Datei (z.B. PROJEKT1, GAME1). Wenn du also das Projekt nicht selbst erstellen willst, kannst du stattdessen die Datei aus dem Download verwenden.

Aufgaben

Am Ende eines Kapitels wirst du jeweils eine Reihe von Fragen und Aufgaben entdecken. Diese Übungen sind nicht immer ganz einfach, aber sie helfen dir, noch besser zu programmieren. Auch die Lösungen zu den Aufgaben kannst du dir von der Verlags-Homepage herunterladen: *http://www.mitp.de/206*. Sie lassen sich z.B. im Editor von Windows oder auch in deinem Textverarbeitungsprogramm anschauen. Oder du lässt sie dir ausdrucken und hast sie dann schwarz auf weiß, um sie neben deinen PC zu legen. (Auch die Programme zu den Aufgaben liegen zum Download bereit.)

Notfälle

Vielleicht hast du irgendetwas falsch gemacht oder etwas vergessen. Oder es wird gerade knifflig. Dann fragst du dich, was du nun tun sollst. Bei diesem Symbol findest du eine Lösungsmöglichkeit. Notfalls kannst du aber auch ganz hinten im Anhang C nachschauen, wo ein paar Hinweise zur Pannenhilfe aufgeführt sind.

Wichtige Stellen im Buch

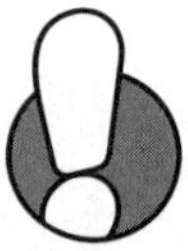

Hin und wieder siehst du ein solch dickes Ausrufezeichen im Buch. Dann ist das eine Stelle, an der etwas besonders Wichtiges steht.

Wenn es um eine ausführlichere Erläuterung geht, tritt Buffi in Erscheinung und schnuppert in seiner Kiste mit Tipps & Tricks.

Was brauchst du für dieses Buch?

Du findest Visual Studio 2015 als komplette Entwicklungsumgebung für Windows-Programme zum Download auf der entsprechenden Seite von Microsoft:

https://www.visualstudio.com/de-de/

Kostenlos ist die **Community**-Version, damit arbeiten wir auch hier im Buch. Nach dem Download wird alles mit dem **Setup**-Programm in ein Verzeichnis deiner Wahl installiert, z.B. C:\PROGRAMME\VISUAL STUDIO.

Die Beispielprogramme in diesem Buch findest du auf der Homepage des Verlages in der gerade aktuellen Version:

http://www.mitp.de/206

Betriebssystem

Die meisten Computer arbeiten heute mit dem Betriebssystem Windows. Davon brauchst du eine der Versionen 7, 8 oder 10.

USB-Stick oder SD-Card

Auf jeden Fall benötigst du einen USB-Stick oder ein anderes externes Speichermedium, auch wenn du deine Programme auf der Festplatte unterbringen willst. In einem zusätzlichen Speicher sind deine Arbeiten auf jeden Fall zusätzlich sicher aufgehoben.

Gegebenenfalls bitte deine Eltern oder Lehrer um Hilfe: Sie sollen den Anhang **A** (und vielleicht auch noch Anhang **B**) lesen. Dann können sie dir bei den ersten Schritten besser helfen.

Wie gut kannst du schon mit dem Computer umgehen?

Du musst dich mit deinem PC nicht perfekt auskennen, um mit Basic zu programmieren. Es ist aber gut zu wissen, wie man Visual Studio startet und beendet. Das erfährst du gleich im ersten Kapitel.

> Wenn du noch Schwierigkeiten mit dem PC hast, ist es besser, sich erst mal ein grundlegendes Buch über Computer anzuschauen, z.B. **Computer für Kids**.

Kennst du dich aber schon gut mit dem Computer und mit Windows aus, dann lass uns gleich beginnen!

1

Das erste Projekt

Du willst gleich loslegen? Dem Computer endlich mal etwas sagen, was er für dich tun kann? Na, dann schalte deinen PC an und lass erst mal Windows auftauchen. Von da aus geht es dann direkt zum ersten Programmprojekt in Visual Studio.

In diesem Kapitel lernst du

- wie man Visual Studio startet
- wie man ein Projekt erstellt und ausführt
- was ein Formular ist und wie man damit arbeitet
- was eine Komponente ist und wie man sie einsetzt
- die Komponente `Button` kennen
- wie man ein Projekt speichert
- wie man Visual Studio beendet

Visual Studio starten

Bevor wir mit dem Programmieren anfangen können, muss **Visual Studio** erst installiert werden.

Die Installation übernimmt ein Programm namens SETUP. Genaues erfährst du im **Anhang B**. Hier musst du dir von jemandem helfen lassen, wenn du dir die Installation nicht allein zutraust.

Eine Möglichkeit, Visual Studio zu starten, ist diese:

- Öffne den Ordner, in den du Visual Studio untergebracht hast (z.B. C:\PROGRAMME\VISUAL STUDIO).

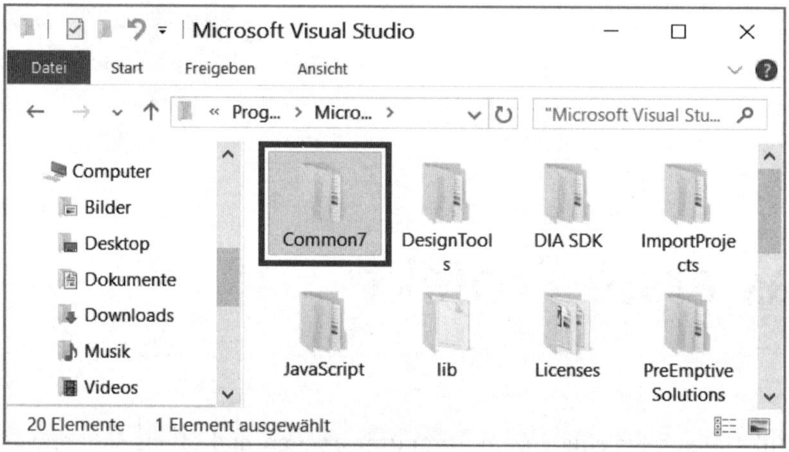

- Dort musst du nun weiter in einige Unterordner mit den Namen COMMON7\IDE wechseln:

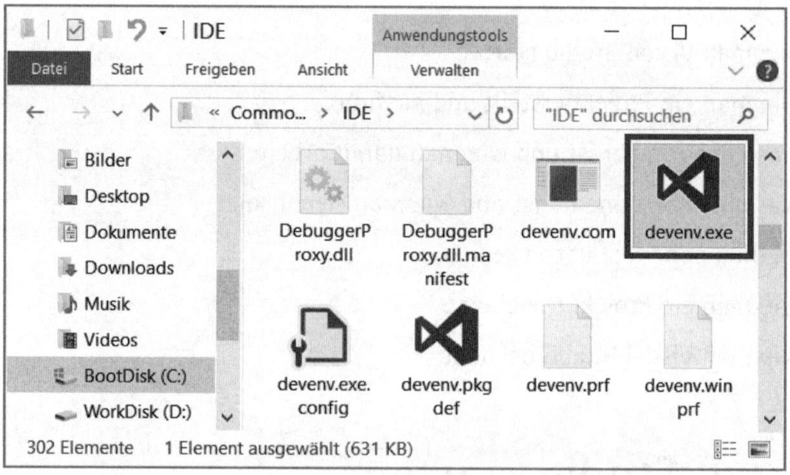

- Hier suchst du unter den vielen Symbolen eines derjenigen heraus, die aussehen wie eine gekippte Lila-8, und zwar das mit dem Namen DEVENV.EXE.

≫ Nun kannst du das Programm mit einem Doppelklick auf das Symbol starten:

Ich empfehle dir, eine **Verknüpfung** auf dem Desktop anzulegen:

- Dazu klickst du mit der rechten Maustaste auf das Symbol für Visual Studio (DEVENV.EXE). Im Kontextmenü wählst du KOPIEREN.
- Dann klicke auf eine freie Stelle auf dem Desktop, ebenfalls mit der rechten Maustaste. Im Kontextmenü wählst du VERKNÜPFUNG EINFÜGEN.
- Es ist sinnvoll, für das neue Symbol auf dem Desktop den Text `devenv.exe - Verknüpfung` durch `Visual Studio` zu ersetzen.

Von nun an kannst du auf das neue Symbol **doppelklicken** und damit Visual Studio starten.

Kleine Spritztour durch Visual Studio

Je nach Computer kann es eine Weile dauern, bis Visual Studio geladen ist. Was dich schließlich erwartet, könnte ungefähr so aussehen – wobei das aktuelle Bild unter anderem davon abhängt, ob du eine Verbindung zum Internet hast oder nicht:

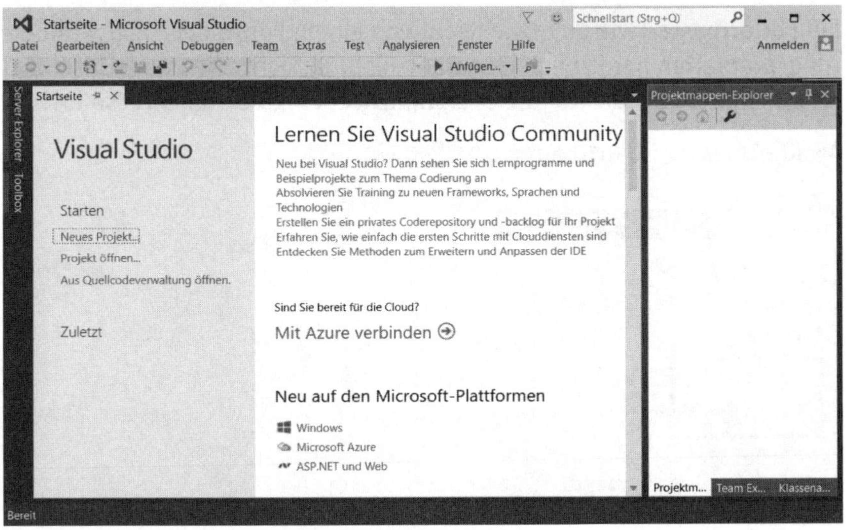

Für den ersten Augenblick ist das vielleicht ein bisschen verwirrend. Da tummelt sich ja einiges auf dem Bildschirm.

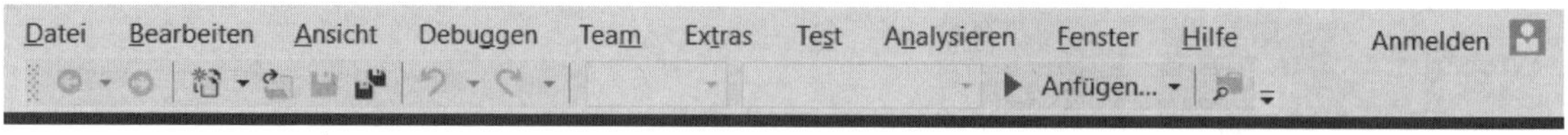

Ganz oben kann man die Menüleiste erkennen. Links darunter befinden sich jede Menge Symbole, die man mit der Maus anklicken kann.

Diese Menüs von Visual Studio wirst du wahrscheinlich am meisten benutzen:

- Über das DATEI-Menü kannst du Dateien speichern, laden (öffnen), ausdrucken, neu erstellen oder Visual Studio beenden.
- Das BEARBEITEN-Menü hilft dir bei der Bearbeitung deines Programmtextes, aber auch bei anderen Programmelementen. Außerdem kannst du dort bestimmte Arbeitsschritte rückgängig machen oder wiederherstellen.
- Im ANSICHT-Menü hast du unter anderem die Möglichkeit, zusätzliche Hilfsfenster und Boxen ein- oder auszublenden.
- Über das DEBUGGEN-Menü sorgst du dafür, dass dein Programmprojekt ausgeführt wird.
- Und das HILFE-Menü bietet dir vielfältige Hilfe-Informationen an.

Einige wichtige Menüeinträge sind in einem sogenannten **Popup**-Menü zusammengefasst. Das heißt so, weil es dort aufklappt, wo du gerade mit der **rechten** Maustaste hinklickst.

Ein Editorfenster, wie du es vielleicht von einem Editor oder Textverarbeitungsprogramm her kennst, ist gerade nicht in Sicht. Was tun? Unser Ziel ist es, ein neues Projekt – unser Erstlingswerk – zu erstellen. Also los!

> Klicke unter STARTEN auf NEUES PROJEKT.

≫ Oder du klickst in der Menüleiste auf DATEI und im sich öffnenden Menü auf NEU und dann auf PROJEKT.

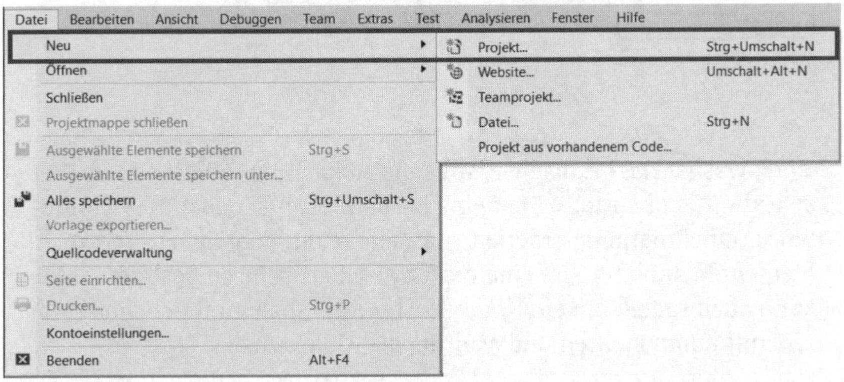

Im folgenden Dialogfenster wird dir nun einiges angeboten. Das merkst du, wenn du auf der linken Seite mal einzelne Einträge anklickst. Eigentlich so viel, dass es schon ein bisschen verwirrend sein kann. Wie du siehst, gibt es nicht nur **mehrere** Sprachen, mit denen Visual Studio funktioniert, sondern du kannst deine Projekte auch für andere **Plattformen** (Geräte und Betriebssysteme) als Windows-Computer entwickeln.

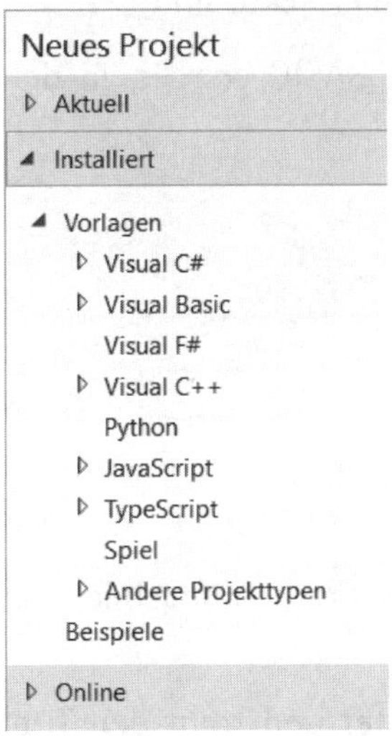

≫ Suche links den Eintrag VISUAL BASIC und klicke darauf. Das ist wichtig, damit dein Projekt auch in dieser Sprache erstellt werden kann. Danach klickst du auf das Symbol für WPF-ANWENDUNG.

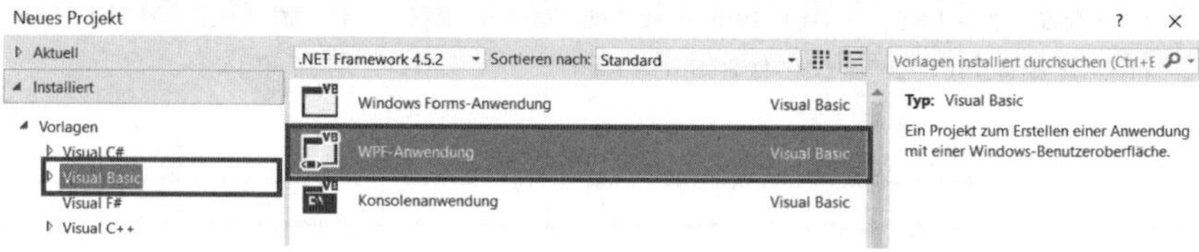

WPF, was ist das? Zunächst ist es die Abkürzung für »Windows Presentation Foundation«. Gemeint ist damit ein sogenanntes **Framework**, ein Programmiergerüst, das einen umfangreichen Vorrat an Elementen anbietet, um eine grafische Oberfläche zu gestalten. Man kann auch sagen: um ein Hauptfenster mit Inhalt zu füllen, und zwar z.B. mit Komponenten und Multimedia-Objekten.

Neben WPF gibt es noch die sogenannten **Windows Forms**. Die waren die Vorläufer des WPF, noch heute kann man aber mit Visual Basic auch Projekte erstellen, die mit Windows Forms funktionieren.

> Wenn du willst, kannst du außerdem einen Namen für dein Projekt eingeben – z.B. `Projekt1`.

Das ist beim ersten Versuch noch unwichtig, aber später solltest du schon einen Namen finden, der zum jeweiligen Projekt passt.

> Durchaus wichtig ist der SPEICHERORT. Du kannst die Vorgabe so stehen lassen, solltest dir aber dann merken, wo deine Projekte sind.

Ich habe auf Laufwerk D: einen Ordner VISUAL BASIC erstellt, in den packe ich meine Projekte.

> Klicke schließlich zur Bestätigung auf OK.

Es kann etwas dauern, bis sich schließlich das Erscheinungsbild von Visual Studio etwa so geändert hat:

Das große Fenster links oben ist das Designfenster und trägt den Titel MAINWINDOW.XAML. Was du darin siehst, ist das sogenannte **Formular** oder auch Projekt-**Hauptfenster**, in dem wir unsere Programmoberfläche zusammenbasteln.

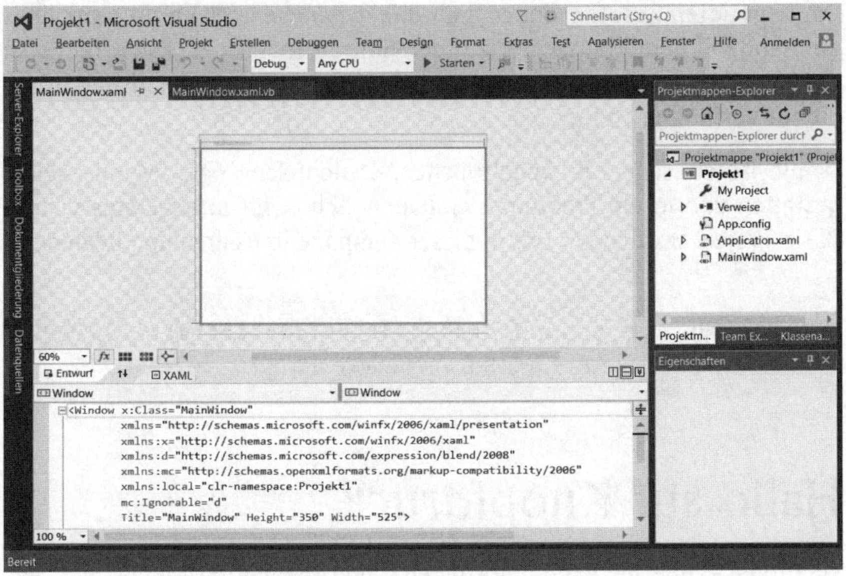

Darunter in einem schmaleren Fenster steht einiger Text. Der beschreibt das darüber liegende Formular. Damit beschäftigen wir uns erst später.

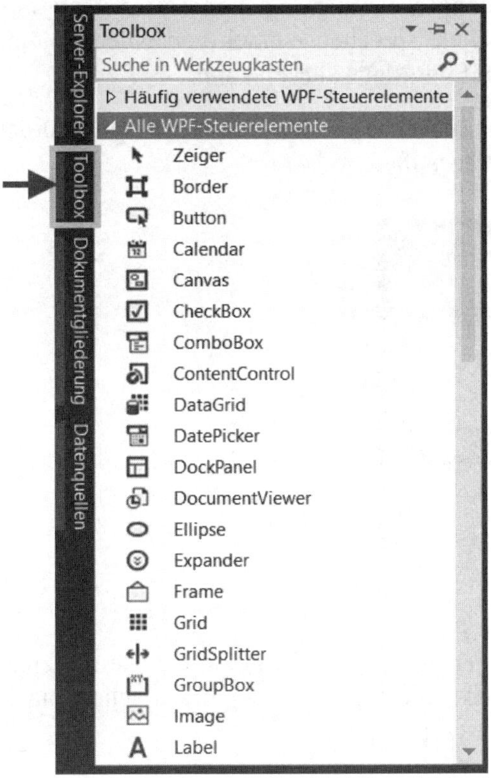

Die benötigten Zutaten finden sich direkt daneben. Wenn du ganz links am Rand mit dem Mauszeiger auf den Eintrag TOOLBOX klickst, öffnet sich ein (ellenlanges) Menü. Darin stehen die **Komponenten**, die Visual Studio dir zur Verfügung stellt.

Damit lassen sich z.B. Schaltflächen, Dialogfelder oder Menüs selbst gestalten und in ein Programm einbauen. Schon für unser erstes Visual-Basic-Projekt werden wir uns in dieser Komponentensammlung bedienen.

> Bei dir gibt es nichts mit Toolbox? Dann öffne das Menü ANSICHT, suche dort den Eintrag TOOLBOX und klicke darauf.

Hallo auf Knopfdruck

Eigentlich kann's jetzt schon losgehen. Den Umgang mit Menüs und Dialogfenstern kennst du bereits von Windows. Deshalb müssen wir uns damit nicht mehr aufhalten. Bauen wir uns jetzt ein kleines Projekt, das auf Knopfdruck funktioniert.

Wir brauchen dazu eine Komponente, die **Button** genannt wird. Man sagt dazu auch **Schaltfläche**. Und viele sprechen einfach von einem Knopf. Wichtig ist, dass man darauf mit der Maus klicken kann.

- Fahre mit der Maus langsam über die Toolbox-Einträge. Wenn du bei BUTTON gelandet bist, klicke darauf.

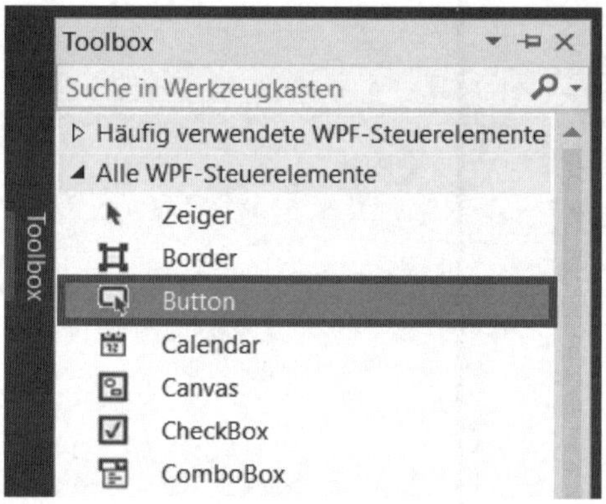

- Wechsle mit dem Mauszeiger nun in das Formular. Drücke die linke Maustaste, halte sie gedrückt und ziehe mit der Maus schräg nach unten. (Die Toolbox-Anzeige wird zugeklappt.)

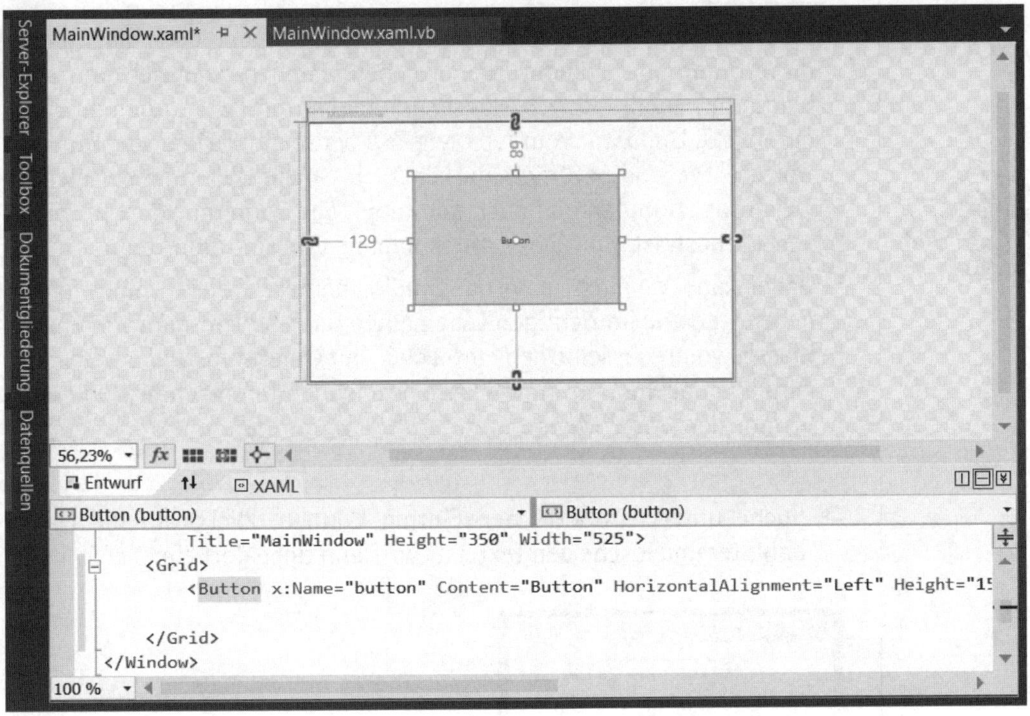

≫ Wenn du meinst, dass die Schaltfläche groß genug ist, lass die Maustaste wieder los.

Da hast du nun eine Schaltfläche (oder einen Knopf) mit der Aufschrift BUTTON. Eigentlich ein blöder Name! Den sollten wir gleich ändern. Dazu brauchen wir ein Fensterchen, das wir bisher noch nicht weiter beachtet haben: Dort stehen alle **Eigenschaften**, die ein Objekt bzw. eine Komponente betreffen, also z.B. die Größe, die Lage oder der Name. Du findest dieses Fenster rechts unten in Visual Studio.

Was versteht man hier unter einem **Objekt**? Das sind doch eigentlich diese Dinger, die ständig irgendwo herumstehen oder sich um uns herum bewegen. Also z.B. Häuser, Bäume, Autos, Leute. Auch du bist ein Objekt. Und zwar vom Typ Mensch. Ebenso gibt es in Visual Studio Objekte. Die sind natürlich nur künstlich. So ein Objekt ist beispielsweise das Formular, und auch der Knopf, den du gerade dort hineingesetzt hast, ist ein Objekt. Alle Komponenten sind Objekte.

Dabei kann es auch in Visual Studio mehrere Objekte eines Typs geben – so wie im richtigen Leben auch. Dann spricht man von einer **Klasse**, womit dasselbe gemeint ist wie mit **Objekttyp**. Und ein Objekt wird auch als **Instanz** einer Klasse bezeichnet. Demnach bist du eine Instanz der Klasse Mensch.

≫ Suche unter ALLGEMEIN den Eintrag CONTENT, klicke auf die Fläche dahinter und lösche den Text `Button`. Dann tippe dort ein: `Drück mich!`

Wenn du zweimal auf eine Komponente klickst (kein Doppelklick!), dann erscheint der dortige Text markiert. Du kannst ihn dann durch direktes Eintippen ändern.

Und schon erscheint dieser Text auch als Aufschrift auf der Schaltfläche. Allerdings sieht er genauso mickrig aus wie der vorige Text. Auch da lässt sich was über das EIGENSCHAFTEN-Fenster machen.

≫ Blättere dich durch das Fenster, bis du zu dem Eintrag TEXT gelangst. Klicke darauf.

- Nun kannst du nicht nur eine neue Schriftart wählen (wenn du willst), sondern auch die Größe einstellen. Dort, wo eine Zahl mit »pt« steht (bei mir 9). Ändere das in einen Wert zwischen 16 und 24 um.

Und jetzt kann sich der Button schon besser sehen lassen.

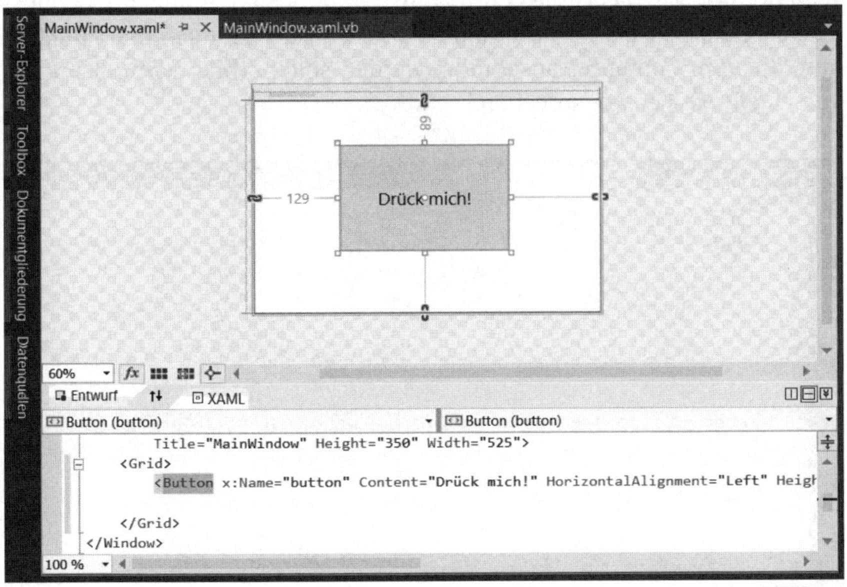

Wenn du willst, kannst du dich im EIGENSCHAFTEN-Fenster noch ein bisschen weiter umschauen. So lassen sich z.B. über LAYOUT u.a. die Werte für die Maße der Schaltfläche ändern.

Eine Methode zum Drücken

Nun wäre es toll, wenn unser Programm auf den Knopfdruck einen Gruß losschickt.

> **Doppelklicke** im Formular auf die Schaltfläche mit dem Text DRÜCK MICH.

Und ein neues Fenster kommt zum Vorschein. Es trägt den Titel MAINWINDOW.XAML.VB. Das ist das **Editorfenster** von Visual Studio, dort findest du den Quelltext deines Programms, also die Anweisungen und Funktionen, die vom Computer ausgeführt werden sollen. (Man kann also auch von Quelltext-Fenster sprechen.)

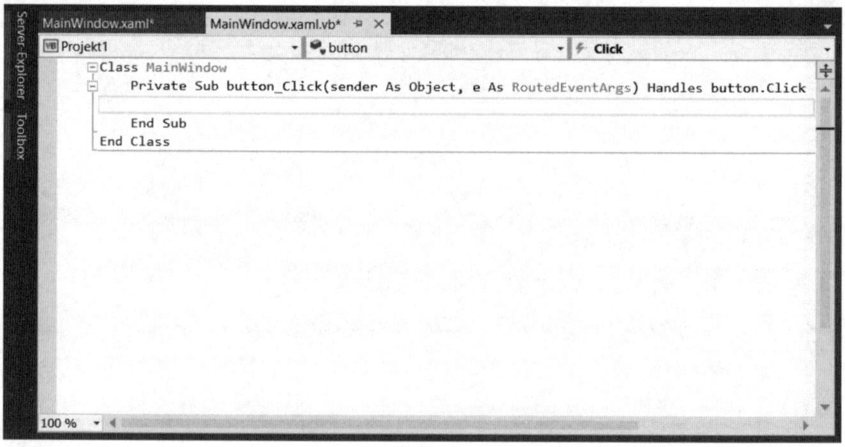

Dort steht auch schon der Namen einer Methode, die für die Schaltfläche DRÜCK MICH zuständig ist:

```
Private Sub button_Click
```

> E ist nicht gleichgültig, ob du deine Wörter groß- oder kleinschreibst. Lass am besten alles stehen, was Visual Studio dir bereits vorgibt. Ansonsten kannst du meinen Gewohnheiten in diesem Buch folgen oder deine eigene Schreibweise benutzen.

Ganz oben steht mit `Class MainWindow` der Name der Klasse, die das Formular bzw. Hauptfenster unseres Projekts bezeichnet. `button_Click` heißt frei übersetzt »Knopfdruck« oder »Drücke auf den Knopf«.

Und über den Unterstrich (_) verbindet Visual Basic den Namen einer Komponente und einer solchen Methode. Man kann also auch von **Verbindungsoperator** sprechen. Allerdings hat der Unterstrich noch eine andere Bedeutung – wie du bald sehen wirst. Die Klammern hinter der Methode samt langem Inhalt beachten wir jetzt nicht, sie müssen uns hier noch nicht interessieren.

> Wie du weiter oben schon erfahren hast, besitzen Objekte **Eigenschaften.** Ein Objekt mit Eigenschaften allein ist aber ziemlich leblos. Wie ein Stein z.B. oder eine Straße. Lebendig wird ein Objekt erst durch seine **Methoden.**
>
> Ein Auto beispielsweise hat nicht nur bestimmte Eigenschaften, sondern es kann sich bewegen, es kann beschleunigen oder bremsen, es lässt sich lenken, man kann es starten und auch wieder anhalten. All das sind Prozesse, die man als Methoden bezeichnen würde.
>
> Damit nun ein Knopf (Button) überhaupt z.B. auf einen Mausklick reagieren kann, braucht er (mindestens) eine Methode. Gleiches gilt für alle anderen Komponenten und auch für die meisten Objekte. Manche von ihnen haben gleich zehn bis zwanzig Methoden (oder noch mehr).
>
> Viele Methoden reagieren auf **Ereignisse**, die ebenfalls (wie die Eigenschaften) mit dem betreffenden Objekt verknüpft sind.

Wir müssen nun zwischen `Private Sub` und `End Sub` etwas einfügen. Dort gehört eine Anweisung hin, die Visual Studio sagt, was auf Knopfdruck geschehen soll:

```
Private Sub button_Click(sender As Object, _
e As RoutedEventArgs) Handles button.Click
  button.Content = "Hallo!"
End Sub
```

Hier ist er wieder: der **Unterstrich** (_). Er gehört eigentlich nicht zum Programmtext, sondern zeigt nur an, dass auch die nachfolgenden Zeilen im Editor von Visual Studio zusammen mit der ersten in **einer einzigen** Zeile stehen müssten! Denn Visual Basic erwartet jede Anweisung eigentlich komplett in **einer** Zeile.

Sollte eine solche Zeile aber mal zu lang werden oder möchtest du aus optischen Gründen mehrere Zeilen verwenden, benutzt du einfach am Zeilenende einen Unterstrich (so wie ich öfter mal im Buch). Dann weiß Visual Studio, dass es mit der Anweisung in der folgenden Zeile weitergeht.

Wichtig ist, dass vor dem Unterstrich ein **Leerzeichen** stehen muss!

> Ergänze die Methode um die eine Zeile `button.Content = "Hallo!"`.

Wenn du dir beim Eintippen etwas zu viel Zeit lässt, ist das nicht schlimm – im Gegenteil: Du bekommst von Visual Studio sogar Unterstützung. Zu jedem Objekt, das Visual Studio bekannt ist, werden dir in einer Liste dessen Eigenschaften und Methoden angeboten.

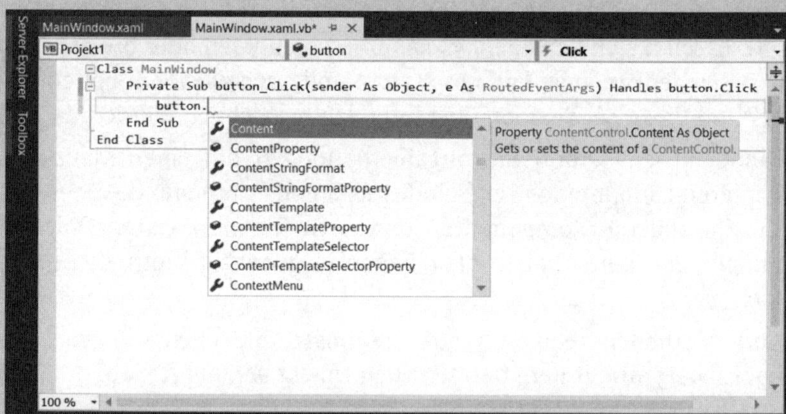

Klickst du auf den Namen und drückst dann die [↵]-Taste, so wird der Name in den Quelltext übernommen. (Es geht auch mit Doppelklick.)

Vielleicht hast du schon eine Ahnung, was `button.Content` bedeutet. Aber lass das Programm erst mal laufen.

≫ Klicke dazu auf DEBUGGEN und dann auf DEBUGGEN STARTEN.

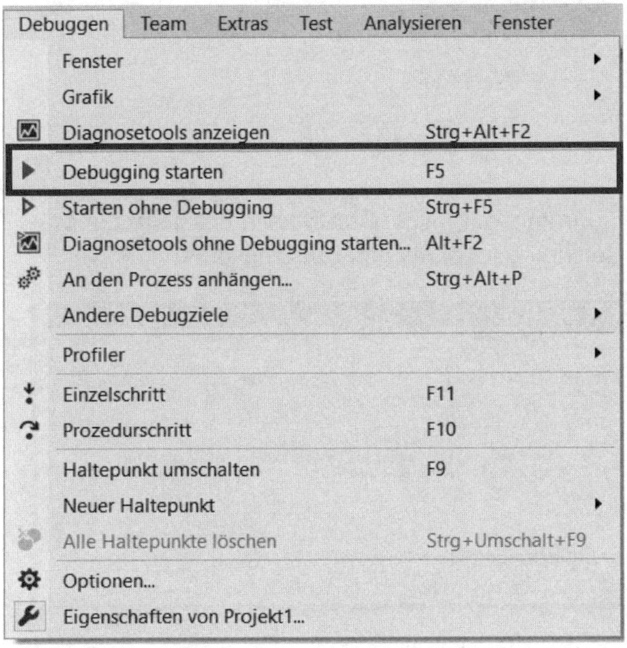

Noch kürzer und schneller geht es, wenn du einfach auf die Taste [F5] drückst oder links oben unter der Menüleiste auf die Schaltfläche mit der Aufschrift STARTEN klickst:

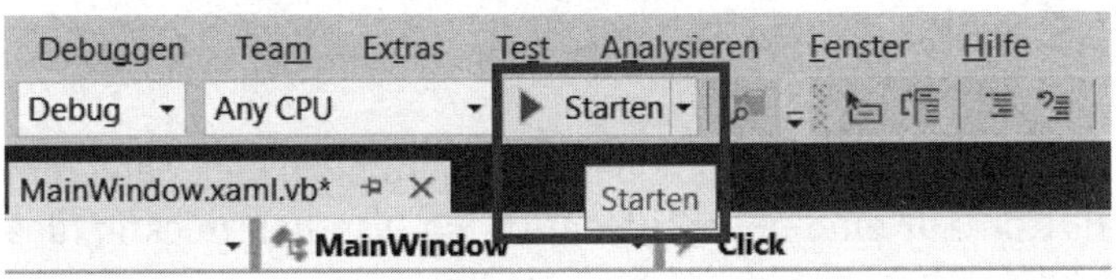

Was in den Fenstern im Hintergrund abläuft, soll uns jetzt nicht interessieren. Mehr schon das neue Fenster, das sich auftut. Mit einer Schaltfläche, die zum Draufdrücken einlädt.

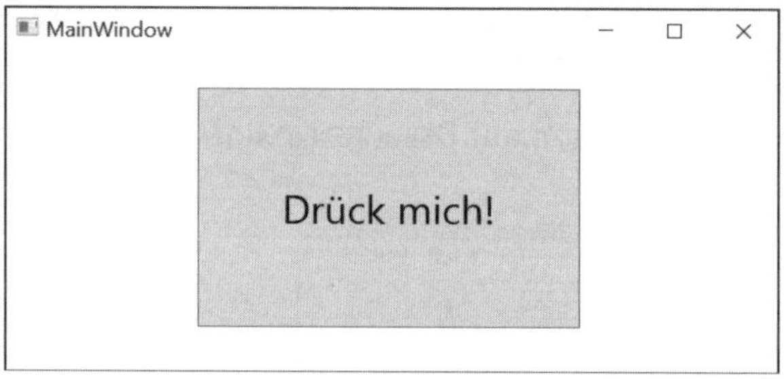

Bei dir läuft das Programm gar nicht? Stattdessen erscheint ein Dialogfeld mit einer solchen oder ähnlichen Fehlermeldung:

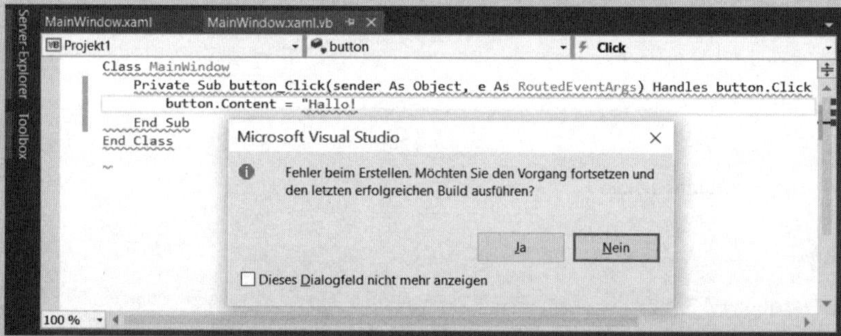

Zusätzlich ist der Bereich markiert, in dem Visual Studio den Fehler vermutet. Das kann ein Schreibfehler sein, hier wurden die Anführungsstriche vergessen. (Nähere Informationen bekommst du über ein Extrafenster, das sich in der Regel unter dem Quelltext öffnet.)

Klicke auf NEIN, bessere die Stelle aus und starte dann das Programm einfach noch einmal.

Mal sehen, was ein Mausklick bringt: Eigentlich nicht allzu viel, denn nun bekommt der Button nur eine neue Aufschrift. Ein bisschen mickrig, das Ganze. Aber das Wörtchen »Hallo« ist doch zu erkennen.

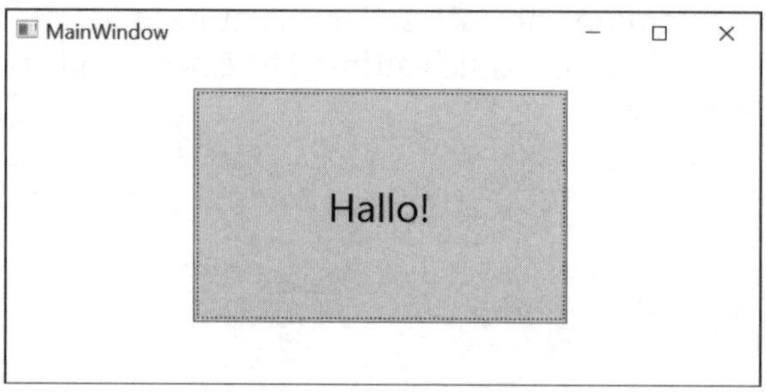

Einen wichtigen Unterschied zwischen Programmbearbeitung und Programmausführung erkennt man nicht nur daran, dass sich die Erscheinung des Formulars (bzw. Hauptfensters) ändert:

- Bei der **Programmbearbeitung** können Formular und Schaltfläche beliebig geändert werden. Außerdem lassen sich weitere Eigenschaften über das entsprechende Fenster festlegen. Und bei der Bearbeitung kannst du Quelltext im Editorfenster eintippen. Man nennt diese Phase auch **Entwicklungszeit**.
- Bei der **Programmausführung** dagegen treten die Komponenten in Aktion. Du kannst eine Schaltfläche anklicken und damit eine Methode aktivieren, die z.B. die Aufschrift der Schaltfläche ändert. Ein laufendes Programm muss ordnungsgemäß beendet werden, beispielsweise durch Klick auf ein Schließsymbol oder per Tastendruck. Man spricht bei dieser Phase auch von **Laufzeit**.

> Beende das Programm, indem du im Formular auf das kleine **X** ganz oben rechts klickst. Oder du drückst die Tastenkombination [Alt]+[F4].

Du hast aus Versehen zu viele Fenster zugeklickt? Das Formular ist weg? Oder das Eigenschaftenfenster? Dann bekommst du die verschwundenen Fenster so wieder zusammen:

Klicke auf einen der Registereinträge oberhalb der Fenstergruppe, um zwischen Quelltext- und Formularanzeige zu wechseln.

Klicke auf ANSICHT und dann (ganz unten) auf EIGENSCHAFTENFENSTER.

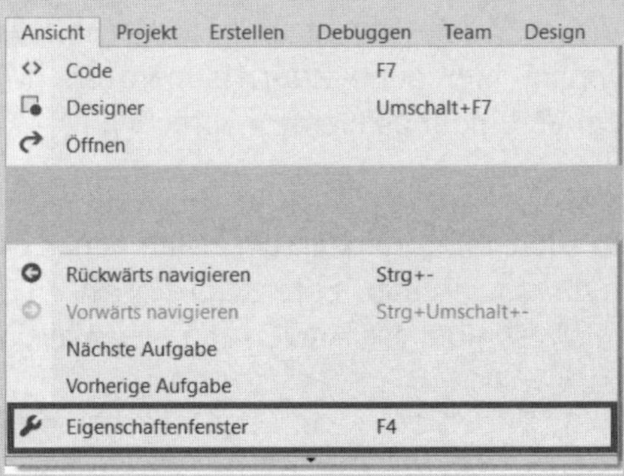

Du hast aus Versehen zu viele Fenster zugeklickt? Das Formular ist weg? Oder das Eigenschaftenfenster? Dann bekommst du die verschwundenen Fenster so wieder zusammen:

Klicke auf einen der Registereinträge oberhalb der Fenstergruppe, um zwischen Quelltext- und Formularanzeige zu wechseln.

Klicke auf ANSICHT und dann (ganz unten) auf EIGENSCHAFTENFENSTER.

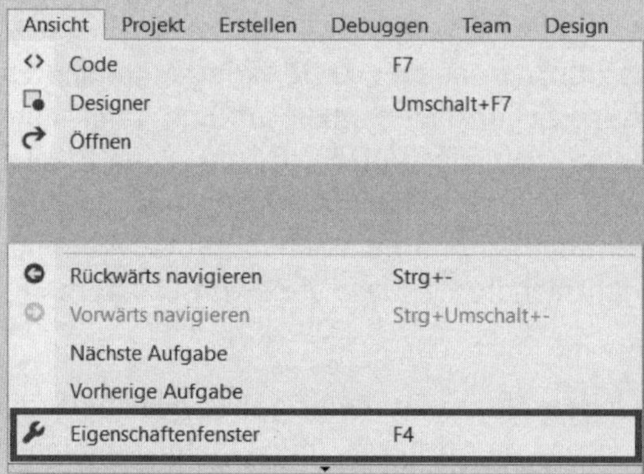

Von »Drück mich« zu »Hallo«

Jetzt ist es an der Zeit, die Anweisungszeile in der Methode `button_Click` ein bisschen genauer unter die Lupe zu nehmen:

```
button.Content = "Hallo!"
```

Hier wird einer Eigenschaft namens `Content` etwas zugewiesen. Diese Eigenschaft kennst du bereits, denn du hast ihr im Eigenschaftenfenster schon den Text »Drück mich!« verpasst. Dass mit `button` die Schaltfläche gemeint ist, die dich zum Drücken einlädt, ist also klar.

Mit dem Punkt (.) werden in Visual Studio Objekt und Eigenschaft verbunden. Man nennt dieses Symbol hier auch **Zugriffsoperator**. (Man könnte aber auch hier von einem Verbindungsoperator sprechen.)

Was ist eigentlich mit diesem Gleichheitszeichen (=)? Man nennt es Zuweisungszeichen. Es wird ja auch einer Eigenschaft (`Content`) etwas (`"Hallo!"`) zugewiesen. Weshalb diese Anweisung gleichzeitig eine **Zuweisung** ist.

Mit der Anweisung `button.Content = "Hallo!"` wird bei jedem erneuten Drücken auf den Button dessen Anzeige immer wieder auf »Hallo« gesetzt, das »Drück mich« bleibt nach dem ersten Mal leider verschwunden.

Das lässt sich auch nur mit einigem Aufwand ändern. Dazu kommen wir erst später. Wenn du willst, kannst du mit anderen Texten statt dem einfachen »Hallo« experimentieren.

- Das Editorfenster erreichst du durch Doppelklick auf die Schaltfläche DRÜCK MICH. Oder du klickst auf den Reiter MAINWINDOW.XAML.VB.
- Und das Programm wird dann über DEBUGGEN und DEBUGGEN STARTEN zum Laufen gebracht. Oder du drückst [F5] oder benutzt die Schaltfläche STARTEN.
- Um das Programm zu beenden, klicke auf das kleine X rechts oben im Formular. Oder du drückst [Alt]+[F4].

Das Projekt speichern

Allzu umfangreich ist unser erstes Programmprojekt bis jetzt zwar nicht, aber du solltest dennoch schon mal speichern, was du bis jetzt geschafft hast.

» Klicke auf DATEI und dann auf ALLES SPEICHERN.

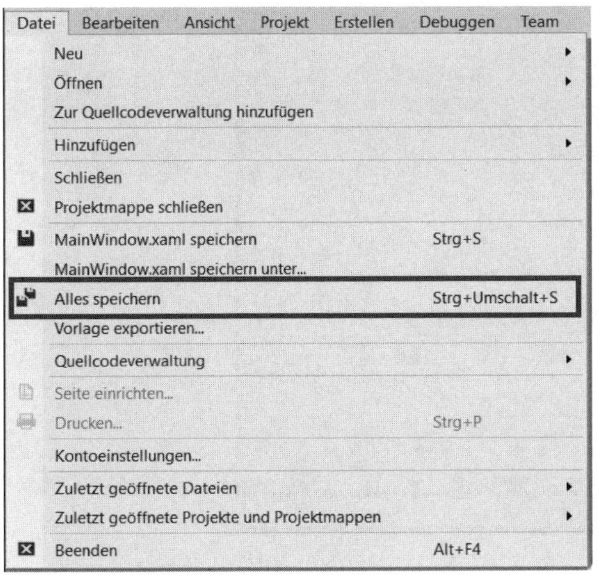

Wenn du mal in Windows wechselst und dort den Ordner öffnest, in dem dein Projekt untergebracht ist, dann siehst du, dass es in Visual Studio eine ganze Reihe von Dateien gibt, aus denen ein Projekt besteht:

- Eine davon beinhaltet die Beschreibung des Formulars bzw. Projekt-Hauptfensters und trägt den Namen MAINWINDOW.XAML. In einer zweiten steht der Programmtext, auch **Quelltext** genannt. Da bekommt die Datei noch eine zusätzliche Kennung: VB (für **Visual Basic**) und heißt dann MAINWINDOW.XAML.VB.
- Daneben verwaltet Visual Studio noch zusätzliche Dateien, die auch automatisch erzeugt werden, unter anderem auch eine bereits fertige Programm-Datei mit dem Namen PROJEKT1.EXE (im BIN-Ordner).

Visual Studio beenden

Dein allererstes Projekt ist nun sicher auf deiner Festplatte oder Diskette gelandet. Zeit also für eine kleine Pause. Willst du Visual Studio verlassen, dann geht das so:

> Klicke auf DATEI und dann auf BEENDEN.

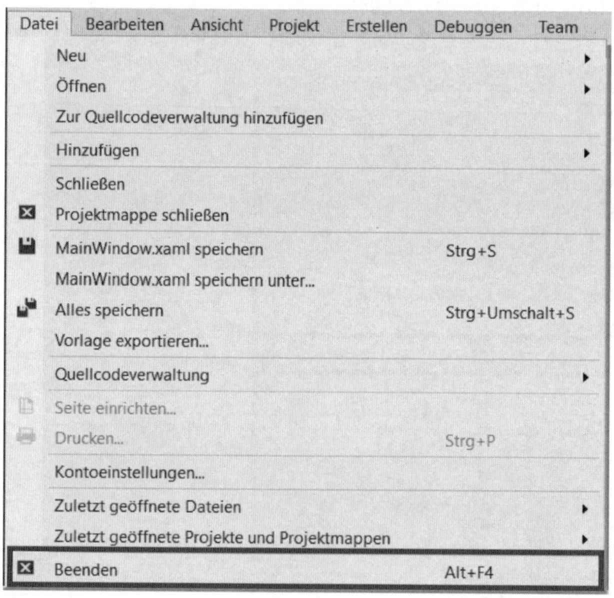

Oder du drückst die Tastenkombination [Alt]+[F4]. Du kannst auch im Hauptfenster ganz oben rechts auf das kleine **X** klicken. Irgendwie kommst du also immer »nach Hause«.

Zusammenfassung

Mit deinem ersten Projekt gehörst du zwar noch nicht zur Gilde der Visual-Basic-Programmierer, aber die Anfangsschritte hast du hinter dir. Mal sehen, was du von diesem Kapitel behalten hast. Da wären zuerst mal ein paar Operationen im Umgang mit Visual Studio:

Visual Studio starten	Doppelklicke auf das Visual-Studio-Symbol oder klicke auf START/ALLE APPS/VISUAL STUDIO – o.Ä.
Komponente auswählen	Öffne das TOOLBOX-Menü und wähle einen Eintrag aus.
`Click`-Methode bearbeiten	Doppelklicke auf die Komponente (Button).
Eigenschaft festlegen	Klicke im Eigenschaftenfenster auf die Spalte hinter den Eigenschaftsnamen.
Ganzes Projekt speichern	Klicke auf DATEI/ALLES SPEICHERN.
Programmprojekt starten	Klicke auf DEBUGGEN/DEBUGGEN STARTEN oder drücke [F5].
Programmprojekt beenden	Klicke auf das **X** oder drücke [Alt]+[F4].
Visual Studio beenden	Klicke auf DATEI/BEENDEN.

Verschwundene Fenster lassen sich so wieder öffnen:

Formularfenster	Klicke auf ANSICHT/DESIGNER.
Editorfenster	Klicke auf ANSICHT/CODE.
Eigenschaftenfenster	Klicke auf ANSICHT/EIGENSCHAFTENFENSTER.
Toolbox	Klicke auf ANSICHT/TOOLBOX.

Ein bisschen was vom Visual-Basic-Wortschatz hast du auch schon kennengelernt:

`MainWindow`	Formular, in dem sich alle Komponenten des Programms befinden. Das Formular selbst ist die Hauptkomponente bzw. das Hauptfenster.
`Button`	Schaltfläche, auf die man mit der Maus klicken kann
`button_Click`	Methode, die mit Mausklick auf eine Schaltfläche aktiviert wird
`Content`	Eigenschaft, die viele Komponenten haben: Gemeint ist damit eine Aufschrift oder ein Anzeigetext.
_ (Unterstrich) . (Punkt)	Operatoren für die Verbindung von Klasse/Objekt und Methoden/Eigenschaften (Unterstrich ohne Leerzeichen!)
_ (Unterstrich)	Trennsymbol für lange Anweisungen, die auf mehrere Zeilen verteilt werden sollen (mit Leerzeichen!)
`Class` `End Class`	Anfangs- und Endemarkierung für eine Klasse (z.B. `MainWindow`)
`Sub` `End Sub`	Anfangs- und Endemarkierung für eine Methode (z.B. `button_Click`)

Deine Arbeit an einem Projekt spielte sich vorwiegend in drei Bereichen ab:

- Im **Designfenster** baust du deine Komponenten (wie z.B. Schaltflächen) zusammen.
- Im **Editorfenster** tippst du deinen Quelltext (z.B. für Methoden) ein.
- Im **Eigenschaftenfenster** bestimmst du die Eigenschaften einer Komponente.

Ein paar Fragen ...

1. Wie beendet man ein Programm in Visual Studio?
2. Warum spricht man in Visual Studio nicht nur von Programm, sondern von Projekt?
3. Was ist der Unterschied zwischen Designfenster und Editorfenster?

... aber noch keine Aufgabe

2

Buttons und Labels

Nun haben wir im letzten Kapitel ein recht mageres Projekt erstellt. Ein Programm mit nur einem Knopf ist ein bisschen dürftig. Sogar eine Jacke hat mindestens zwei Knöpfe. Wagen wir uns hier also ein bisschen weiter und verwenden diesmal ein paar Komponenten mehr.

In diesem Kapitel lernst du

- wie man ein Projekt (wieder) öffnet
- wie man ein neues Projekt erzeugt
- die Komponente `Label` kennen
- etwas über Ereignisse und Methoden
- etwas über Lage und Maße von Komponenten in einem Formular

Ein Projekt wieder öffnen

Für unser nächstes Projekt könnten wir das Beispiel aus dem letzten Kapitel übernehmen. Eine Schaltfläche ist dort ja schon vorhanden. Wir müssten sie nur ein bisschen verändern und eine zweite hinzufügen.

> Wenn du Visual Studio verlassen hast, starte es neu.

> Dann klicke unter ZULETZT auf PROJEKT1.

≫ Oder du klickst in der Menüleiste auf DATEI und dann auf ÖFFNEN und auf PROJEKT/PROJEKTMAPPE.

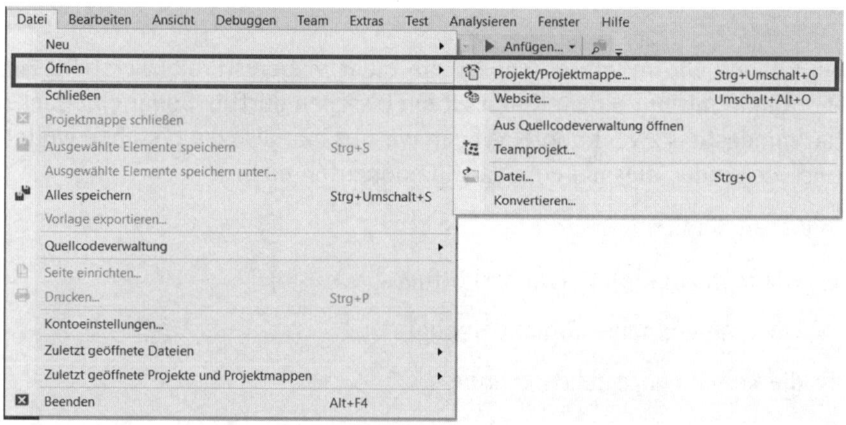

Ein Dialogfeld erscheint. Angezeigt wird das aktuelle Arbeitsverzeichnis von Visual Basic.

> Als Projektdateien zum Draufklicken kommen zwei infrage: PROJEKT1.SLN betrifft die ganze Projektmappe, PROJEKT1.VBPROJ nur ein einzelnes Projekt.
>
> In unserem Fall haben wir in der (bisher einzigen) Projektmappe nur ein einziges Projekt (im Ordner PROJEKT1).

≫ Klicke in der Anzeige auf den Namen PROJEKT1.SLN (oder hier auch PROJEKT1.VBPROJ).

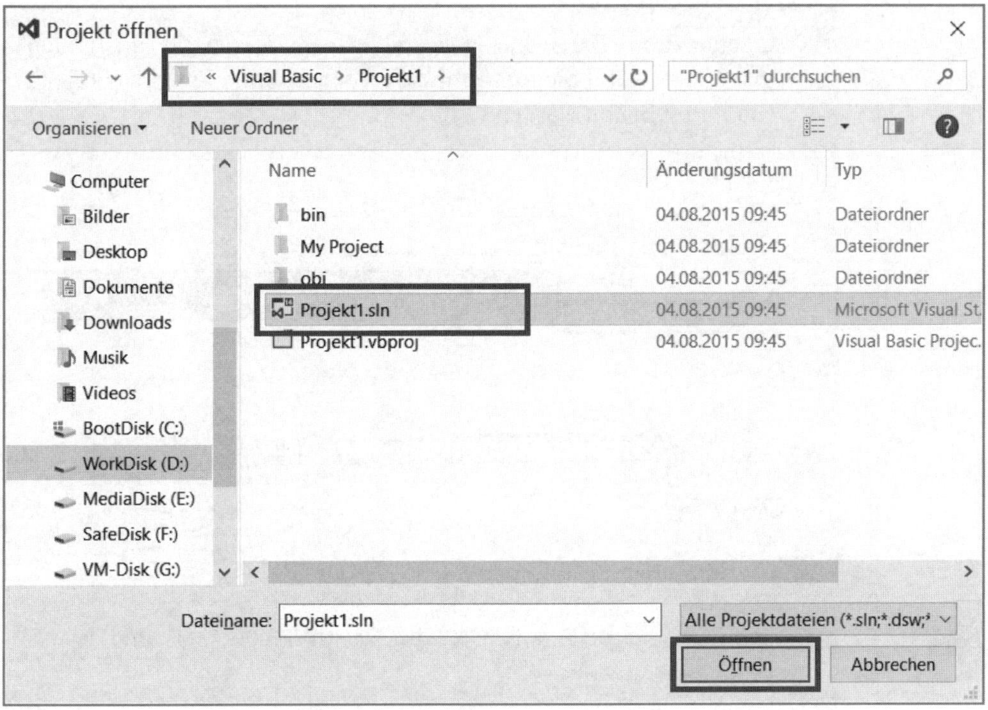

≫ Klicke anschließend auf ÖFFNEN.

Und einige Zeit darauf bauen sich die zugehörigen Fenster sowie das Formular für das Projekt aus dem letzten Kapitel auf.

> Um ein Projekt zu öffnen, das man einige Zeit zuvor bearbeitet hat, kann man auch über DATEI und ZULETZT GEÖFFNETE PROJEKTE gehen. Dann lässt sich aus einem Zusatzmenü unter den zuletzt geöffneten Projekten eines auswählen.

Noch ein Knopf

Stürzen wir uns gleich in die Arbeit. Was wir jetzt brauchen, sind zwei Knöpfe, möglichst gleich groß.

Du möchtest lieber ein neues Projekt beginnen? Aber du willst dabei nicht auf die Arbeit verzichten, die du bereits ins alte Projekt gesteckt hast?

◇ Erzeuge über DATEI und NEU und PROJEKT sowie die Einstellung VISUAL BASIC und die Auswahl WPF-ANWENDUNG ein neues Projekt. Gib ihm z.B. den Namen `Hallo1`.

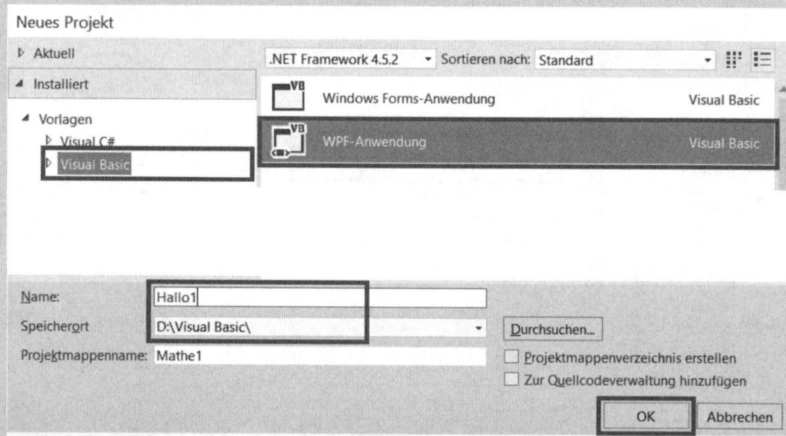

◇ Schließe die beiden Fenster für MAINWINDOW.XAML und MAINWINDOW.XAML.VB.

◇ Klicke in der Menüleiste auf PROJEKT und dann auf VORHANDENES ELEMENT HINZUFÜGEN.

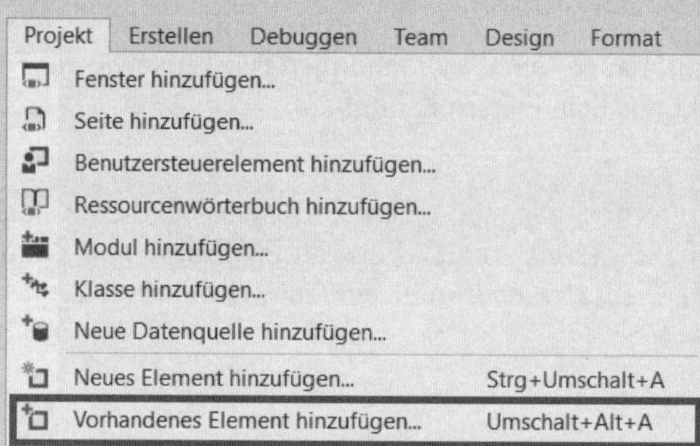

◇ Im Dialogfeld wechselst du zum Ordner des (alten) Projekts, in dem die gewünschten Dateien zu finden sind. Sorge dafür, dass über HINZUFÜGEN der Eintrag ALLE DATEIEN steht!

◇ Nun markierst du alle Dateien, die du zum neuen Projekt hinzufügen willst. In der Regel sind das (mindestens) diese zwei:

MAINWINDOW.XAML (Formular)
MAINWINDOW.XAML.VB (Quelltext)

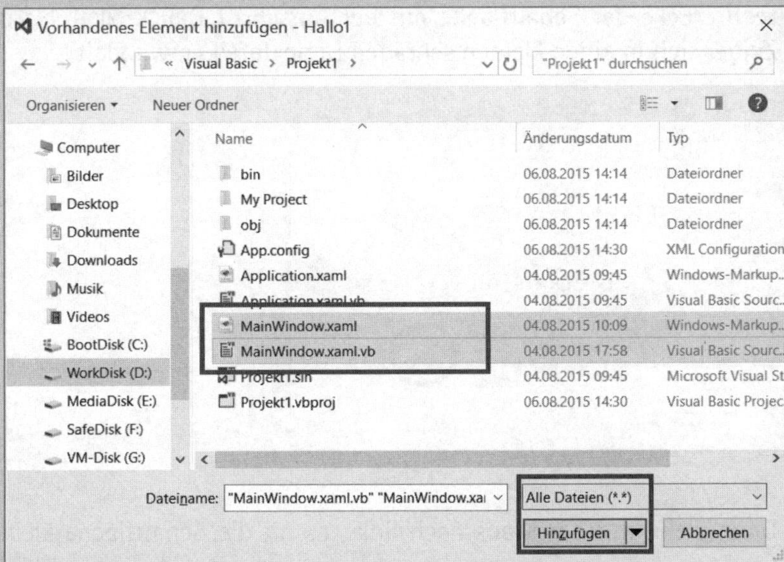

- Klicke abschließend auf HINZUFÜGEN.
- Weil es im neuen Projekt bereits Dateien mit gleichem Namen gibt, erscheint eine entsprechende Meldung:

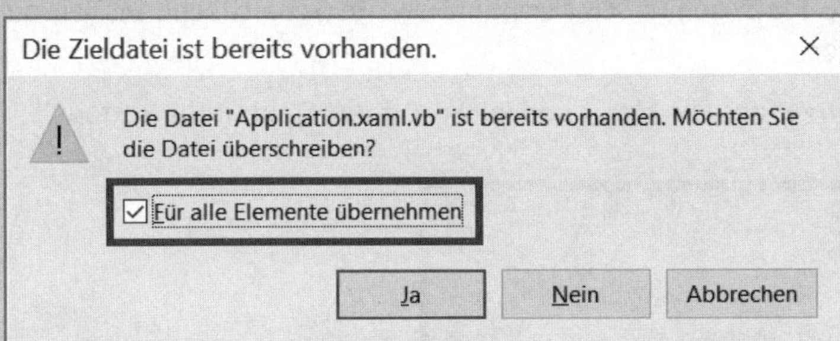

- Klicke auf JA. (Wenn du diese Bestätigung nicht für jede Datei wiederholen willst, kannst du vor den Eintrag FÜR ALLE ELEMENTE ÜBERNEHMEN ein Häkchen setzen.)

Nun werden die neu erzeugten durch deine alten Dateien ersetzt. Und du kannst dort weitermachen, wo du beim ersten Projekt aufgehört hast.

- Vergiss nicht die Fenster für MAINWINDOW.XAML und MAINWINDOW .XAML.VB wieder zu öffnen (z.B. über das PROJEKTMAPPEN-Fenster rechts oben).

Den einen Knopf, den wir schon haben, sollten wir jetzt in Größe und Position ändern.

≫ Zeige im Designfenster mit der Maus im Formular auf die untere rechte Ecke der Schaltfläche mit der Aufschrift DRÜCK MICH, bis der Zeiger sich in einen kleinen schrägen Doppelpfeil verwandelt.

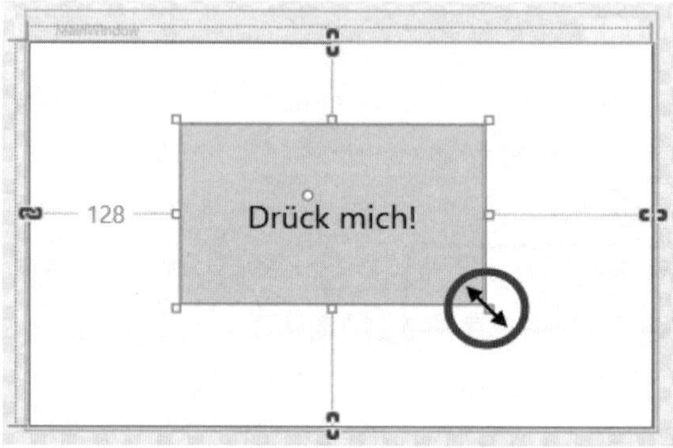

≫ Dann ziehe mit der Maus nach links, damit die Schaltfläche kleiner wird.

≫ Wenn die Schaltfläche ungefähr quadratisch aussieht, dann lass die Maustaste los.

≫ Klicke auf die Schaltfläche und verschiebe sie etwas nach links unten.

Nun sollte Platz genug sein, um eine zweite Schaltfläche ins Formular einzusetzen.

≫ Öffne das TOOLBOX-Menü und klicke auf das Symbol für BUTTON.

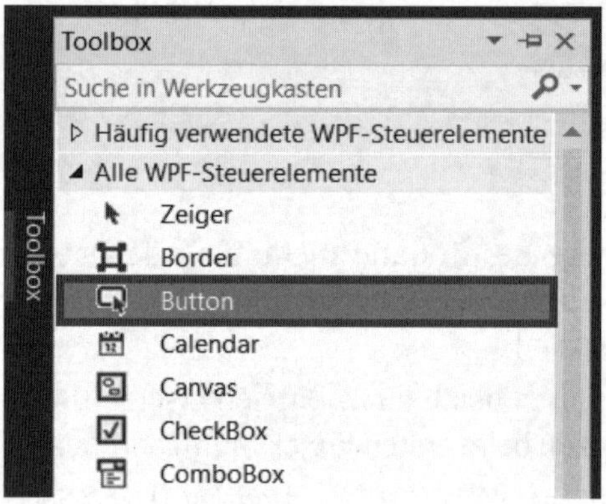

≫ Ziehe die neue Schaltfläche im Formular auf. Und passe sie entsprechend an.

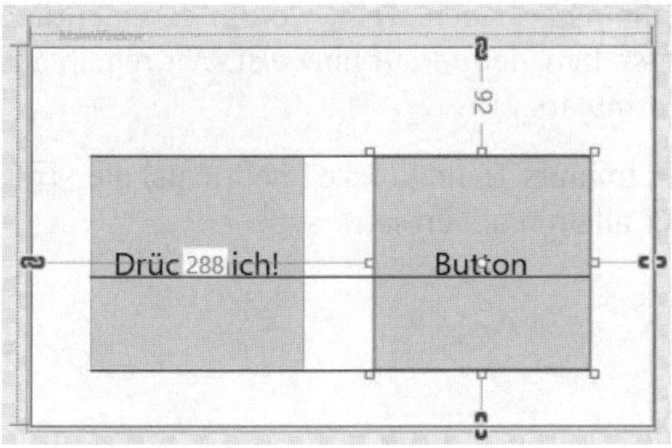

Für jede Komponente lässt sich im Eigenschaftenfenster die Größe festlegen:

- Die Höhe wird hinter LAYOUT/HEIGHT eingetragen.
- Die Breite wird hinter LAYOUT/WIDTH eingetragen.

Und auch die Position kannst du hier bestimmen:

- Dazu sind **zwei** Felder unter LAYOUT/MARGIN da.

Mit diesen vier Werten sind Lage und Maße jeder Komponente eindeutig festgelegt.

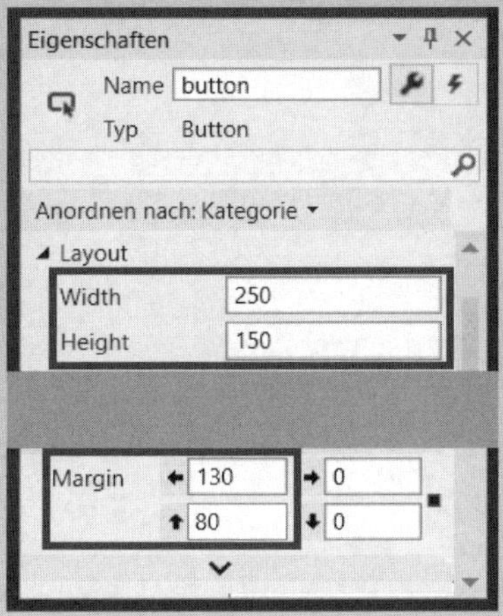

Titelleiste oder Label?

Bevor wir die zweite Schaltfläche beschriften, musst du erst einmal wissen, was das Programm eigentlich leisten soll. Statt einfach nur »Hallo« anzuzeigen, soll es auf einen Knopfdruck schon ein bisschen intelligenter reagieren.

Damit man aber beim Programmstart auch weiß, worum es eigentlich geht, muss irgendwo ein Satz stehen, der darauf hinweist. Wir regeln das hier über die Titelleiste des Formulars:

- Klicke auf die Fläche des Formulars. Dann drücke (mehrmals) die [Tab]-Taste, bis das Hauptfenster allein markiert ist.

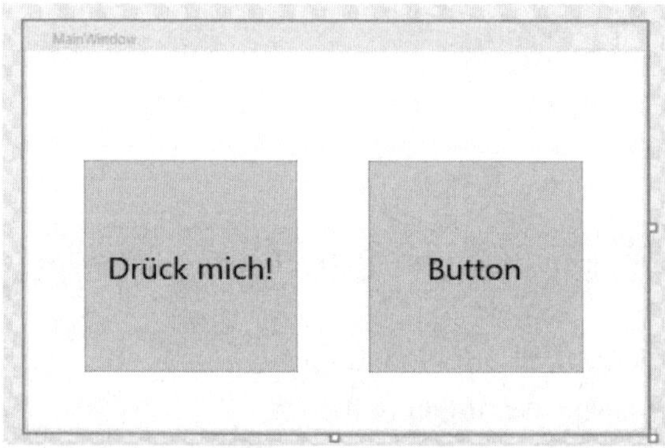

- Suche im Eigenschaftenfenster den Eintrag TITLE und trage dahinter (statt `MainWindow`) ein: `Hallo, wie geht es?`

Die Schriftgröße lässt sich hier jetzt nicht ändern. Doch nachher beim Programmlauf wird das Fenster (und damit auch der Text der Titelleiste) ohnehin größer.

Eine andere Möglichkeit, den HALLO-Text unterzubringen, ist ein Extra-Anzeigefeld, das wir über den Buttons positionieren können. Ein anderer Name für eine solche Anzeigefläche ist **Label**.

≫ Suche im Toolboxmenü den Eintrag für LABEL und klicke darauf.

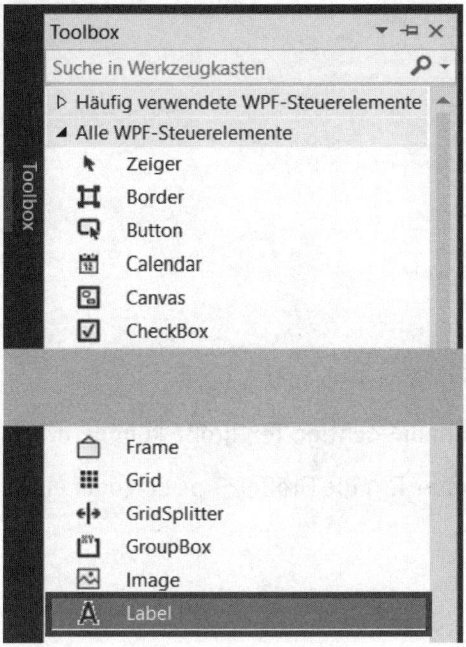

≫ Ziehe das Anzeigefeld im Formular über den beiden Knöpfen auf.

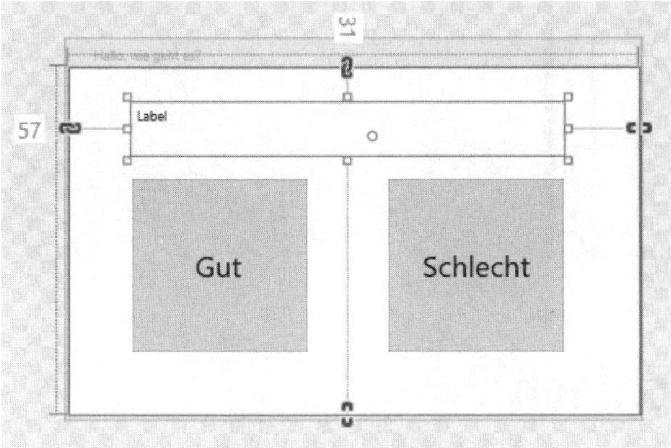

≫ Nun kannst du im Eigenschaftenfenster hinter CONTENT das Wort `label` löschen.

Da muss also nichts stehen. So habe ich mich entschieden; du kannst aber auch den obenstehenden Satz `Hallo, wie geht es?` unterbringen.

Nun sollten wir uns auch gleich um die richtige Textgröße kümmern.

- Gib im Eigenschaftenfenster unter TEXT die Größe `20 pt` ein (oder einen anderen Wert).

Gut oder schlecht?

Für die beiden Schaltflächen nehmen wir zwei Antworten, die man am ehesten gibt, wenn man »Hallo, wie geht es?« gefragt wird. Mit den Aufschriften GUT und SCHLECHT werden die beiden Schaltflächen zu Antwortknöpfen.

- Klicke auf die linke Schaltfläche und tippe dann im Eigenschaftenfenster hinter CONTENT das Wort `Gut` ein.
- Klicke auf die rechte Schaltfläche und tippe dann hinter CONTENT das Wort `Schlecht` ein.

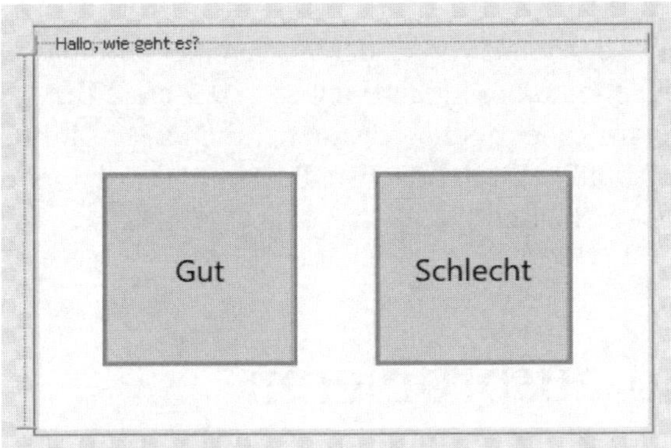

Nun sind die Knöpfe fertig. Wie du siehst, hat das Label keinen Rahmen, ist also zurzeit unsichtbar.

Damit auf Knopfdruck die richtigen Texte erscheinen, müssen wir uns jetzt um die `button_Click`-Methoden kümmern. Denn jetzt benötigen wir gleich zwei davon.

≫ Doppelklicke auf die linke Schaltfläche (GUT). Und wieder landest du im Editorfenster. Ändere den Text von `button_Click` so um (→ HALLO1\MAINWINDOW.XAML.VB):

```
Private Sub button_Click(sender As Object, _
e As RoutedEventArgs) Handles button.Click
  label.Content = "Das freut mich!"
End Sub
```

Auch hier taucht wieder der Unterstrich (_) auf: Weil der komplette Quelltext (der im Editor von Visual Basic in **einer einzigen** Zeile steht) im Buch nur in zwei Zeilen passt, muss mithilfe dieses Zeichens am Zeilenende der Text »umbrochen« werden. (Beachte, dass vor dem Unterstrich ein Leerzeichen stehen muss!)

≫ Wechsle nun wieder zum Formularfenster.

≫ Doppelklicke auf die rechte Schaltfläche (SCHLECHT). Und als Text unter `button1_Click` gibst du ein:

```
Private Sub button1_Click(sender As Object, _
e As RoutedEventArgs) Handles button1.Click
  label.Content = "Das tut mir leid!"
End Sub
```

> Die allererste Komponente bekommt von Visual Basic immer automatisch den Namen aus der Toolbox in Kleinschreibung: Der erste Button heißt `button`, das erste Label heißt `label`. Eigentlich aber zählt Visual Basic von 0 an, deshalb heißt der nächste Button `button1`, das nächste Label würde `label1` heißen.

Speichern und ausprobieren

≫ Bevor du das neue Projekt startest, sollte es nun unbedingt komplett gespeichert werden (DATEI und ALLES SPEICHERN).

≫ Und nun probiere mal aus, ob das Programm tut, was es soll. Benutze die STARTEN-Schaltfläche. Oder du drückst gleich [F5].

Bei der Programmausführung kannst du nun sehen, dass der Computer je nach Knopfdruck mit diesen Sätzen reagiert:

Schaltfläche	Anzeigefläche
Gut	Das freut mich!
Schlecht	Das tut mir leid!

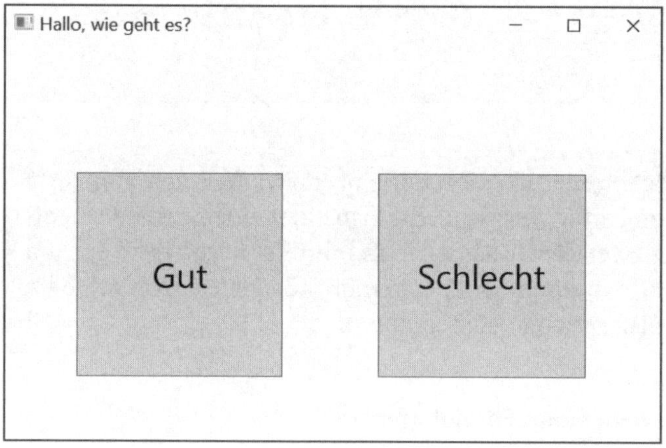

Ereignisse und Methoden

So könnte die Struktur aussehen, die hinter dem Klicken auf die beiden Schaltflächen steckt:

- Klickt man auf den Knopf mit der Aufschrift GUT, dann wird »Das freut mich!« gemeldet.
- Klickt man auf den Knopf mit der Aufschrift SCHLECHT, dann wird »Das tut mir leid!« gemeldet.

So etwas wie einen Mausklick bezeichnet man unter Windows als **Ereignis**. Das kann auch ein Tastendruck sein. Oder das Verschieben eines Fensters. Allgemein könnte man sagen: Wenn etwas auf dem Windows-Bildschirm passiert, dann ist es ein Ereignis. Es gibt aber auch Ereignisse, die unsichtbar oder ganz unbemerkt von uns ablaufen. Um die geht es aber jetzt nicht.

Die beiden Ereignisse, die in unserem aktuellen Programmbeispiel auftreten, werden in Visual Basic `Click`-Ereignisse genannt.

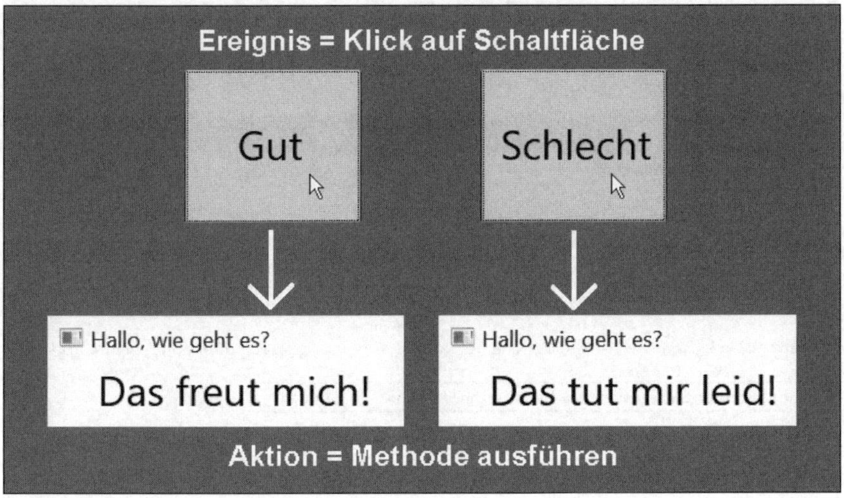

Tritt nun ein solches Ereignis auf, wird eine **Methode** aktiviert, die natürlich einen passenden Namen trägt. In unserem Fall sind das die Methoden `button_Click` und `button1_Click`.

So löst ein Klick auf den Button Nr. 0 oder ein Klick auf den Button Nr. 1 eine Aktion aus: Eine dieser beiden Methoden wird ausgeführt.

Beliebig sind die genannten Methoden nicht verwendbar, sondern sie sind an ein Formular gebunden. Sie können also nur aktiviert werden, wenn sich der Mausklick innerhalb des Formulars abspielt.

Auch das Formular ist eine Komponente, sozusagen die Hauptkomponente im Programm. Während eine Schaltfläche vom Typ `Button` ist, heißt der Typ des Formulars bzw. Hauptfensters `MainWindow`.

Veredelung

Nicht übel, unser erstes eigenes Programm. Aber es gibt nichts, was man nicht noch irgendwie verbessern könnte. Der Text im Label liegt noch ein bisschen ungünstig. Damit die Anzeige schön in der Mitte steht, muss im Quelltext noch etwas ergänzt werden.

- Wenn du das Hallo-Programm noch nicht beendet hast, tu das mit einem Klick auf das **X** oben rechts.
- Nun wechsle ins Editorfenster und ergänze dort in jeder Methode diese Zeile:

```
label.HorizontalContentAlignment = _
HorizontalAlignment.Center
```

Damit erhält der angezeigte Inhalt (Content) eine zentrierte Ausrichtung, englisch »**Alignment**« genannt.

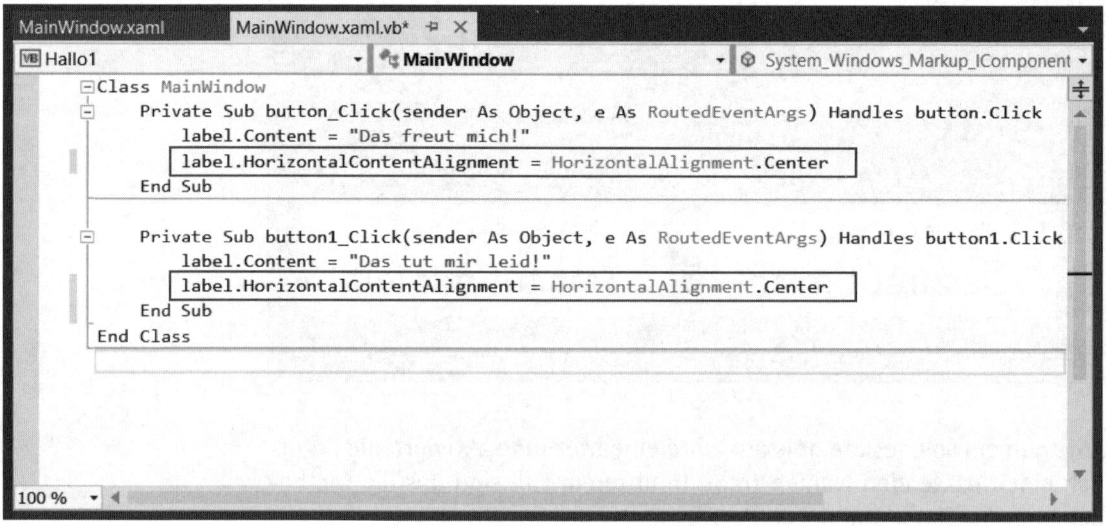

- Wenn du dir noch eine andere Schriftart wünschst, dann kannst du das im Eigenschaftenfenster unter TEXT einstellen.

Und nun kommt der letzte Probelauf. Zuvor aber sollte das Projekt noch einmal gespeichert werden:

- Klicke wieder auf DATEI und auf ALLES SPEICHERN.

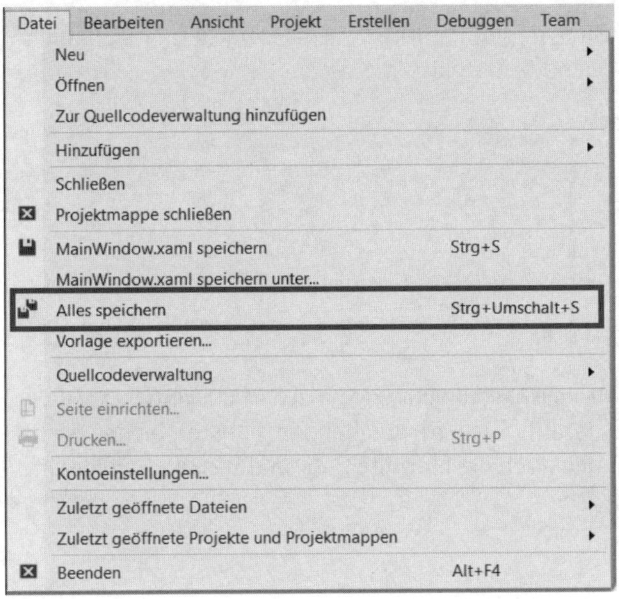

≫ Jetzt kannst du die Programmausführung starten.

Das Programm läuft ab wie vorhin. Nun aber sieht es doch ein bisschen eleganter aus, wenn der Antwortsatz erscheint.

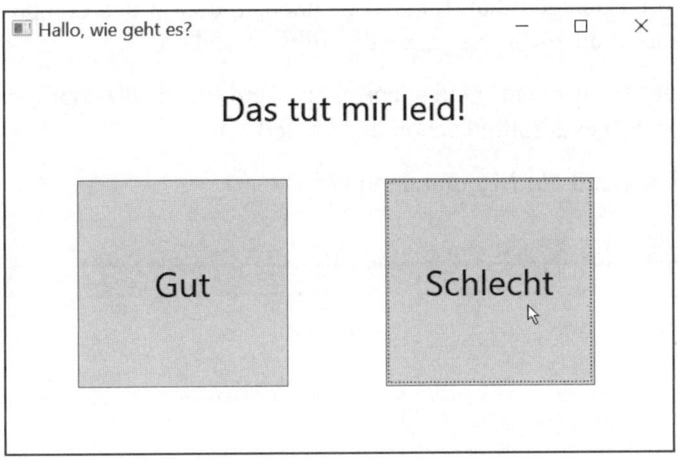

Hin und wieder kann es passieren, dass nach dem Laden eines Projekts weit und breit nichts von einem Formular oder einem Quelltext zu sehen ist. Auch der Versuch, diese Fenster über ANSICHT und CODE bzw. ANSICHT und DESIGNER zu erreichen, geht schief – weil diese Einträge in diesem Menü gar nicht zu finden sind.

Hier hilft nur ein Blick in den PROJEKTMAPPEN-EXPLORER (der sich auch über das ANSICHT-Menü öffnen lässt).

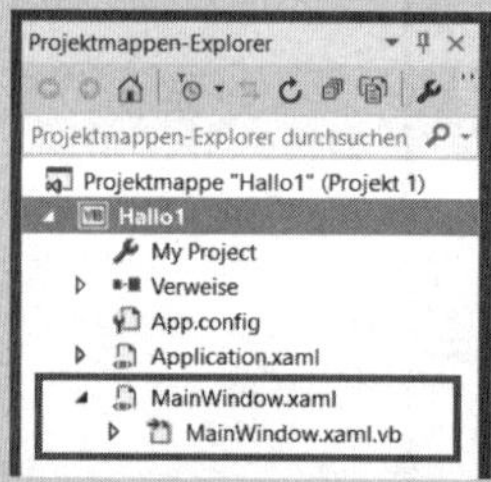

Suche dort die Einträge MAINWINDOW.XAML bzw. MAINWINDOW.XAML.VB und doppelklicke darauf. Die entsprechenden Fenster öffnen sich. Anschließend tauchen auch die Einträge CODE und DESIGNER wieder im ANSICHT-Menü auf.

Ein ganz neues Projekt

Lassen wir das Hallo-Projekt jetzt (erst mal) in Ruhe und fangen wir etwas Neues an. Dein PC soll jetzt beweisen, dass er mindestens das kann, was ein Taschenrechner schon lange bringt. Und du tust einfach nur das, was dein Mathelehrer mit dir gemacht hat: Du lässt rechnen, und zwar den Computer. Allerdings musst du zuvor das passende Projekt erstellen.

Natürlich brauchen wir ein neues Formular. Und auch die übrigen Bestandteile des Projekts sollten schon ganz frisch sein.

> Klicke auf DATEI und auf NEU und dann auf PROJEKT.

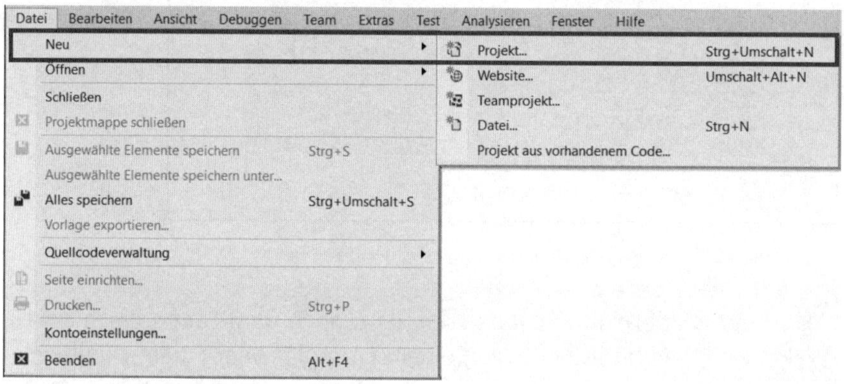

> Wähle wieder die Sprache VISUAL BASIC und die Einstellung WPF-ANWENDUNG.

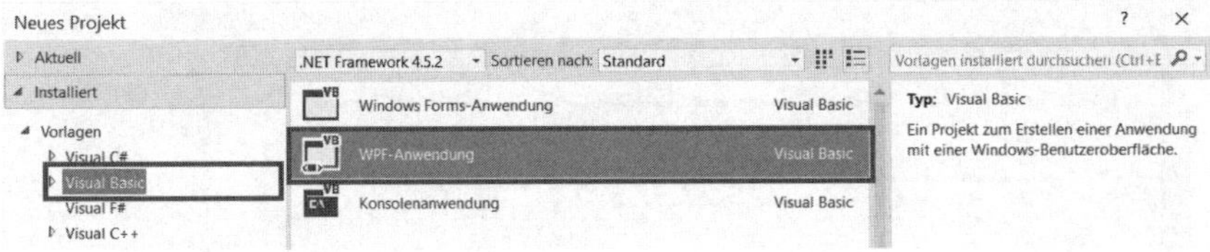

≫ Gib dem Projekt den Namen `Mathe1`. Und klicke dann auf OK.

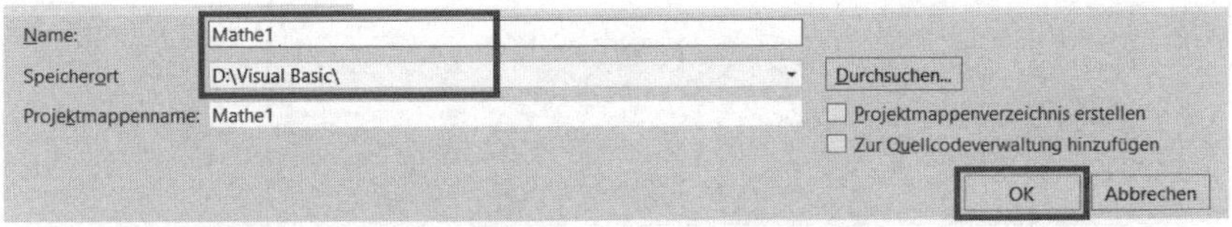

Was ist, wenn ein Fenster mit einem Hinweis wie MÖCHTEN SIE ÄNDERUNGEN SPEICHERN erscheint? Das heißt, dass eine oder mehrere Dateien des aktuellen Projekts nach dem letzten Speichern geändert wurden.

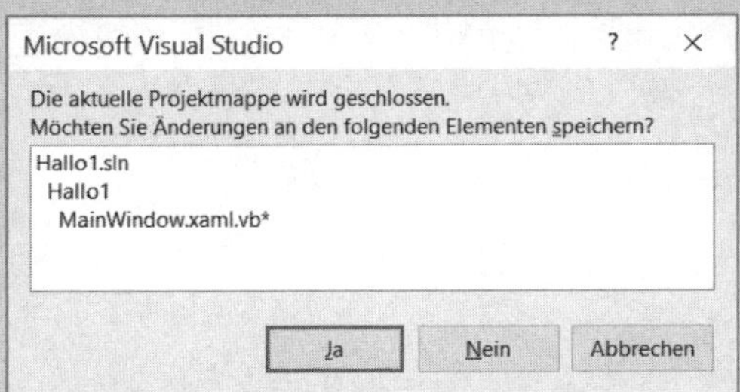

- Klickst du auf JA, werden alle geänderten Projektdateien (nochmals) gespeichert.
- Klickst du auf NEIN, schließt sich das Projekt und die alte Fassung bleibt auf der Festplatte.
- Mit einem Klick auf ABBRECHEN kehrst du zum aktuellen Projekt zurück (z.B. um es weiter zu bearbeiten).

Komponentenschwemme

Und nun brauchst du drei Labels und beim Typ Button kannst du dich gleich viermal bedienen. Wozu, das erfährst du noch. Wie die Komponenten im Formular verteilt werden, siehst du hier:

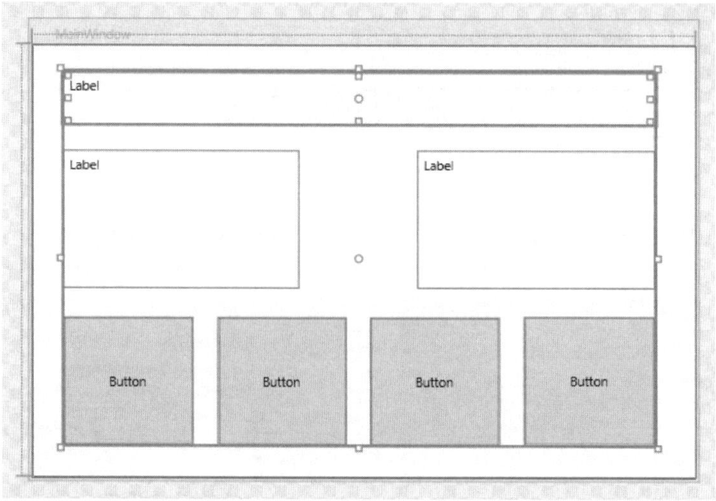

Label-Trio und Button-Quartett

» Klicke in der Komponentenpalette auf das Symbol für LABEL. Dann ziehe die Anzeigefläche im Formular auf. Wiederhole das noch zweimal.

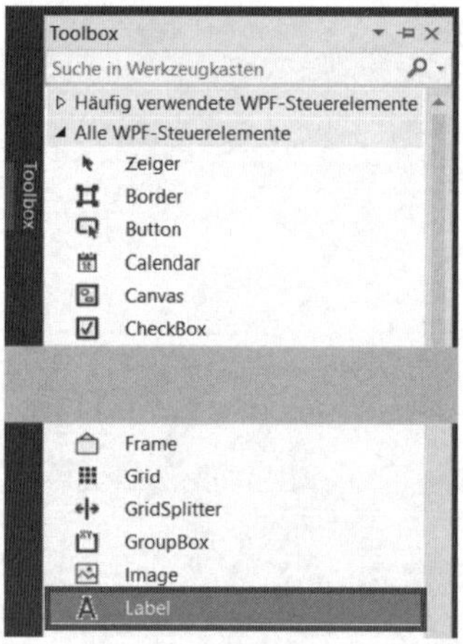

» Klicke auf das Symbol für BUTTON. Ziehe dann die Schaltfläche im Formular auf. Wiederhole das noch dreimal.

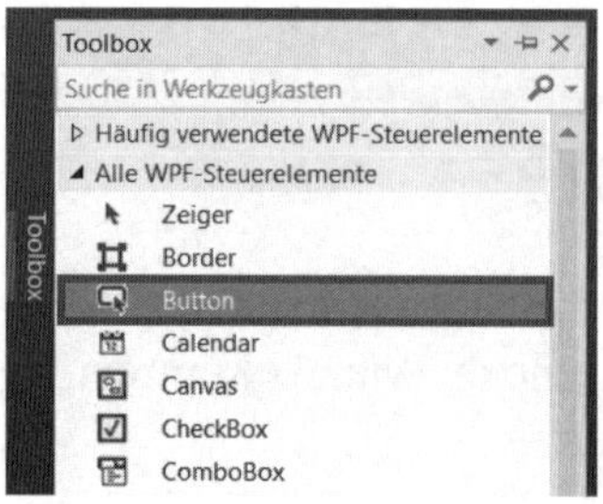

Brauchst du etwas Hilfestellung?

- Neue Komponenten bekommst du über die Toolbox, die sich auch über das ANSICHT-Menü öffnen lässt. Klicke auf einen Eintrag (z.B. BUTTON oder LABEL) und ziehe jede Schaltfläche bzw. Anzeigefläche mit der Maus im Formular auf.
- Die Größe von Komponenten änderst du, indem du mit der Maus unten an der rechten Ecke ziehst.
- Eine Komponente verschiebst du, indem du mit der Maus darauf klickst und sie dann dorthin ziehst, wo sie hinsoll.
- Den Anzeigetext einer Komponenten trägst du im Eigenschaftenfenster hinter CONTENT ein.
- Gleiches gilt, wenn du andere Eigenschaften (z.B. Lage oder Größe) ändern willst. Auch das wird über das Eigenschaftenfenster erledigt: Hierfür sind unter LAYOUT WIDTH, HEIGHT und MARGIN zuständig. Dort kannst du jeweils genaue Werte eintragen.

Übrigens: HORIZONTALALIGMENT und VERTICALALIGMENT dienen hier nicht der Ausrichtung des Textes, sondern damit lässt sich die Komponente im Hauptfenster ausrichten.

Sicher willst du dein Projekt schon mal speichern?

» Dann klicke auf DATEI und ALLES SPEICHERN.

Zusammenfassung

Das war erst der Anfang unseres Mathe-Projekts. Trotzdem ist es Zeit für eine kleine Pause, ehe es dann im nächsten Kapitel richtig losgeht.

In diesem Kapitel haben wir noch mal »Hallo« gesagt und dann mit ein paar Labels und vielen Knöpfen hantiert. Dabei hast du schon wieder einiges von Visual Basic kennengelernt und weißt schon wieder ein bisschen mehr über den Umgang mit Visual Basic:

Neues Projekt erstellen	Klicke auf DATEI/NEU/PROJEKT.
Projekt öffnen	Klicke auf DATEI/ÖFFNEN/PROJEKT.
Letztes Projekt öffnen	Klicke auf DATEI/ZULETZT GEÖFFNETE PROJEKTE UND PROJEKTMAPPEN.
Projekt speichern	Klicke auf DATEI/ALLES SPEICHERN.

Auch mit einigen weiteren Komponenten von Visual Basic hast du hier wiederholt oder neu Bekanntschaft gemacht:

`MainWindow`	Formular, in dem sich alle Komponenten des Programms befinden. Das Formular selbst ist die Hauptkomponente.
`Label`	Anzeigefläche, mit der man Text anzeigen kann (Komponente)
`Button`	Schaltfläche, auf die man mit der Maus klicken kann (Komponente)
`button_Click`	Methode, die mit Mausklick auf eine Schaltfläche aktiviert wird
`Height`, `Width`	Höhe und Breite einer sichtbaren Komponente
`Margin`	Position einer sichtbaren Komponente, hier der linken oberen Ecke

Ein paar Fragen ...

1. Welche Komponenten in Visual Basic kennst du schon?
2. Was bedeuten Ereignisse und Methoden in Visual Basic?
3. Wie lässt sich während des Programmlaufs die Aufschrift auf einem Button oder Label ändern?

... und eine Aufgabe

1. Erweitere das Hallo-Projekt auf mindestens vier Schaltflächen: Finde außer GUT und SCHLECHT noch ein paar weitere Knopfaufschriften. Und programmiere die passenden Antworten dazu.

3

Von Zahlen, Zeichen und Operatoren

Und weiter geht es mit unserem Mathematik-Projekt. Ein bisschen Rechnen ist in diesem Kapitel angesagt. Dabei erfährst du auch einiges über Zahlen und Zeichen und wie Visual Basic damit umgeht. Außerdem lassen wir uns hier vom Zufall etwas unter die Arme greifen.

In diesem Kapitel lernst du

- etwas über XAML
- mehr über die Positionierung von Komponenten
- wie man Variablen in Visual Basic vereinbart
- einige Datentypen und Operatoren kennen
- wie man Zufallszahlen erzeugt
- wie man Zahlen in Zeichenketten umwandelt
- wie man Kommentare im Quelltext verwendet

Die passende Optik

Und so geht das kleine Spiel:

- Durch Klick auf ein Label mit der Aufschrift »Klick dir zwei Zahlen« sollen in den anderen beiden Anzeigeflächen zwei zufällige Zahlen auftauchen.
- Wird dann auf einen der vier Knöpfe für die Rechenarten geklickt, werden diese Zahlen addiert, subtrahiert, multipliziert oder dividiert. Und das Ergebnis soll dann oben im Label angezeigt werden.

Weil es vier Grundrechenarten gibt, brauchen wir für jede eine Schaltfläche. Ein Label dient der Information, was zu tun ist. Zwei weitere Labels sind für die beiden Zahlen, die jeweils verknüpft werden sollen.

Beschriftet werden nur die vier Schaltflächen, und auch der Titel des Formulars muss geändert werden. Wie, das zeigt dir diese Tabelle:

Komponente	Content/Title	Schriftgröße
button	+ (plus)	32 bis 50
button1	– (minus)	32 bis 50
button2	* (mal)	32 bis 50
button3	/ (durch)	32 bis 50
label1	Klick dir zwei Zahlen.	14 bis 20
label2		32 bis 50
label3		32 bis 50
MainWindow	Rechenarten	

Du bist dir nicht mehr sicher, wie du ein Projekt wieder laden kannst? Klicke auf DATEI und dann auf ÖFFNEN und PROJEKT/PROJEKTMAPPE. In der Regel musst du in einen Ordner wechseln, um dort die Projektdatei zu finden (die dann dafür sorgt, dass auch alle weiteren Dateien des Projekts geöffnet werden). Diese »Hauptdatei« hat die Kennung VBPROJ oder SLN.

- Klicke auf jeden Button und ändere im Eigenschaftenfenster den Eintrag hinter ALLGEMEIN/CONTENT entsprechend. Außerdem ändere unter TEXT auch gleich die Schriftgröße.
- Klicke nun auf das obere Label und trage im Eigenschaftenfenster hinter CONTENT ein: `Klick dir zwei Zahlen`. Dann stelle unter TEXT eine passende Schriftgröße ein.
- Bei den anderen beiden Labels stellst du zuerst die Schriftgröße ein (TEXT), dann löschst du den Eintrag hinter CONTENT.

Die Zahlen in der Tabelle sind nur Vorschläge. Du darfst natürlich auch andere Werte wählen. Wenn du willst, kannst du dir auch eine andere Schriftart aussuchen.

≫ Abschließend klickst du auf die Formularfläche. Pass dabei auf, dass du nicht das zusätzliche Hilfsraster erwischst (das heißt GRID). Trage im Eigenschaftenfenster hinter TITLE `Rechenarten` ein.

Nach getaner Arbeit könnte das Ergebnis etwa so aussehen:

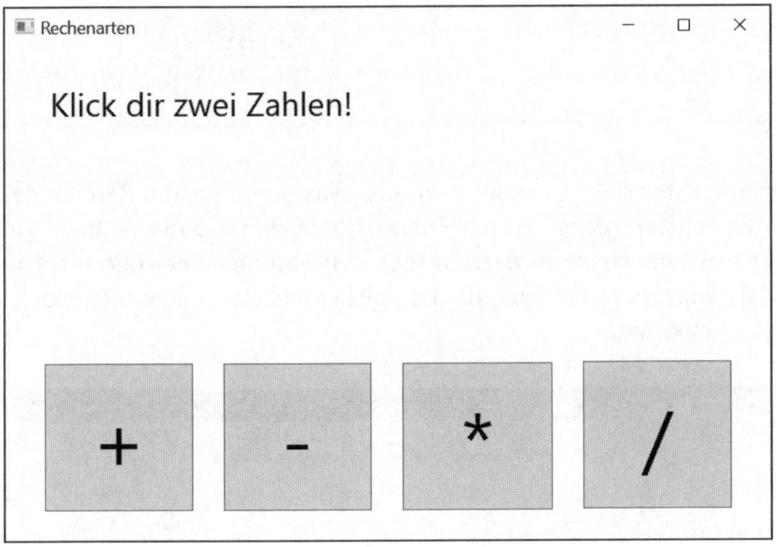

≫ Speichere jetzt alles erst einmal. Um weitere Verschönerungsarbeiten kannst du dich später kümmern.

Alignment und Margin

Vielleicht ist an dieser Stelle mal ein kleiner Exkurs angebracht, den du nicht unbedingt mitmachen musst. Wenn du keine besonderen Probleme damit hast, die Komponenten in einem Formular anzuordnen, dann springe einfach weiter zum nächsten Abschnitt.

Willst du aber mehr über die Ausrichtung und die Positionierung von Komponenten wissen, dann solltest du hier weiterlesen.

Es gibt mehrere verschiedene Möglichkeiten, eine Komponente in einem Formular zu positionieren. Die Standardversion hast du ja schon kennengelernt. Schauen wir uns dazu ein Formular mit drei Buttons an.

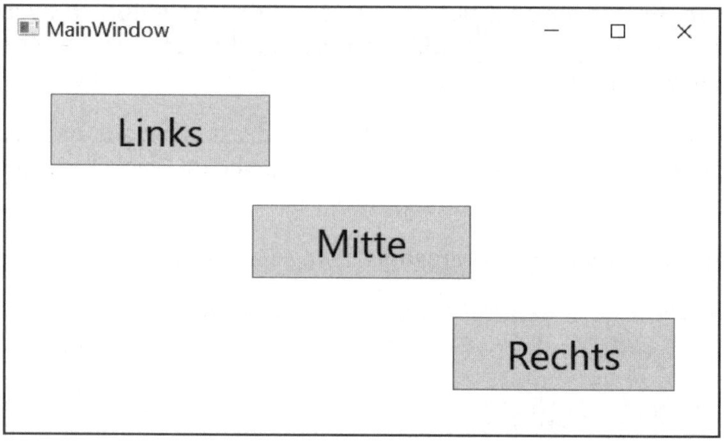

Im Designfenster sieht es so ähnlich aus. Was du im oberen Bereich des gesamten Fensters siehst, ist der Entwurfsbereich. Darunter ist noch ein anderer meistens kleinerer Bereich (der sich natürlich vergrößern lässt). Dort steht irgendwelcher Text, dem du bisher vielleicht nicht viel Beachtung geschenkt hast.

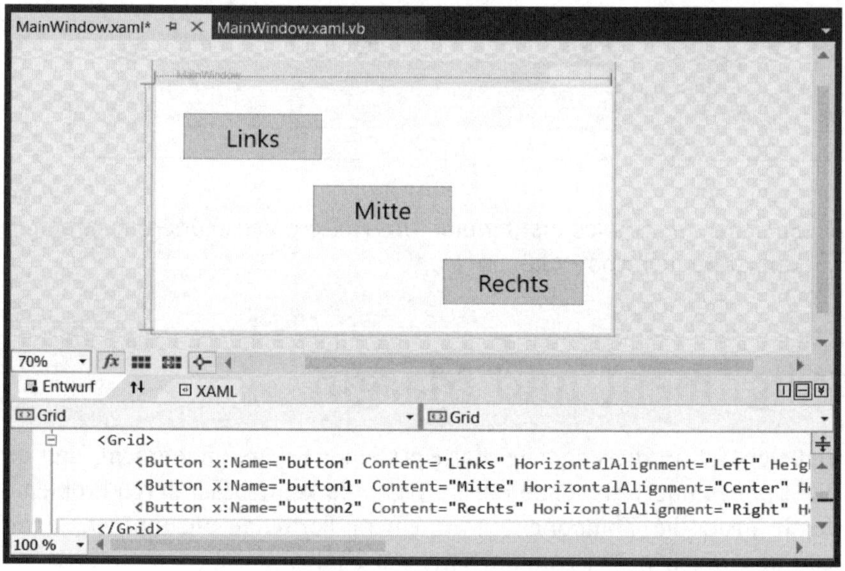

Man muss sich damit auch nicht unbedingt auskennen, ein Formular lässt sich auch nur oben im Entwurfsbereich gestalten. Jedenfalls einigermaßen gut. Schauen wir jetzt aber mal genauer hin, wechseln wir vom Entwurfsbereich des Designeditors nach unten, in den sogenannten XAML-Bereich. Immerhin trägt die Datei MAINWINDOW ja die Kennung XAML.

Was ist XAML? XAML ist zunächst eine Abkürzung von »Extensible Application Markup Language«, was frei übersetzt so viel heißt wie: Beschreibungssprache für Applikationen (kurz: Apps), auch Programme oder Anwendungen genannt. XAML dient hier zum Entwerfen und Gestalten von Formularen und Komponenten.

Im XAML-Bereich steht viel Text, ich greife mal den heraus, der unser Button-Trio beschreibt. In Wirklichkeit sind es drei ganz lange Zeilen, die ich fürs Buch in kleinen Stückchen »zerbrochen« habe:

```
<Button x:Name="button" Content="Links"
HorizontalAlignment="Left" Height="50"
Margin="30,30,0,0" VerticalAlignment="Top"
Width="150"/>
<Button x:Name="button1" Content="Mitte"
HorizontalAlignment="Center" Height="50"
Margin="0,0,0,0" VerticalAlignment="Center"
Width="150"/>
<Button x:Name="button2" Content="Rechts"
HorizontalAlignment="Right" Height="50"
Margin="0,0,30,30" VerticalAlignment="Bottom"
Width="150"/>
```

Du wirst das meiste verstehen: Da stehen zuerst der Typ und der Name der Komponente, dahinter folgt der Text, der auf dem Button steht (`Content`). `Height` und `Width` bezeichnen die Höhe und Breite der Komponente. Auch das ist noch verständlich: drei Schaltflächen, die jeweils 150 Punkt breit und 50 Punkt hoch sind. Und auf denen jeweils die Wörter »Links«, »Mitte« und »Rechts« stehen.

Doch was ist mit den anderen Bezeichnungen? `HorizontalAlignment` und `VerticalAlignment` beschreiben die **Ausrichtung** der Komponente. Dabei gibt es diese Möglichkeiten:

Horizontal	Left	Center	Right
Ausrichtung	Linker Rand	Formularmitte	Rechter Rand
Vertical	Top	Center	Bottom
Ausrichtung	Rand oben	Formularmitte	Rand unten

Alle Möglichkeiten sind für die drei Buttons eingesetzt worden. Aber wozu das Ganze? Wie erreicht man, dass die beiden äußeren Schaltflächen eine bestimmte Entfernung vom Rand des Formulars haben?

Genauer ist es nicht der Rand des Formulars, sondern eines (unsichtbaren) Rasters, das `Grid` heißt. Es deckt den größten Teil des Formulars außer der Titelleiste ab. Alle Maße beziehen sich auf den Bereich innerhalb dieses `Grid`-Elements.

Und jetzt kommt `Margin` ins Spiel. Dort stehen in Klammern jeweils vier Werte, die beschreiben, wie weit die Komponente vom jeweiligen Rand des Formularbereichs entfernt ist. Schauen wir uns das in der Tabelle genauer an:

Margin	links	oben	rechts	unten
Links (oben)	30	30	0	0
Mitte	0	0	0	0
Rechts (unten)	0	0	30	30

Für den Button links oben sind nur die beiden **ersten** Zahlen von `Margin` wichtig: Er ist jeweils 30 Einheiten vom linken und oberen Rand entfernt, weil die Ausrichtung auf links und oben orientiert ist. (Die anderen Zahlen müssten also keine Nullen sein, sie spielen hier keine Rolle.)

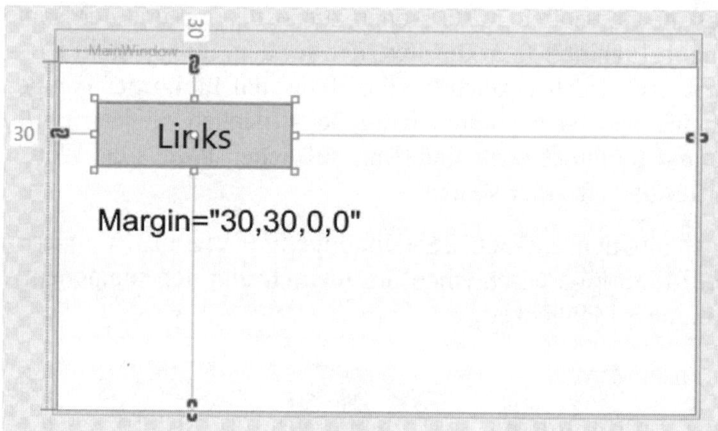

Für den Button rechts unten gelten die beiden **letzten** Zahlen von `Margin`. Denn hier ist die Komponente auf rechts unten ausgerichtet.

Dem mittleren Button genügen als `Margin`-Werte lauter Nullen, damit er auch schön im Zentrum des Formulars bleibt.

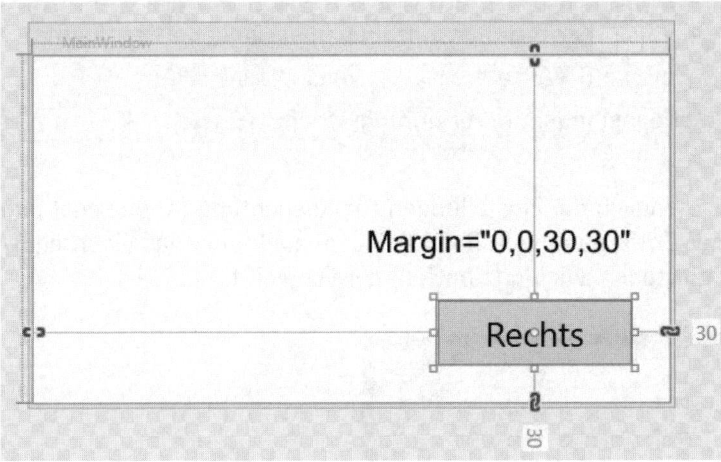

Wenn du eine Komponente in einem Formular einsetzt, erhält sie automatisch diese Einstellungen:

```
HorizontalAlignment="Left" VerticalAlignment="Top"
```

Was bedeutet, dass du hier über die ersten beiden Werte von `Margin` die Komponente positionieren kannst. Die anderen Ausrichtungsmöglichkeiten sind dafür gedacht, dass sich die Position einer Komponente anpasst, wenn sich die Größe eines Formulars ändert. Das muss nicht sein, kann aber nützen.

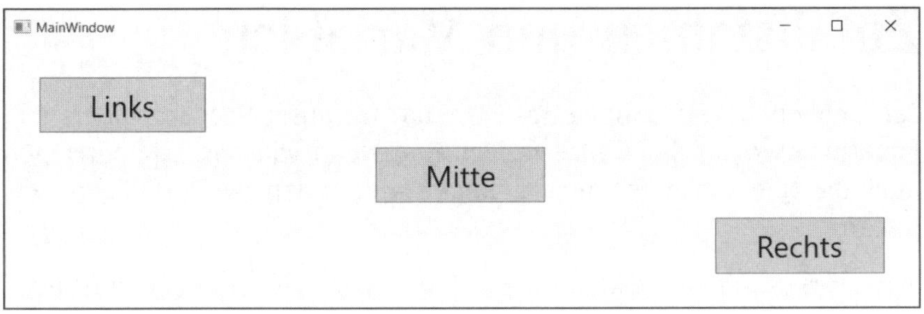

Aufgebaut ist eine XAML-Anweisungskette offenbar so:

```
<Anweisungen mit Leerzeichen als Trennung/>
```

Anfangs- und Ende-Marke sind spitze Klammern. Am Ende kommt noch ein Schrägstrich hinzu.

Und innerhalb der Kette stehen einzelne Zuweisungen dieser Form:
`Begriff="Wert"` z.B. `Content="Links"` oder `Height="50"`.
Der Wert ist dabei immer in Anführungsstriche gefasst.

Natürlich lassen sich die Einstellungen für Ausrichtung (`Alignment`) und Position bzw. Entfernung vom Rand (`Margin`) auch über das Eigenschaftenfenster einstellen, wie du (zum Teil) bereits weißt.

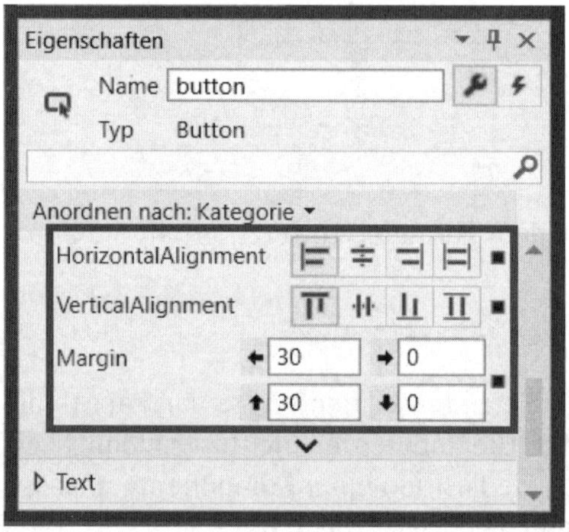

Zufallszahlen und Variablen

Jetzt haben wir ein ganz nettes Formular für unser Rechenspiel erstellt. Funktionieren tut das Ganze freilich nur, wenn wir dem Computer nun auch die Spielregeln beibringen. Fangen wir mit den zwei zufälligen Zahlen an.

Wie wäre es mit einem Mausklick auf das Anzeigefeld mit dem Aufforderungstext, um die Zahlen zu erzeugen? Doch ist ein Label wie ein Button tatsächlich sensibel für Mäuse? Nein. Leider nicht.

Wir haben nun zwei Möglichkeiten: Entweder wir ersetzen das obere Label durch einen breiten Button. Oder wir fügen dem Ganzen einen weiteren Knopf hinzu. Wie du gleich sehen wirst, habe ich mich für die erste Option entschieden.

Dazu muss das obere Label zuerst wieder gelöscht werden.

≫ Klicke auf das betreffende Label. Dann drücke die [Entf]-Taste.

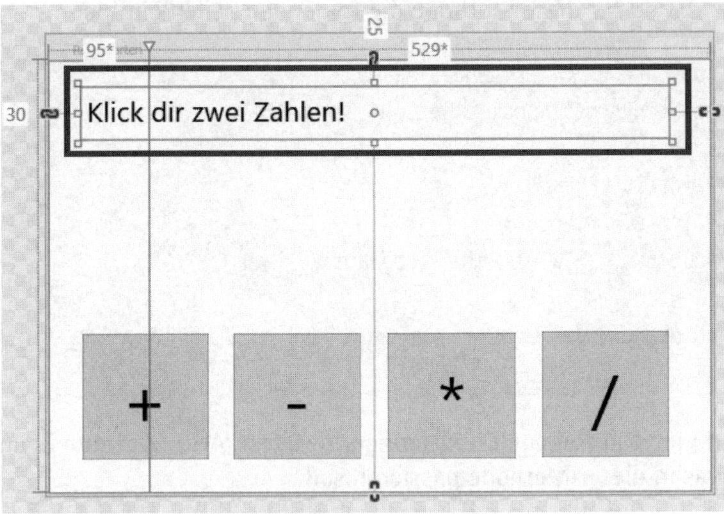

- Füge über die Toolbox an derselben Stelle einen Button ein und passe ihn in der Größe an. (Korrekturen über das Eigenschaftenfenster unter LAYOUT und MARGIN.)
- Ändere auch die Schriftgröße (TEXT). Dann speichere das Projekt erst einmal.

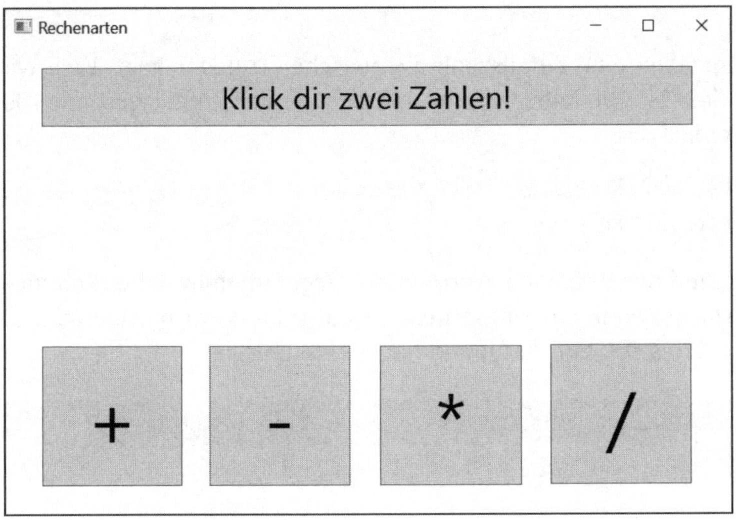

Und jetzt kann es mit der `Click`-Methode weitergehen.

- Doppelklicke auf den neuen Button mit dem Text »Klick dir zwei Zahlen«.

Im Editorfenster bietet Visual Basic dir die Methode `button4_Click` an.

➢ Nun kannst du für diese Methode die folgenden Zeilen eintippen:

```
Private Sub button4_Click(sender As Object, _
e As RoutedEventArgs) Handles button4.Click
  Randomize()
  Zahl1 = Int(100 * Rnd())
  Zahl2 = Int(100 * Rnd())
  button4.Content = "Wähle die Rechenart!"
  label1.Content = Zahl1
  label2.Content = Zahl2
End Sub
```

Klar, dass du jetzt auf einige Erläuterungen wartest. Also folgt nun Zeile für Zeile, was in dieser Methode passieren soll:

Mit `Randomize` wird ein Zufallszahlengenerator gestartet. Der Computer berechnet nach einer Formel von Visual Basic einen zufälligen Startwert und nimmt dabei Datum und Uhrzeit zur Hilfe. Weil die sich dauernd ändern, entsteht dadurch auch bei jedem Aufruf von `Randomize` ein neuer Startwert.

Falls du die runden Klammern nicht gleich findest: Versuch es mal mit [⇧]+[8] und mit [⇧]+[9].

`Rnd` erzeugt dann eine Zufallszahl, die zwischen 0 und 1 liegt. Weil wir aber eine Zahl bis 100 haben wollen, müssen wir den Zufallswert mit 100 multiplizieren:

```
Zahl1 = Int(100 * Rnd())
Zahl2 = Int(100 * Rnd())
```

Allerdings sind die zufälligen Werte in der Regel irgendwelche »Kommazahlen«. Mit der Funktion `Int` sorgen wir dafür, dass wir nur die ganzen Zahlen von 0 bis 100 zur Verfügung haben. Ein Beispiel:

mit `Rnd` erzeugt	mal 100	mit `Int` gerundet
0.3274	32.74	33

Wozu dienen die Klammern hinter `Randomize` und `Rnd`? Grundsätzlich trägt jede Methode in Visual Basic Klammern mit sich: Dort stehen normalerweise sogenannte **Parameter**, also Werte, die die Methode übernimmt und verarbeitet. Das kannst du z.B. an `Int` sehen.

Übernimmt eine Methode keine Parameter, dann bleiben die Klammern einfach leer. Das gilt z.B. für `Rnd`.

Eine Methode, die nicht nur Werte übernehmen, sondern auch ein Ergebnis zurückliefern kann, wird **Funktion** genannt. `Int` und `Rnd` sind also auch Funktionen.

Weil wir zwei Zahlen brauchen, kommt `Rnd` auch zweimal in dieser `Click`-Methode vor. Damit der Computer sie aber auch irgendwo aufheben kann, benötigt er zwei Behälter. Mit `Zahl1` und `Zahl2` wird jeweils ein solcher Platz im Arbeitsspeicher deines Computers bezeichnet.

Weil dort dann die beiden Zufallszahlen abgelegt werden, nennt man `Zahl1` und `Zahl2` auch **Bezeichner** oder **Variablen.**

Und bei der ganzen Rechnung spricht man auch von einer **Zuweisung.** Demgemäß wird das Gleichheitszeichen (=) in Visual Basic auch als **Zuweisungsoperator** bezeichnet.

Variable = Formel

So genau weißt du nicht mehr, was **Variablen** sind? Aus dem Matheunterricht kennst du wahrscheinlich den Begriff **Platzhalter.** Die werden oft mit Buchstaben wie **x** oder **y** bezeichnet. Und weil diese Platzhalter in jeder Aufgabe einen anderen Wert annehmen können, also keinen von vornherein festgelegten Wert haben, nennt man so etwas Variablen (das Fremdwort »variabel« heißt auf Deutsch so viel wie »veränderlich«).

Im Gegensatz dazu gibt es natürlich in Visual Basic auch **Konstanten.** Die haben dann einen festgelegten Wert, der sich während des Programmlaufs nicht verändert. Und auch bei jedem neuen Programmstart behält eine Konstante ihren Wert. Beispiele sind diese beiden Texte, die das obere Label im Formular anzeigen soll:

```
"Klick dir zwei Zahlen!"
"Wähle die Rechenart!"
```

Aber auch Zahlen wie z.B. `0`, `1`, `-1`, `3.14` lassen sich als Konstanten einsetzen (wie du noch sehen wirst).

Der Name für eine Variable ist eigentlich egal. Aber er sollte schon erkennen lassen, wozu die Variable verwendet wird. Ich hätte wie die Mathematiker z.B. auch x und y nehmen können, aber Zahl1 und Zahl2 sind hier sicher aussagekräftiger.

Jeder beliebige Name ist für Variablen ohnehin nicht erlaubt: So kommen alle Schlüsselwörter, die zur Sprache Visual Basic gehören, schon mal nicht in Frage. **Schlüsselwörter** sind z.B. Sub, Rnd und End. Außerdem darf ein Variablenname nicht mit einer Zahl anfangen. Am sichersten ist es, wenn du mit einem Buchstaben beginnst und weitgehend auf Sonderzeichen verzichtest.

Zeichenketten

Den Rest der Methode button4_Click bilden noch ein paar weitere Zuweisungen. Diese betreffen die Eigenschaft Content der drei Komponenten button4, label1 und label2. Jede von ihnen bekommt etwas zugewiesen, das anschließend im Formular sichtbar werden soll:

```
button4.Content = "Wähle die Rechenart!"
label1.Content = Zahl1
label2.Content = Zahl2
```

Wieder mal taucht hier der Punkt (.) auf, den du schon von den letzten beiden Kapiteln her kennst. Dieser Operator verbindet ein Objekt oder eine Klasse mit einer Methode.

Und nun können nach einem Klick auf die obere Anzeigefläche zwei zufällige Zahlen und ein neuer Text angezeigt werden.

> Starte das Projekt: Mit Klick auf die STARTEN-Schaltfläche (oder DEBUGGEN und noch mal DEBUGGEN STARTEN) oder Druck auf die Taste [F5].

Vereinbarungen sind nötig

Beim Versuch von Visual Basic, deinem Computer das neue Programm beizubringen, scheint irgendetwas nicht zu klappen. Ganz unten erscheinen gleich mehrere Fehlermeldungen:

Für Visual Basic ist die Variable Zahl1 nicht definiert (»wurde nicht deklariert«). Das Gleiche gilt für Zahl2.

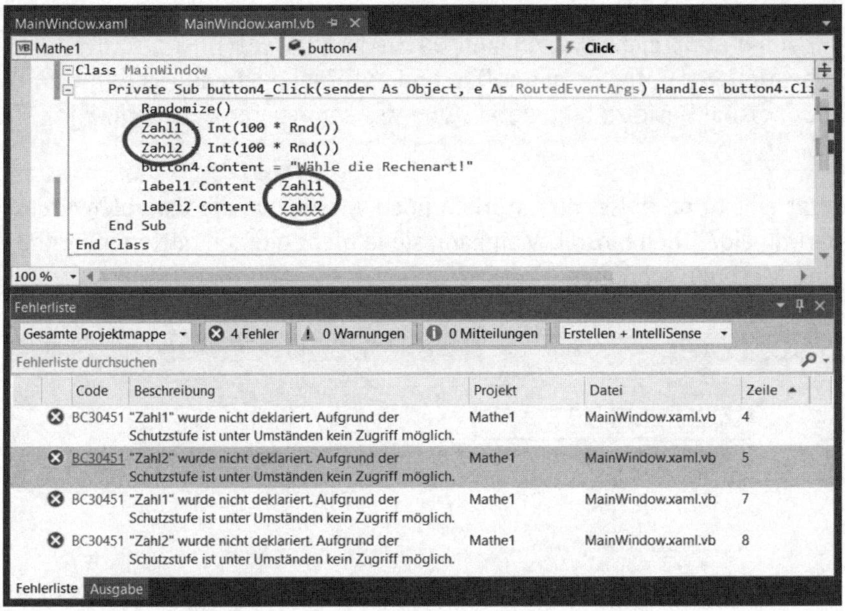

Da habe ich doch tatsächlich etwas übersehen! Wir können also nicht einfach eine Variable benutzen, ohne vorher Bescheid zu sagen. Erst einmal muss jede Variable vereinbart werden! Nur dann wird im Arbeitsspeicher deines PC Platz für eine Zahl oder Zeichenkette bereitgestellt.

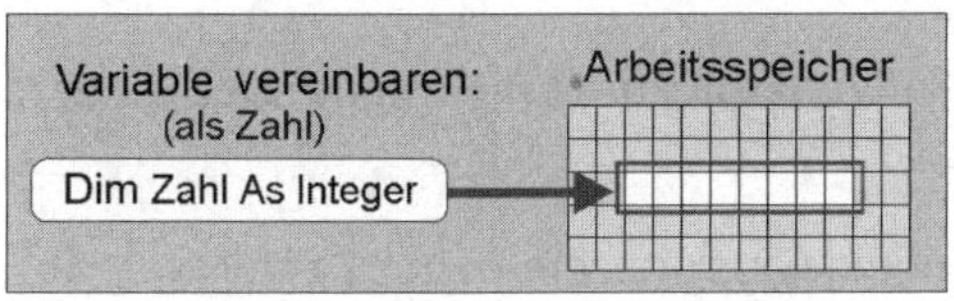

Für die Variablen `Zahl1` und `Zahl2` sieht das dann so aus:

```
Dim Zahl1, Zahl2 As Integer
```

Eingeleitet wird die Vereinbarung mit dem Wort `Dim`, dann kommt der Name der Variablen. Sind es mehrere, werden sie durch Komma getrennt. Dann folgt ein `As` und schließlich der **Datentyp**. Mit `Integer` ist hier eine ganze Zahl gemeint.

Neben den Zahlen gibt es in Visual Basic auch noch **Zeichenketten** oder **Strings**. Dabei handelt es sich vorwiegend um Text. Bei einer Zeichenkette könnte die Vereinbarung z. B. so aussehen:

```
Dim Text As String
```

Die Variable `Text` ist damit vom Typ `String` (was ja ein anderer Begriff für »Zeichenkette« ist).

Zahlen und Zeichenketten sind Daten. Mit **Datentyp** ist also der Typ bestimmter Daten gemeint. Das sind natürlich nicht alle Datentypen, die Visual Basic zu bieten hat. Aber die am meisten verwendeten.

Jetzt willst und musst du natürlich noch wissen, wo die Variablenvereinbarung eigentlich hinsoll. Man kann sie ja nicht einfach mitten in irgendeine Methode schreiben.

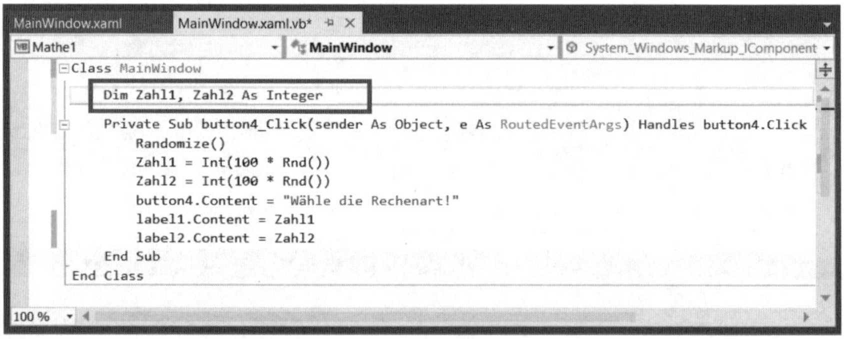

» Wechsle zum Editorfenster und suche oben diesen Eintrag:

```
Class MainWindow
Dim Zahl1, Zahl2 As Integer
```

» Starte das Programm noch einmal. Dann klicke mehrmals auf die obere Schaltfläche.

Wie du siehst, taucht nun bei jedem Mausklick ein neues Zahlenpaar auf. Und nach dem ersten Klick auf »Klick dir zwei Zahlen!« verändert sich der Anzeigetext in »Wähle die Rechenart!«.

Kommentare

Manchmal kann es nützlich sein, im Programmtext ein paar Zeilen unterzubringen, die Visual Basic eigentlich nichts angehen: Kommentare, Bemerkungen, Erläuterungen. Für den Programmablauf selbst spielen Kommentare keine Rolle. Visual Basic ignoriert sie einfach.

In Visual Basic wird ein Kommentar durch das Wörtchen `Rem` eingeleitet – bequemer aber ist es, nur den einfachen Anführungsstrich (') zu benutzen.

Kommentare sind immer dann sinnvoll, wenn es um längere oder kompliziertere Anweisungen oder Formeln geht. Ich hätte z.B. in die Methode `button4_Click` auch ein paar Kommentarzeilen einfügen können:

```
Private Sub button4_Click(sender As Object, _
e As RoutedEventArgs) Handles button4.Click
  ' zwei Zufallszahlen zwischen 0 und 99 erzeugen
  Randomize()
  Zahl1 = Int(100 * Rnd())
  Zahl2 = Int(100 * Rnd())
  ' neuen Infotext anzeigen
  button4.Content = "Wähle die Rechenart!"
  ' Zahlen (über Label) anzeigen
  label1.Content = Zahl1
  label2.Content = Zahl2
End Sub
```

Du musst einen solchen Kommentar nicht unbedingt in eine eigene Zeile schreiben, du kannst ihn auch irgendwo hinten dranhängen, z.B. so:

```
Zahl1 = Int(100 * Rnd())  '1. Zufallszahl
Zahl2 = Int(100 * Rnd())  '2. Zufallszahl
```

Plus oder minus, mal oder durch

Damit auch gerechnet wird, müssen wir uns jetzt noch um die Methoden der vier Schaltflächen kümmern. Im Einzelnen sehen die so aus (→ MATHE1):

```
Private Sub button_Click(sender As Object, _
e As RoutedEventArgs) Handles button.Click
  Ergebnis = Zahl1 + Zahl2
  button4.Content = _
  "Ergebnis der Addition: " + CStr(Ergebnis)
End Sub

Private Sub button1_Click(sender As Object, _
e As RoutedEventArgs) Handles button1.Click
  Ergebnis = Zahl1 - Zahl2
  button4.Content = _
  "Ergebnis der Subtraktion: " + CStr(Ergebnis)
End Sub
```

```
Private Sub button2_Click(sender As Object, _
e As RoutedEventArgs) Handles button2.Click
  Ergebnis = Zahl1 * Zahl2
  button4.Content = _
  "Ergebnis der Multiplikation: " + CStr(Ergebnis)
End Sub

Private Sub button3_Click(sender As Object, _
e As RoutedEventArgs) Handles button3.Click
  Ergebnis = Zahl1 / Zahl2
  button4.Content = _
  "Ergebnis der Division: " + CStr(Ergebnis)
End Sub
```

Im Grunde genommen geschieht hier doch viermal das Gleiche, oder? Nicht ganz, denn es handelt sich ja jedes Mal um eine andere Rechenart. In der ersten Zeile der Methode wird die jeweilige Rechenoperation durchgeführt:

```
Ergebnis = Zahl1 + Zahl2
Ergebnis = Zahl1 - Zahl2
Ergebnis = Zahl1 * Zahl2
Ergebnis = Zahl1 / Zahl2
```

Anschließend bekommt die Schaltfläche button4 mal wieder neues Futter. Diesmal muss sie für die Anzeige des Rechenergebnisses herhalten – z.B.:

```
button4.Content = _
"Ergebnis der Division: " + CStr(Ergebnis)
```

Auf die neue Funktion CStr kommen wir später, ebenso wie auf die besondere Rolle des Pluszeichens.

Beim Ermitteln des Ergebnisses ist wieder eindeutig zu erkennen, wie eine **Zuweisung** auszusehen hat. Rechts steht immer die Formel, nach der etwas berechnet oder eine Zeichenkette zusammengesetzt werden soll. Und links sitzt immer die Variable, die den Wert aufnehmen soll, der bei der Berechnung herausgekommen ist. Umgekehrt aber funktioniert es nicht.

Es stehen also in Visual Basic alle vier Grundrechenarten zur Verfügung. Allerdings unterscheiden sich die **Operatoren** für die Multiplikation und Division von denen, die du aus dem Matheunterricht oder vom Taschenrechner kennst:

	Mathe/Schule	Taschenrechner	Computer
Addition	+	+	+
Subtraktion	–	–	–
Multiplikation	·	X	*
Division	:	÷	/

Zusätzlich hast du hier den Plus-Operator (+) noch in einer weiteren Rolle kennengelernt. Er kann nämlich nicht nur Zahlen addieren, sondern auch Zeichenketten verknüpfen. Die anderen Operatoren dagegen funktionieren bei Strings nicht.

Allerdings gab es hier einen Haken, denn dies hätte nicht funktioniert:

```
button4.Content = _
"Ergebnis der Division: " + Ergebnis
```

Hier müsste der Plus-Operator einen String mit einer Zahl verknüpfen und zu einer längeren Zeichenkette machen. Die Funktion `CStr` (Abkürzung von »Convert to String«) wandelt eine Zahl in einen String um. Dann werden zwei Zeichenketten verknüpft.

> Eine Alternative zum »+« ist das »&«, auch »Kaufmännisches Und« genannt, was im Einsatz z.B. so aussieht:
>
> `button4.Content = "Ergebnis: " & CStr(Ergebnis)`

Wenn du das Programm nun erneut laufen lässt, erntest du wieder mal eine Fehlermeldung. Denn auch die neue Variable möchte Visual Basic schon gern kennenlernen, ehe sie verwendet werden darf.

- Ergänze die Variablenvereinbarungen so:

```
Dim Zahl1, Zahl2, Ergebnis As Integer
```

- Speichere dein Projekt mit Klick auf DATEI und ALLES SPEICHERN. (Du findest das Projekt auch bei den Download-Dateien unter dem Namen MATHE1.)

> Wenn du die zwei Zufallszahlen zentriert angezeigt haben willst, dann solltest du in der Methode `button4_Click` noch diese Zeilen hinzufügen:
>
> ```
> label1.HorizontalContentAlignment = _
> HorizontalAlignment.Center
> label2.HorizontalContentAlignment = _
> HorizontalAlignment.Center
> ```

≫ Starte das Programm und probiere alle vier Rechenarten aus. (Was fällt dir nach längerem Experimentieren auf?)

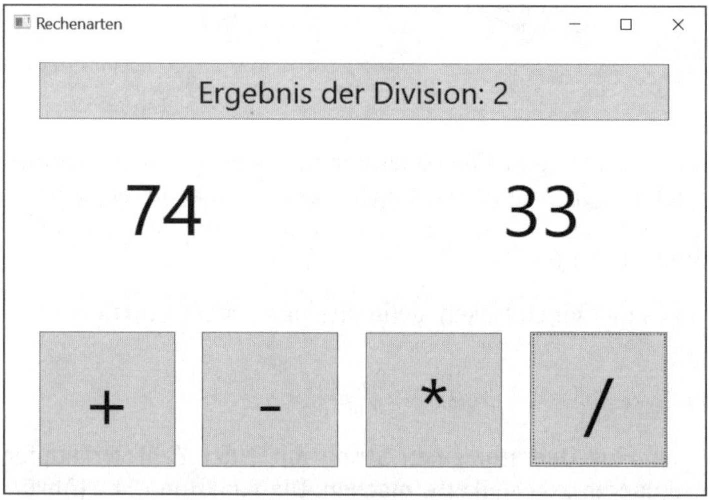

Ist die zweite Zahl zufällig einmal eine Null, geht die Division schief, denn durch null darf ja bekanntlich nicht geteilt werden. Dann erscheint eine solche Fehlermeldung:

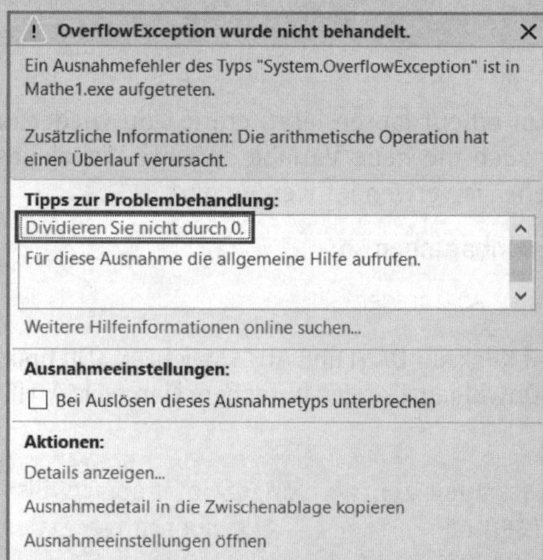

Unter Visual Basic handelt es sich dabei um eine sogenannte **Exception**, hier vom Typ OverflowException. Gemeint ist damit ein Ausnahmefehler, der nicht ständig auftritt.

Hier wird das Programm von Visual Basic unterbrochen, ist aber noch **nicht** beendet. Schließe zuerst einmal das Meldefenster.

Das Programmfenster lässt sich nun nicht über das Schließsymbol (das X oben rechts in der Fensterecke) beenden. Dazu musst du das DEBUGGEN-Menü von Visual Studio öffnen: Klicke dort auf DEBUGGEN BEENDEN.

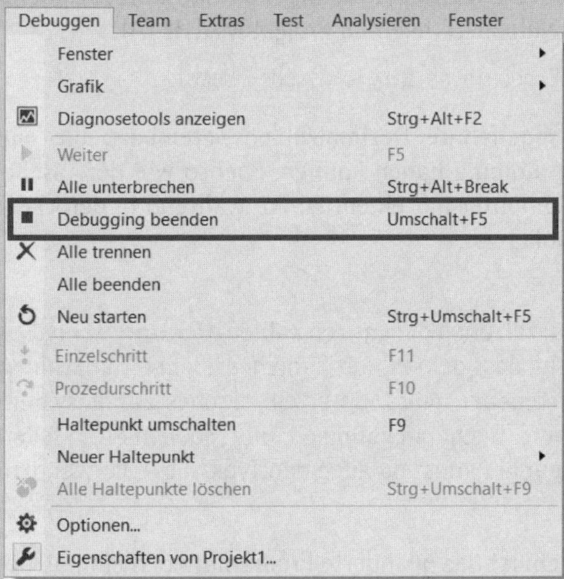

Schon bald lernst du Möglichkeiten kennen, um auch mit solchen Exceptions umzugehen.

Zahlen mit Format

Das mit der Division durch null dürfte eigentlich gar nicht passieren, lässt sich aber mit unserem jetzigen Wissensstand noch nicht vermeiden. Man könnte höchstens dafür sorgen, dass der PC als zweite Zahl keine 0 erzeugt, das würde allerdings dann auch für die anderen Rechenarten gelten. Durch diese Zeilen ließe sich das regeln:

```
' Zufallszahlen zwischen 1 und 99
Zahl1 = Int(99 * Rnd()) + 1
Zahl2 = Int(99 * Rnd()) + 1
```

Ansonsten ist unser kleines Matheprogramm gar nicht so schlecht. Natürlich gibt es da noch einiges zu verbessern. So wird z.B. immer eine ganze Zahl als Ergebnis angezeigt, obwohl doch bei der Division so manches Mal eine Dezimalzahl bzw. sogenannte »Kommazahl« herauskommen müsste.

Denn mit `Integer` werden die Variablen `Zahl1` und `Zahl2` als ganze Zahlen vereinbart. Nur eine kleine Änderung der Vereinbarung aber bringt bei der Division die gewünschte »Kommazahl«:

> Ändere die Variablenvereinbarungen so um (du findest diese Änderung auch unter den Download-Dateien im Projekt MATHE1A):

```
Dim Zahl1, Zahl2, Ergebnis As Single  ' oder Double
```

Mit `Single` werden sogenannte Dezimalzahlen vereinbart, die einen Dezimalpunkt oder ein Komma haben können. Ebenso wie der Taschenrechner arbeitet der Computer mit einem Punkt, während in der Mathematik ja das Komma üblich ist.

`Single` umfasst natürlich auch die ganzen Zahlen. Der Unterschied zu `Integer` besteht darin, dass dein PC mit Zahlen, die keine Ganzzahlen sind, umständlicher rechnen muss, da er ein eigenes Zahlensystem verwendet. Für höhere Rechengenauigkeit und noch mehr Stellen hinter dem Dezimalpunkt kannst du auch den Typ `Double` verwenden.

> Am besten, du speicherst das geänderte Programm noch einmal. Dann lass es laufen und benutze dabei die Schaltfläche mit dem Symbol »/«.

Wie du siehst, bekommst du jetzt bei einer Division auch mal eine »Kommazahl«, manchmal allerdings mit recht vielen Stellen. Sollte die Anzeige nicht mehr ausreichen, musst du die Anzeigefläche so weit wie möglich nach links und rechts bis an den Rand des Formulars ausdehnen. Oder du machst auch das Formular noch etwas breiter.

Wenn dich aber die vielen Stellen hinter dem Komma stören, kann dir Visual Basic mit dieser Funktion weiterhelfen:

```
CStr(Format(Ergebnis, "#0.00"))
```

`Format` übernimmt als Parameter eine Zahlvariable und einen String mit dem Muster, wie die Anzeige aussehen soll. Hier sind es zwei Stellen hinter dem Dezimalpunkt und beliebig viele davor. (Und die Null hinter dem Zeichen »#« sorgt dafür, dass eine Zahl wie z.B. `0.25` nicht als `.25` dargestellt wird.)

Und so sieht die elegantere Version der `button_Click`-Methode für die Division aus:

```
Private Sub button3_Click(sender As Object, _
e As RoutedEventArgs) Handles button3.Click
  Ergebnis = Zahl1 / Zahl2
  button4.Content = "Ergebnis der Division: " + _
  CStr(Format(Ergebnis, "#0.00"))
End Sub
```

≫ Ändere das Mathe-Programm entsprechend um (→ MATHE1A).

Zusammenfassung

Nun hast du dein erstes Mathe-Projekt vollendet und dann hoffentlich auch mit den Zahlen ausgiebig herumgespielt. Dabei ist dein Visual-Basic-Wortschatz schon wieder ein bisschen gewachsen:

`Dim`	Einleitung einer Variablen-Vereinbarung
`Integer`	Variable vom Datentyp »Ganze Zahl«
`Single`	Variable vom Datentyp »Dezimalzahl« (einfach genau)
`Double`	Variable vom Datentyp »Dezimalzahl« (doppelt genau)
`String`	Variable vom Datentyp »Zeichenkette«
`Randomize`	Methode: Zufallszahlengenerator starten
`Rnd`	Funktion: Eine Zufallszahl zwischen 0 (einschließlich) und unter 1 erzeugen
`CStr`	Funktion: Eine Zahl in eine Zeichenkette (String) umwandeln
`Format`	Funktion: Formatierte Anzeige (z.B.) von Zahlen
+, -, *, /	Rechenoperatoren für Zahlen
+, &	Verknüpfung von Zeichenketten
=	Zuweisungsoperator
', Rem	Kommentar
( )	Runde Klammern umfassen die Parameter einer Methode.
., _	Verbindungsoperator/Zugriffsoperator für Eigenschaften und Methoden

Der Name einer Hilfskomponente tauchte immer wieder mal auf:

`Grid`	Raster als Grundlage für Komponenten wie z.B. Buttons oder Labels

Und auch ein paar Wörter aus dem XAML-Wortschatz sind hier angefallen:

`Name`	Name der Komponente
`Content`	Aufschrift/Textinhalt der Komponente
`Alignment`	Ausrichtung der Komponente (horizontal und vertikal)
`Margin`	Position der Komponente (Entfernung zum Rand)
`Height`, `Width`	Maße der Komponente (Höhe und Breite)

Keine Fragen ...

... aber ein paar Aufgaben

1. Erstelle ein Horoskop-Programm, das zu jedem eingegebenen Sternzeichen einen Button anbietet und bei Klick eine kurze Antwortmeldung ausgibt.
2. Ändere das Mathe-Programm in diese Anzeigeform:

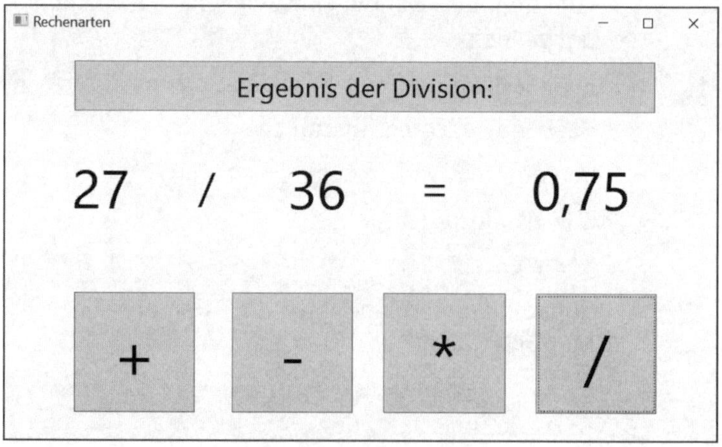

4

Bedingungen

Nicht für jeden sind Zeugnisse etwas Hässliches. Kommt einfach darauf an, was drinsteht. Wenn du zu viele Fünfen oder gar Sechsen hast, bist du wahrscheinlich recht unzufrieden. Besser wären Zweien und Dreien und vielleicht auch mal eine Eins. In diesem Kapitel bestimmst du mit einem Zensurenprogramm die Noten selbst.

In diesem Kapitel lernst du

- die Komponente `TextBox` kennen
- was eine Kontrollstruktur ist
- wie man Werte von Variablen vergleicht
- wie man Bedingungen verknüpft
- die Verwendung von `If` und `Then` kennen
- wie man Fehler über `Try` und `Catch` abfängt

Von 1 bis 6

Auf ein Neues! Dich erwartet nun schon dein drittes Projekt – nach dem Hallo- und dem Mathe-Programm.

- Hast du im letzten Kapitel Visual Studio beendet, musst du es jetzt neu starten.
- Klicke dann auf DATEI und auf NEU und PROJEKT.

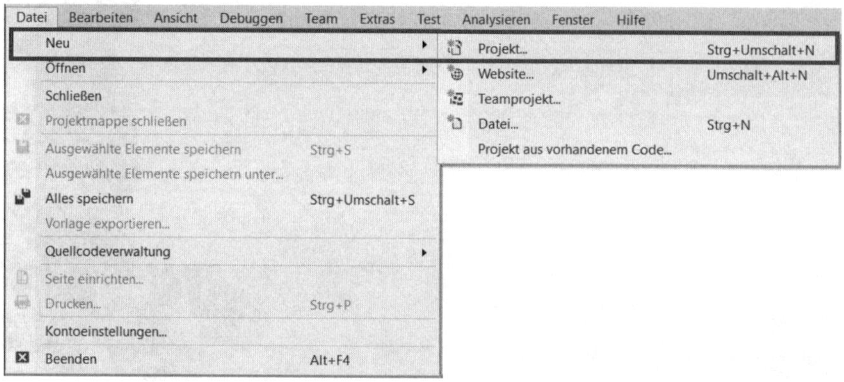

≫ Wähle VISUAL BASIC und WPF-ANWENDUNG, gib dem Projekt den Namen `Zensur1`. Bestätige das mit Klick auf OK.

Das Programm, das wir jetzt erstellen, soll dir eine Zensur ausgeben, wenn du die Punkte eintippst, die du z.B. in einem schriftlichen Test erreicht hast. Natürlich ist auch Mogeln erlaubt.

Damit es jetzt noch nicht zu kompliziert wird, beginnen wir mit einer einfachen Version, die zu jeder Zahl von 1 bis 6 die entsprechende Zensur als Text anzeigt. Später erweitern wir unser Projekt dann entsprechend.

Zuerst brauchen wir wieder eine Schaltfläche. Außerdem verwenden wir hier eine neue Komponente, damit du auch etwas eintippen kannst. So etwa soll unser Formular aussehen:

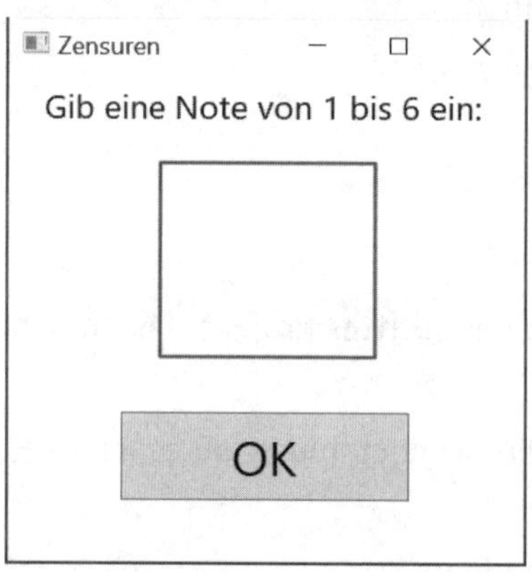

≫ Klicke im Toolboxmenü auf den Eintrag LABEL. Dann ziehe die Anzeigefläche oben im Formular auf.

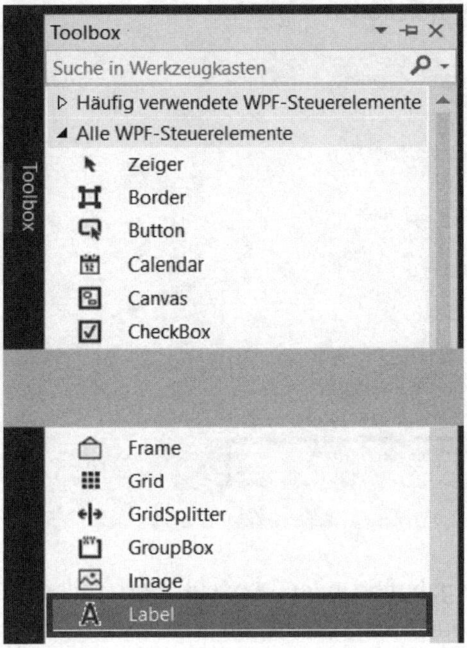

≫ Klicke auf den Eintrag BUTTON. Ziehe dann die Schaltfläche unten im Formular auf.

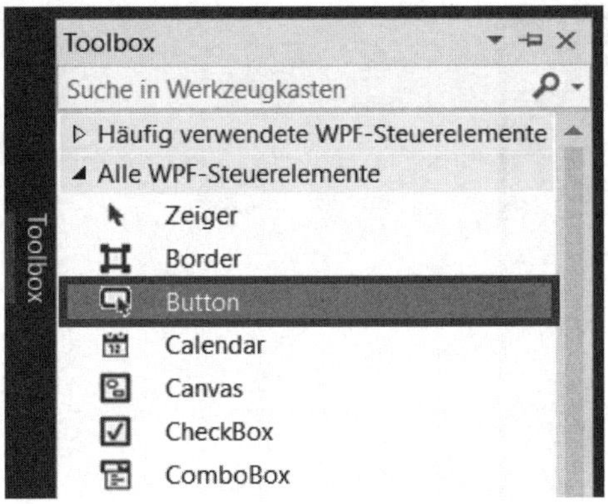

≫ Markiere die Fläche des Formulars und trage im Eigenschaftenfenster hinter TITLE Zensuren oder einen Titel deiner Wahl ein.

Wo ist das Eigenschaftenfenster? Sollte es mal verschwunden sein, kannst du es einfach über ANSICHT und EIGENSCHAFTENFENSTER oder mit Druck auf die Taste [F4] wieder herzaubern.

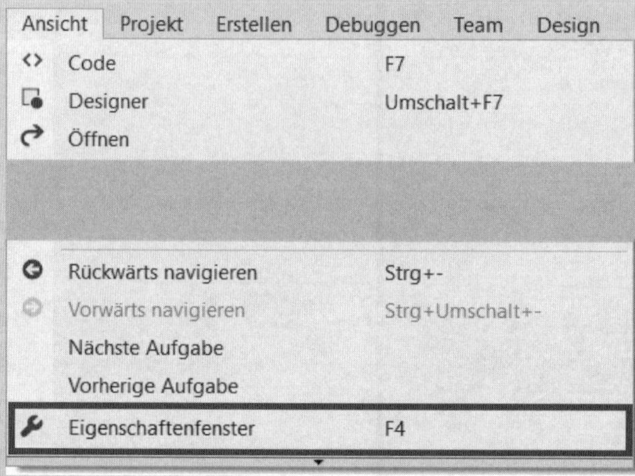

Was jetzt noch fehlt, ist ein **Eingabefeld** oder **Textfeld**. Dort sollst du später deine Note als Zahl eintippen. Der Typ für die Eingabefläche ist TextBox.

≫ Suche den Eintrag TEXTBOX im Toolboxmenü und klicke darauf. Ziehe dann das Eingabefeld im Formular zwischen Label und Button auf.

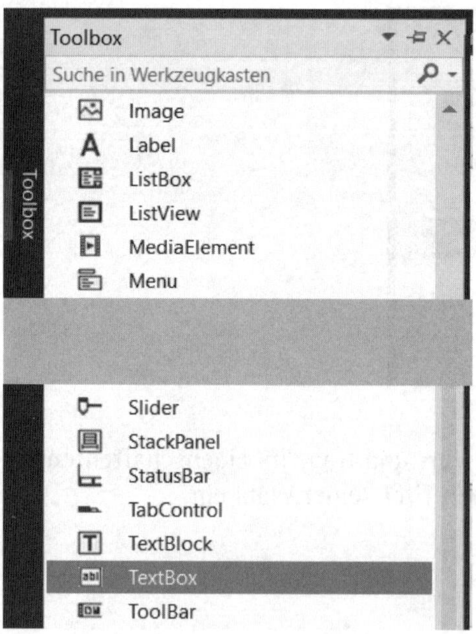

≫ Stelle im Eigenschaftenfenster die folgenden Werte für die Komponenten im Formular ein:

	Content/Text	Schriftgröße
label	Gib eine Note von 1 bis 6 ein:	12 bis 16
button	OK	14 bis 16
textBox	(leer)	36 bis 48

Während der Textinhalt bei Label und Button im Eigenschaftenfenster unter ALLGEMEIN/CONTENT stehen, findet man ihn bei einer TextBox unter ALLGEMEIN/TEXT. Und für die TextBox gibt es weiter unten auch eine Möglichkeit, den Text zu zentrieren.

≫ Suche dort unter TEXT das Symbol, das aussieht wie das griechische Pi (π). Klicke darauf, dann findest du rechts unten ein Feld, in dem du (über das kleine Dreieck rechts) ein Menü für die Ausrichtung öffnen kannst. Wähle dort CENTER.

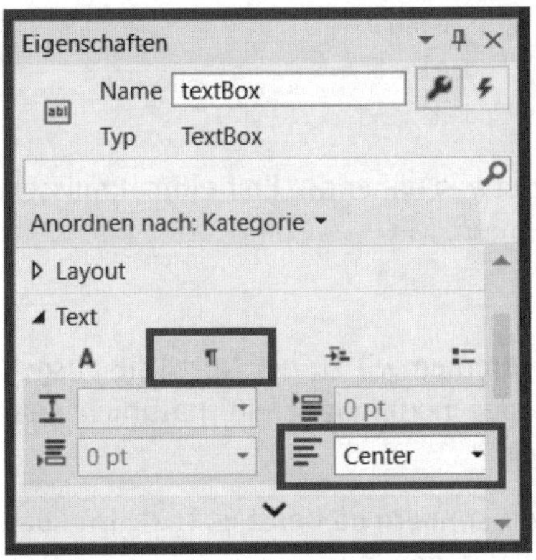

Bei LABEL und BUTTON lässt sich in diesem Feld nichts ändern. (Vielleicht wird das bei künftigen Updates anders?)

Also muss für die Zentrierung von Text in einem Anzeigefeld weiter diese Zeile ergänzt werden:

```
label.HorizontalContentAlignment = _
HorizontalAlignment.Center
```

Wenn ... dann ...

Jetzt geht es ans Auswerten. Aber wie bringen wir das bloß dem Computer bei? Formulieren wir erst einmal in unserer Umgangssprache:

```
WENN Zensur = 1 DANN Anzeige = "Sehr gut"
WENN Zensur = 2 DANN Anzeige = "Gut"
WENN Zensur = 3 DANN Anzeige = "Befriedigend"
WENN Zensur = 4 DANN Anzeige = "Ausreichend"
WENN Zensur = 5 DANN Anzeige = "Mangelhaft"
WENN Zensur = 6 DANN Anzeige = "Ungenügend"
```

Daraus müssen nun Anweisungen in Visual Basic gemacht werden. Eine Übertragung ins Englische beginnt mit einem If, dazu gesellt sich dann ein Then:

```
If Zensur = 1 Then label.Content = "Sehr gut"
If Zensur = 2 Then label.Content = "Gut"
If Zensur = 3 Then label.Content = "Befriedigend"
If Zensur = 4 Then label.Content = "Ausreichend"
If Zensur = 5 Then label.Content = "Mangelhaft"
If Zensur = 6 Then label.Content = "Ungenügend"
```

Diese Zeilen schauen wir uns später etwas näher an. Erst einmal müssen wir uns um die Variable Zensur kümmern. Mit

```
Dim Zensur As Integer
```

ist die schnell vereinbart. Aber wie kommen wir zu der Note, die ausgewertet werden soll? Die liefert uns das Texteingabefeld, natürlich erst, nachdem eine Zahl eingegeben wurde.

Bei einer TextBox gibt es kein Content, sondern da heißt es Text. Und das muss immer ein String sein. Wenn wir den nun einer Zahl-Variablen zuweisen, könnte das problematisch werden, oder?

Eigentlich sorgt eine Textfeld-Komponente selbst dafür, dass ein Text mit Ziffern auch als Zahl übergeben werden kann. Eleganter aber ist es, hier eine Methode einzusetzen, die den Inhalt des Textfeldes für Zensur in eine Zahl umwandelt. Und diese Methode heißt CInt (Abkürzung von »Convert to Integer«):

```
Zensur = CInt(textBox.Text)
```

CInt und CStr heißt also das Pärchen, das Zahlen in Zeichenketten und umgekehrt verwandelt.

Genauer gesagt handelt es sich hier um ganze Zahlen (`Integer`). Geht es darum, einen String in eine »Kommazahl« (`Single`, `Double`) umzuwandeln, kann z.B. eine der Funktionen `CSng` oder `CDbl` benutzt werden.

Nun willst du wissen, wo das alles hinsoll? Denn jetzt kommen ja auch die ganzen `If`-Zeilen noch dazu. Na, wieder mal in die `button_Click`-Methode. Außer der Variablenvereinbarung. Die steht weiter oben (→ ZENSUR1).

```
Class MainWindow

    Dim Zensur As Integer

    Private Sub button_Click(sender As Object, e As RoutedEventArgs) Handles
        Zensur = CInt(textBox.Text)
        If Zensur = 1 Then label.Content = "Sehr gut"
        If Zensur = 2 Then label.Content = "Gut"
        If Zensur = 3 Then label.Content = "Befriedigend"
        If Zensur = 4 Then label.Content = "Ausreichend"
        If Zensur = 5 Then label.Content = "Mangelhaft"
        If Zensur = 6 Then label.Content = "Ungenügend"
    End Sub

End Class
```

➢ Doppelklicke auf die Schaltfläche (Button) im Formular. Trage im Editorfenster den obigen Quelltext ein: zuerst die Vereinbarung, dann die Zuweisung an `Zensur`, dann die `If`-Zeilen. (Wenn du keine Lust zum Tippen hast, findest du das Ganze auch in den Download-Dateien unter ZENSUR1.)

Jedes Mal dieses Schreiben von `If` und `label.Text` usw., muss das sein?

Nein, denn du kannst dir unnötiges Eintippen sparen, wenn du die Methoden zum Ausschneiden und Einfügen aus dem BEARBEITEN-Menü von Visual Basic benutzt:

- Erst muss der Text markiert werden. Das geschieht mit [⇧] und den Pfeiltasten oder der Maus bei gedrückter linker Maustaste.
- Über BEARBEITEN und AUSSCHNEIDEN kannst du den markierten Text ausschneiden und in die Zwischenablage von Windows einfügen. Oder du benutzt die Tastenkombination [Strg]+[X].

- Über BEARBEITEN und KOPIEREN kannst du den markierten Text in die Zwischenablage von Windows kopieren. Oder du benutzt die Tastenkombination [Strg]+[C].
- Über BEARBEITEN und EINFÜGEN kannst du etwas aus der Zwischenablage von Windows in deinen Text einfügen. Oder du benutzt die Tastenkombination [Strg]+[V].
- Über BEARBEITEN und RÜCKGÄNGIG schließlich kannst du einen Bearbeitungsschritt wieder rückgängig machen. Oder du benutzt die Tastenkombination [Strg]+[Z].

» Starte das Programm und gib verschiedene Zahlen ein. Bevor du eine neue Zahl eintippen kannst, musst du in das Eingabefeld klicken und die alte löschen.

Die If-Then-Struktur

Nachdem du das Zensur-Programm ausprobiert hast, nehmen wir jetzt die ganze Struktur von Visual Basic genauer unter die Lupe:

Zu Deutsch heißt das:

WENN eine bestimmte Bedingung erfüllt ist,

DANN soll der Computer eine Anweisung oder einen Anweisungsblock ausführen.

Die **Bedingung**, das ist hier z.B.:

```
Zensur = 1
```

oder

```
Zensur = 6
```

Visual Basic verwendet als **Vergleichsoperator** ein einfaches Gleichheitszeichen (=), leicht verwechselbar mit dem Zuweisungsoperator.

Im **Anweisungsblock** stehen die Anweisungen, in diesem Fall nur eine, z.B.:

```
label.Content = "Sehr gut"
```

oder

```
label.Content = "Ungenügend"
```

Wie schon erwähnt, kann in einem Anweisungsblock natürlich auch **mehr als eine** Anweisung stehen. Immerhin könnte es ja sein, dass der Computer gleich eine ganze Kette von Aktionen durchführen soll. Dann genügen oft auch ein paar Anweisungen nicht. Vielleicht soll dein PC ein Bild oder sogar einen kleinen Film anzeigen. Das kann er nicht alles mit einer einzigen Anweisung lösen.

Hier aber genügt für den Anweisungsblock erst mal nur eine Anweisung. Und wenn sie besonders lang gerät, kann man auch mal den Unterstrich (_) zum Trennen benutzen.

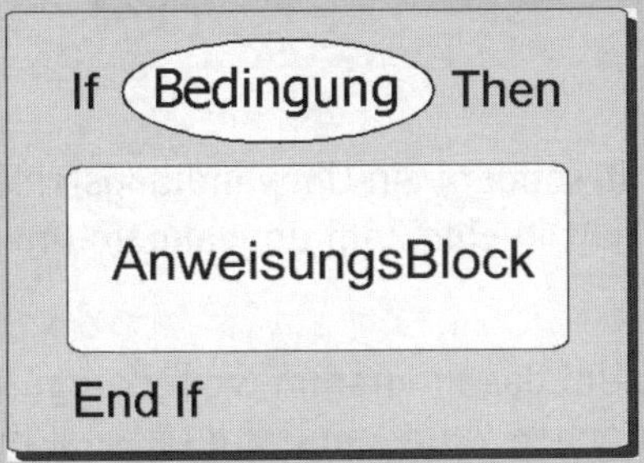

Größere Blöcke mit mehreren Anweisungen lernst du später noch kennen. Wichtig ist, dass bei mehrzeiligen Anweisungen am Schluss ein `End If` steht!

Das Ganze nennt man `If-Then`-Struktur oder kürzer auch `If`-Struktur. Ein anderer Begriff ist **Kontrollstruktur**. Denn der Computer bekommt die Anweisung, etwas zu kontrollieren. Hier ist es das, was als `Zensur` eingegeben wird. Und davon abhängig reagiert er mit einer passenden Anzeige im Label.

Allerdings nur, wenn in unserem Beispiel eine ganze Zahl zwischen 1 und 6 eingegeben wurde. Vertippt man sich oder gibt irgendetwas anderes ein, dann tut der Computer nichts: Er überspringt den Anweisungsblock, weil die Bedingung nicht erfüllt wurde.

Die Sache mit Try und Catch

Du hast aus Versehen einen Buchstaben ins Eingabefeld getippt? Das ist nicht so gut, denn damit erntest du eine solche Fehlermeldung:

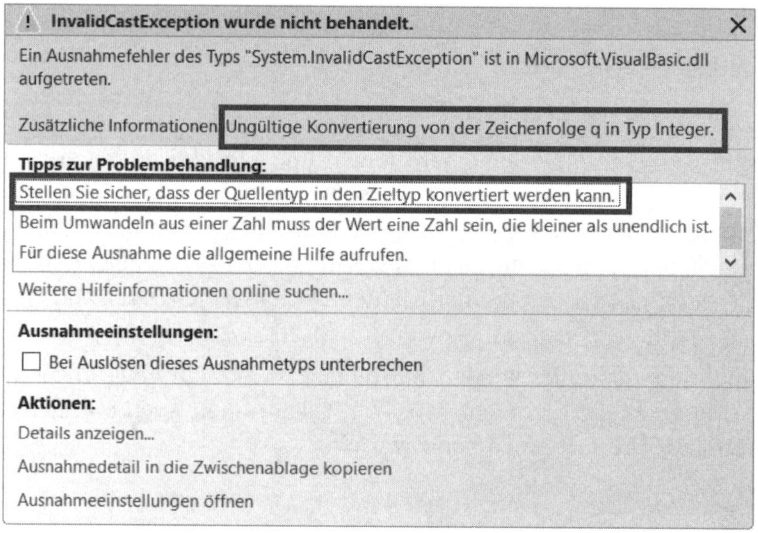

Nur ist es hier keine Division durch null, sondern ein Umwandlungsfehler: Das eingegebene Zeichen lässt sich nicht in eine Zahl umwandeln (InvalidCastException).

Visual Basic bricht das Programm ab. Um das Programm weiterlaufen zu lassen, das durch einen Fehler unterbrochen wurde, musst du es erst mal beenden.

≫ Klicke auf DEBUGGEN und DEBUGGEN BEENDEN.

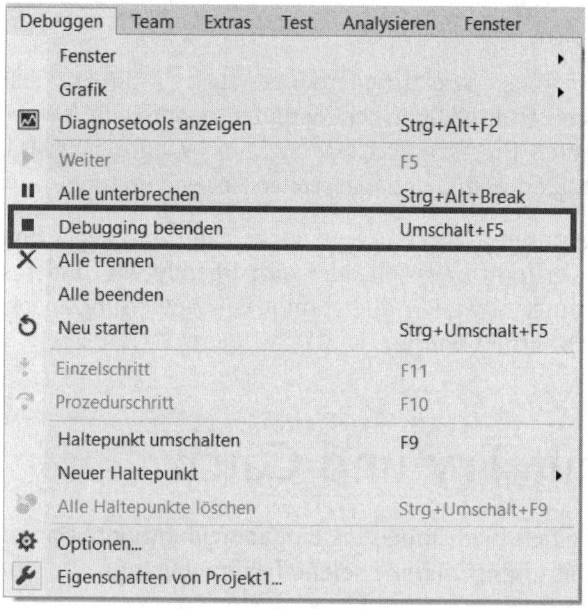

Aber damit ist das Problem mit den falschen Eingaben nicht gelöst. Man kann zwar darauf achten, nur Zahlen einzugeben, trotzdem kann es immer wieder mal passieren, dass man sich einfach vertippt.

Nicht nur für solche Exceptions bietet Visual Basic einen nützlichen Mechanismus an, der es dir ermöglicht, selbst auf einen Fehler zu reagieren. Und so funktioniert es:

Ein bestimmter Abschnitt eines Programms wird sozusagen nur versuchsweise ausgeführt. Wenn es klappt, ist es gut. Wenn nicht, dann wird eine Aktion zur Fehlerbehandlung gestartet, die du selbst bestimmst.

Im Zensur-Programm könnte die Methode für den Knopfdruck dann so aussehen (→ ZENSUR1A):

```
Private Sub button_Click(sender As Object, _
e As RoutedEventArgs) Handles button.Click
  Try
    Zensur = CInt(textBox.Text)
    If Zensur = 1 Then label.Content = "Sehr gut"
    If Zensur = 2 Then label.Content = "Gut"
    If Zensur = 3 Then label.Content = "Befriedigend"
    If Zensur = 4 Then label.Content = "Ausreichend"
    If Zensur = 5 Then label.Content = "Mangelhaft"
    If Zensur = 6 Then label.Content = "Ungenügend"
  Catch
    label.Content = "Quatsch!"
  End Try
End Sub
```

- Ändere den Quelltext in `button_Click` entsprechend um.
- Starte das Programm und ärgere den Computer mit der Eingabe von »Quatsch«.

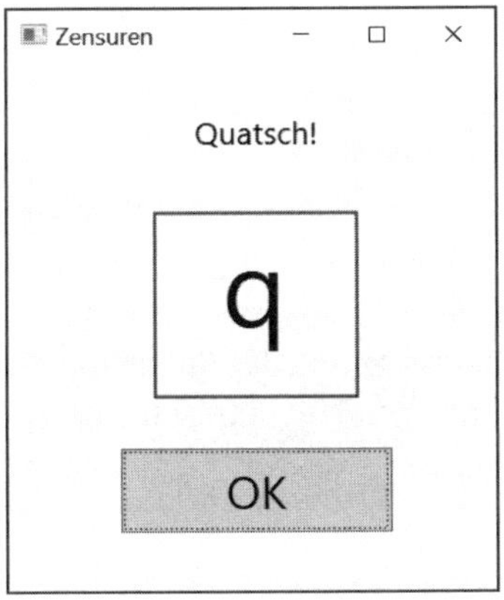

Es lohnt sich, das `Try&Catch`-Pärchen einmal näher zu begutachten. Auch hier kann man von einer **Kontrollstruktur** sprechen:

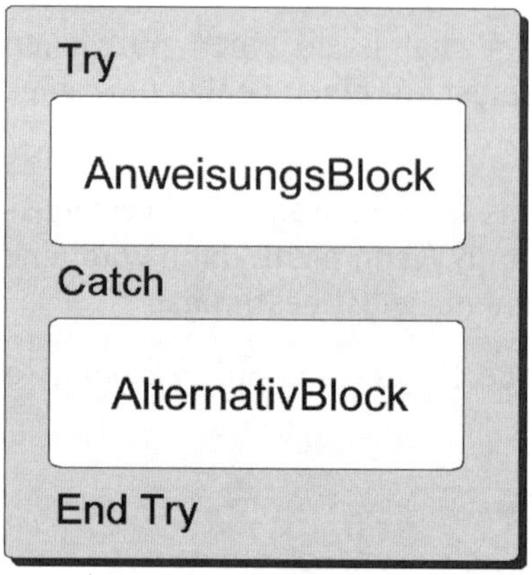

Zu Deutsch heißt das etwa so viel:
VERSUCH mal, den Anweisungsblock auszuführen,
bei einem AUSNAHMEFEHLER führe eine alternative Anweisung (oder mehrere) aus.

Zum Anweisungsblock für `Try` gehören alle (bisherigen) Anweisungen der Methode `Button1_Click`:

```
Try
  ' hier stehen alle Anweisungen,
  ' die "versuchsweise" ausgeführt werden sollen
```

Der Anweisungsblock für `Catch` umfasst dann die Anweisungen, die ersatzweise ausgeführt werden sollen:

```
Catch
  ' hier stehen alle Anweisungen,
  ' die einen Fehler auswerten
  ' oder auf ihn hinweisen sollen
End Try
```

Der Anweisungsblock nach `Try` wird dort begrenzt, wo das `Catch` auftaucht. Die ganze Struktur muss immer mit `End Try` abgeschlossen werden!

Punkt für Punkt

Die nächste Version unseres Zensur-Programms soll dir nun endlich die Möglichkeit geben, für eine eingegebene Punktzahl deine Zensur zu ermitteln. Ich orientiere mich dabei an dieser Aufteilung (und gehe dabei von ganzen Punktwerten aus):

Punkte von	Punkte bis	Zensur (Text)	Zensur (Zahl)
0	19	ungenügend	6
20	44	mangelhaft	5
45	59	ausreichend	4
60	74	befriedigend	3
75	89	gut	2
90	100	sehr gut	1

Du kannst natürlich diese Unterteilung nach Belieben ändern, wenn du willst. Ein neues Projekt ist nicht zwingend nötig. Wir bauen einfach das erste Zensur-Programm ein wenig um. Die hauptsächlichen Änderungen finden ohnehin nur in der Methode für den Knopfdruck (`button_Click`) statt.

> Wenn du willst, kannst du aber auch ein neues Projekt erstellen und über PROJEKT und VORHANDENES ELEMENT HINZUFÜGEN die Daten des alten Projekts importieren.
>
> Das betrifft hautsächlich die Dateien MAINWINDOW.XAML und MAINWINDOW.XAML.VB. Vergiss nicht, vorher die Fenster für die beiden Dateien zu schließen.

Zuallererst muss ganz oben die neue Variable `Punkte` statt `Zensur` vereinbart werden:

```
Dim Punkte As Integer
```

Und nun fangen wir mal mit der miesesten Zensur an:

```
WENN die Punktzahl zwischen 0 und 19 liegt,
DANN zeige eine Sechs bzw. "Ungenügend" an.
```

Bequem wäre eine solche Lösung:

```
If Punkte Between 0 And 19 Then
  label.Content = "Ungenügend"
End If
```

Leider gibt es in Visual Basic so etwas wie Between nicht. Hier ist also schon wieder mal die Mathematik gefragt. Versuchen wir's mal so: Auf jeden Fall muss der Punktwert größer oder gleich 0 sein: Als Bedingung formuliert sieht das dann so aus:

```
Punkte >= 0
```

Außerdem sind es bei einer Sechs unter 20 Punkte. Das ergibt diese Bedingung:

```
Punkte < 20
```

Nun müssen wir beide noch miteinander verknüpfen. Das erledigt der Operator And, den es in Visual Basic wirklich gibt:

```
(Punkte >= 0) And (Punkte < 20)
```

> Die Klammern sind sinnvoll, damit genau zu erkennen ist, was zur ersten und was zur zweiten Bedingung gehört!

Und jetzt das Ganze noch mal – für alle anderen fünf Zensuren. Damit sieht die Methode button_Click bei mir jetzt so aus (→ ZENSUR2):

```
Private Sub button_Click(sender As Object, _
e As RoutedEventArgs) Handles button.Click
  Try
    Punkte = CInt(textBox.Text)
    If (Punkte >= 90) And (Punkte <= 100) Then _
    label.Content = "Sehr gut"
    If (Punkte >= 75) And (Punkte < 90) Then _
    label.Content = "Gut"
    If (Punkte >= 60) And (Punkte < 75) Then _
    label.Content = "Befriedigend"
    If (Punkte >= 45) And (Punkte < 60) Then _
    label.Content = "Ausreichend"
    If (Punkte >= 20) And (Punkte < 45) Then _
    label.Content = "Mangelhaft"
    If (Punkte >= 0) And (Punkte < 20) Then _
    label.Content = "Ungenügend"
    If (Punkte > 100) Or (Punkte < 0) Then _
    label.Content = "Gemogelt"
  Catch
```

```
    label.Content = "Quatsch!"
  End Try
End Sub
```

≫ Ändere den Text in der `button_Click`-Methode entsprechend um (→ ZENSUR2).

Ich habe mich für die einzeilige `If`-Version entschieden. Und weil im Buch nicht alles in eine Textzeile passt, gibt es einige Unterstriche. Willst du alles gleich mehrzeilig (ohne Unterstrich) eintippen, vergiss die abschließenden (sieben) `End Ifs` nicht!

Viel Tipparbeit kannst du sparen, wenn du das BEARBEITEN-Menü zur Hilfe nimmst: Mit AUSSCHNEIDEN oder KOPIEREN und EINFÜGEN erzeugst du so viele neue `If`-Strukturen wie nötig. Dann musst du nur ein paar Werte ändern.

Und und Oder, oder?

Kriegst du alle Bedingungen zusammen? Wenn du genau hinsiehst, entdeckst du sogar neben dem ständigen And so ziemlich am Programmende noch ein Or.

Diese beiden Symbole werden als **Verknüpfungsoperatoren** bezeichnet. Wie der Name schon sagt, sind sie sozusagen der Klebstoff, mit dem man mehrere Bedingungen zusammenfügen kann. Man sagt dazu auch UND-Operator bzw. ODER-Operator. Dabei haben sie diese Bedeutung:

Name	Auf Deutsch	Bedeutung
And	UND	Hier müssen **alle** Bedingungen erfüllt sein, damit der zugehörige Anweisungsblock ausgeführt wird.
Or	ODER	Hier muss **nur eine** Bedingung erfüllt sein, damit der zugehörige Anweisungsblock ausgeführt wird.

Klar ist, dass für alle Zensuren jeweils **beide** Bedingungen erfüllt sein müssen. Aber da ist ja noch eine weitere `If`-Anweisung:

```
If (Punkte > 100) Or (Punkte < 0) Then _
label.Content = "Gemogelt!"
```

Die ist für den Fall, dass du bei der Eingabe deiner Punkte mal mogelst: Mehr als 100 Punkte sind nämlich nicht erlaubt, daher die Bedingung

```
Punkte > 100
```

Negative Zahlen sind ebenfalls nicht zulässig, denn du sollst dich ja auch nicht schlechter als »Ungenügend« machen! Deshalb diese Bedingung:

```
Punkte < 0
```

Eine von beiden kann ja nur gelten. (Oder kennst du eine Zahl, die negativ und größer als 100 ist?) Also ist hier das `And` fehl am Platz und muss dem `Or` weichen.

Da sind bei den verschiedenen Bedingungen einige Zeichen aufgetaucht, z.B. »<« oder »>«. Sie heißen ebenso wie das Gleichheitszeichen »=« **Vergleichsoperatoren.** Mit diesem Programm hast du nun fast alle kennengelernt. Hier sind sie komplett auf einen Blick:

Operator	Bedeutung	Operator	Bedeutung
=	gleich	<>	ungleich
<	kleiner	>=	größer oder gleich
>	größer	<=	kleiner oder gleich

Dabei stehen immer die Operatoren in einer Zeile, von denen der linke jeweils das Gegenteil des rechten ist.

Und jetzt solltest du mal sehen, ob das Programm wirklich auch leistet, was es verspricht. Eine Kleinigkeit aber ist noch zu erledigen:

- Klicke auf die Anzeigefläche (Label) und ändere im Eigenschaftenfenster hinter CONTENT den Eintrag in `Gib deine Punkte (0 bis 100) ein`.
- Speichere dein Zensur-Programm.
- Lass das Programm laufen und gib auch mal ein paar Mogelzahlen ein. Und sogar Quatsch ist als Eingabe erlaubt.

Zusammenfassung

Das war's erst mal wieder. Doch ehe du dir eine wohlverdiente Ruhepause gönnst, wollen wir erst mal sehen, was von alledem noch hängen geblieben ist.

Zuerst mal kennst du ein paar Aktionen, um dir besonders das Erstellen von größeren Textmengen zu erleichtern:

Funktion	Klicke auf	Drücke
Text ausschneiden (und merken)	BEARBEITEN/AUSSCHNEIDEN	`Strg`+`X`
Text (in Zwischenablage) kopieren	BEARBEITEN/KOPIEREN	`Strg`+`C`
Text (aus Zwischenablage) einfügen	BEARBEITEN/EINFÜGEN	`Strg`+`V`
Arbeitsschritt rückgängig machen	BEARBEITEN/RÜCKGÄNGIG	`Strg`+`Z`

Und deinen Visual-Basic-Horizont hast du wieder um einiges erweitert:

`If`	WENN eine Bedingung erfüllt ist
`Then`	DANN führe einen Anweisungsblock aus
`End If`	Ende der (mehrzeiligen) `If`-Struktur
`Try`	VERSUCHE, einen Anweisungsblock auszuführen

Catch	Reagiere auf einen misslungenen Versuch (Exception) mit einem anderen Anweisungsblock.
End Try	Ende der Try-Catch-Struktur
=	Testen, ob gleich
<>	Testen, ob ungleich
<	Testen, ob kleiner
<=	Testen, ob kleiner oder gleich
>	Testen, ob größer
>=	Testen, ob größer oder gleich
=	Einer Variablen etwas zuweisen (nur zur Erinnerung)
And	Bedingungen verknüpfen (UND): Alle müssen erfüllt sein.
Or	Bedingungen verknüpfen (ODER): Eine muss erfüllt sein.
CInt	Funktion: Eine Zeichenkette (String) in eine Ganzzahl umwandeln
CSng	Funktion: Eine Zeichenkette (String) in eine einfache »Kommazahl« umwandeln
CDlb	Funktion: Eine Zeichenkette (String) in eine genauere »Kommazahl« umwandeln

Du weißt, dass ein Block mit Try und Catch sowie ein mehrzeiliger mit If und Then immer mit End Try bzw. End If abgeschlossen werden muss.

Außerdem ist eine weitere Komponente aufgetaucht:

TextBox	Eingabefeld, in dem man Text eingeben kann (Komponente)

Nur eine Frage ...

1. Was bewirkt diese Zuweisung:

```
Zensur = Int(6*Rnd())+1
```

... und ein paar Aufgaben

1. Ändere das Mathe-Projekt aus dem letzten Kapitel so um, dass eine Division durch null (mit Try und Catch) abgefangen wird.
2. Schreibe ein weiteres Mathe-Programm, in dem dir eine Aufgabe gestellt wird und du diese über ein Eingabefeld (TextBox) lösen musst.

5

Ein Ratespiel mit Zahlen

Wie wäre es jetzt mit einem Spielchen? Nichts mit 3D-Grafik und Stereosound, sondern ganz einfach. Aber Spaß machen kann es trotzdem.

Worum geht es? Der Computer denkt sich eine Zahl aus – sagen wir, zwischen 1 und 1000. Und du hast die Aufgabe, diese Zufallszahl mit möglichst wenigen Versuchen zu erraten. Auch dabei muss dein PC eigene Entscheidungen treffen, natürlich unter deiner Kontrolle.

In diesem Kapitel lernst du

- was ein Fokus ist und wie man ihn setzt
- die Erweiterung `Else` kennen
- den Typ `Boolean` kennen
- wie man ein Formular auf Knopfdruck schließt

Zu groß, zu klein

Zuerst brauchen wir wieder ein frisches Projekt. Wie man das bekommt, weißt du ja inzwischen.

> Klicke also auf DATEI und NEU und PROJEKT, wähle im Dialogfeld VISUAL BASIC und WPF-ANWENDUNG. Gib einen Namen – wie z.B. `Raten1` – ein, dann klicke auf OK.

Nun hast du wieder ein leeres Formular vor dir. Dort fügst du jetzt zwei Anzeigeflächen (`Label`), ein Eingabefeld (`TextBox`) und eine Schaltfläche (`Button`) ein. Das Ganze hat eine gewisse Ähnlichkeit mit dem letzten Projekt, dem Zensur-Programm.

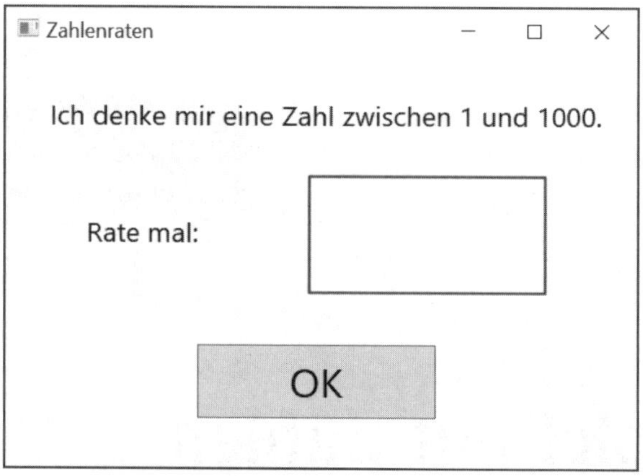

➢ Klicke in der Komponentenpalette auf die entsprechenden Symbole, ziehe im Formular die Komponenten auf. Dann orientiere dich an dieser Tabelle und stelle die entsprechenden Werte im Eigenschaftenfenster ein.

Komponente	Content/Text/Title	Schriftgröße
label	Ich denke mir eine Zahl zwischen 1 und 1000.	12 bis 14
label1	Rate mal:	14
textBox	(leer)	28 bis 36
button	OK	16 bis 20
(Formular)	Zahlenraten (oder Ratespiel)	

Weil die Eingabe einer Zahl mit Klick auf OK abgeschlossen werden soll, hat die Methode für die Schaltfläche wieder einiges zu tun.

➢ Doppelklicke auf den OK-Button.

Es erscheint das Editorfenster mit der schon bekannten Methode `button_Click`.

➢ Tippe dort diesen Text ein (→ RATEN1):

```
Private Sub button_Click(sender As Object, _
e As RoutedEventArgs) Handles button.Click
  textBox.Focus()
```

```
  Try
    Eingabe = CInt(textBox.Text)
    If Eingabe = Zufall Then _
    label.Content = "Richtig geraten!"
    If Eingabe < Zufall Then _
    label.Content = "Deine Zahl ist zu klein!"
    If Eingabe > Zufall Then _
    label.Content = "Deine Zahl ist zu groß"
  Catch
    label.Content = "Quatsch!"
  End Try
End Sub
```

≫ **Vergiss nicht, die Variablen** `Eingabe` **und** `Zufall` **zu vereinbaren:**

```
Dim Eingabe, Zufall As Integer
```

Auch in dieser `button_Click`-Methode habe ich das `Try-Catch`-Paar eingesetzt, um »Quatsch-Eingaben« abzufangen. Außerdem erledigen wir gleich als Erstes ein Problem, das im Zensur-Programm ein bisschen lästig wurde. Vor jeder Eingabe musste erst ins Eingabefeld geklickt werden. Mit

```
textBox.Focus()
```

wird der Fokus auf das Eingabefeld (`textBox`) gesetzt. **Fokus** bedeutet hier, dass im Formular immer gerade eine Komponente die aktivierte ist. Hat z.B. die Schaltfläche für OK, den Fokus, dann muss ich sie gar nicht anklicken, sondern kann sie mit einem Druck auf die [↵]-Taste aktivieren. Und besitzt das Eingabefeld den Fokus, dann erspare ich mir das Anklicken vor einer Eingabe.

≫ Und nun klicke auf die Schaltfläche für STARTEN. Oder drücke [F5].

So oft du auch rätst, es erscheint immer wieder eine Meldung, dass du die richtige Zahl noch nicht gefunden hast. Es sei denn, du gibst eine Null ein. Dann klappt es. Ein richtiges Spiel wird daraus jedoch nicht. Denn der Computer hat sich gar keine Zahl ausgedacht. Es ist also noch einiges zu tun. Offenbar lässt sich nicht alles auf Knopfdruck erledigen.

Es kann geraten werden

Irgendwo war doch da schon mal was mit Zufallszahlen. Richtig, im dritten Kapitel haben wir den Zufallszahlengenerator bemüht, um den Computer ein paar Matheaufgaben lösen zu lassen. Auch hier muss erst einmal eine Zufallszahl erzeugt werden:

```
Randomize()
Zufall = Int(1000 * Rnd()) + 1
```

Bloß wohin damit? Ausgelöst werden soll das Erzeugen einer Zufallszahl ja nicht bei einem Klick auf die Schaltfläche. Denn dann würde sich der Computer bei jedem Rateversuch eine neue Zahl ausdenken. Die zu erratende Zahl muss also schon zur Verfügung stehen, ehe man mit dem Raten anfängt.

Also ist es sozusagen die Aufgabe des Formulars als Hauptkomponente, für das Erzeugen der Ratezahl zu sorgen. Hier aber hilft ein Doppelklick nicht weiter, sondern wir müssen uns nach der passenden Methode im Eigenschaftenfenster umschauen.

Doch wo sollen da Methoden stehen? Schauen wir mal genauer hin. Du siehst da rechts oben zwei kleine Buttons. Der linke hat ein Werkzeug, der rechte einen Blitz als Symbol. Voreingestellt ist die Seite, die zum Werkzeug-Symbol gehört, dort stehen die Eigenschaften der Komponenten.

⋙ Klicke jetzt auf das Symbol mit dem Blitz.

Und du siehst eine Liste von Namen. Die stehen für sogenannte Ereignisse.

Du erinnerst dich vielleicht: Viele Methoden in Visual Basic reagieren auf Ereignisse. Ein Knopfdruck bzw. Mausklick auf einen Button ist ein solches Ereignis. Das kennen wir unter dem Namen `Click`.

Wenn du willst, kannst du ja mal den Button anklicken. Sofort werden im Eigenschaftenfenster die Ereignisse angezeigt, auf die ein Button reagieren kann. Und direkt hinter `Click` steht auch die damit verknüpfte Methode: `button_Click`.

Wechsle nun wieder zum Formular. (Wenn es nicht mit Klicken klappt, versuche es mit mehrmaligem Drücken der [⇆]-Taste.)

Um welches Ereignis geht es denn eigentlich jetzt? Es muss eines sein, das mit dem Laden des Formulars zu tun hat. Und tatsächlich heißt das Ereignis auch schlicht und einfach Loaded.

≫ Blättere dich im Ereignisfenster bis zum Eintrag LOADED durch und doppelklicke dann auf das Feld dahinter.

Und schon erscheint der Eintrag `Window_Loaded`: Und genauso heißt auch unsere neue Methode, wie du beim Wechsel zum Editorfenster sehen wirst.

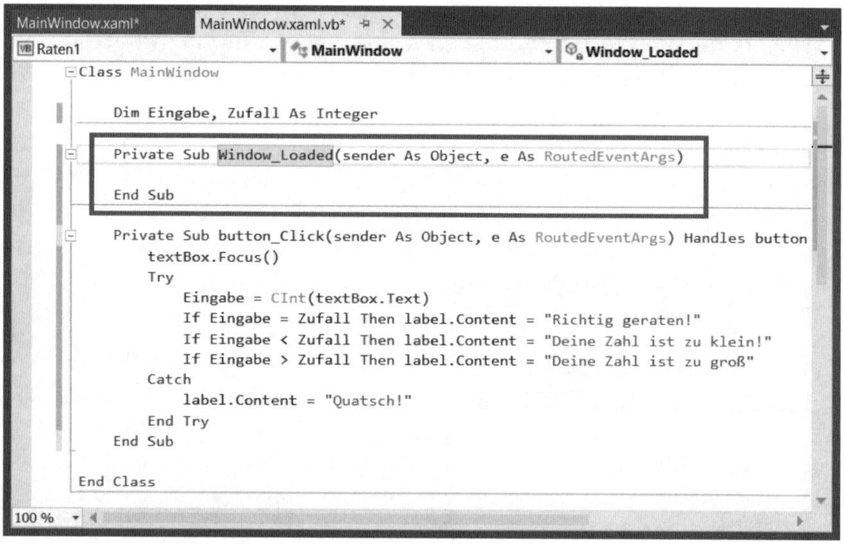

Die Methode `Window_Loaded` wird beim Programmstart aufgerufen.

Über diese Methode lassen sich Startwerte initialisieren. Sie stehen dann zur Verfügung, wenn das Formular erscheint. Und genau dort gehören unsere Programmzeilen hin.

≫ Erweitere die Methode also entsprechend (→ RATEN1):

```
Private Sub Window_Loaded(sender As Object, _
e As RoutedEventArgs)
  Randomize()
  Zufall = Int(1000 * Rnd()) + 1
End Sub
```

Die Variable `Zufall` bereitet uns hier keine Probleme, denn die hast du ja bereits oben vereinbart.

> Du hast aus Versehen eine falsche Methode im Editorfenster erzeugt? Das ist weiter kein Beinbruch, denn die Methode tut ja (noch) nichts, weil dort keine Anweisungen stehen.
>
> Und deshalb gibt es auch keinen Grund zur Panik. Die Methode lässt sich einfach wieder aus dem Quelltext entfernen, indem du alle zugehörigen Zeilen löschst (aber nicht mehr als das).

Zusätzlich schaust du im Eigenschaftenfester nach, ob dort die betreffende Methode hinter dem Ereignis steht, und löschst sie dann ebenfalls. Damit ist die Verbindung aufgehoben.

≫ Und nun starte das Programm und rate mal. Und das ein paar Mal!

Dein PC zählt mit

Mit einiger Übung (und Überlegung) dürfte es dir nicht schwerfallen, mit maximal 10 bis 15 Versuchen auszukommen. Um das zu kontrollieren, lassen wir jetzt den Computer deine Rateversuche mitzählen.

Dazu brauchen wir eine neue Variable, nennen wir sie `Versuche`. Die muss natürlich wieder vereinbart werden, und zwar als `Integer`.

Als Startwert erhält `Versuche` eine 1 für das erste Mal:

```
Versuche = 1
```

Mit jedem Rateversuch muss dieser Wert dann um 1 weitergezählt werden. Das könnte diese Zuweisung erledigen:

```
Versuche = Versuche + 1
```

Dein PC holt sich den aktuellen Wert der Variablen `Versuche` und addiert dazu eine 1. Dann weist er das Ergebnis der Variablen `Versuche` wieder zu. Dadurch ist der neue Wert nun um 1 größer als der alte.

Eine **Zuweisung** ist keine Gleichung, wie du sie aus dem Matheunterricht kennst. (Welche Zahl sollte das sein, für die `Versuche = Versuche + 1` gilt?)

Der Computer führt immer zuerst das aus, was **rechts** vom Zuweisungsoperator (=) steht. Hier berechnet er die Formel

```
Versuche + 1
```

Dann geht er nach links und übergibt das Ergebnis als neuen Wert an die Variable. Vielleicht würde ein Pfeil diesen Vorgang besser erklären:

```
Versuche ß Versuche + 1
```

Nehmen wir an, *Versuche* hat den Startwert 1. Dann könnte das Ganze so aussehen:

Dein PC führt aus:	Das passiert:	Werte:
Zuweisen	Versuche ← 1	1
Berechnen	Versuche + 1	1 + 1
Zuweisen	Versuche ← Ergebnis	2

Der alte Wert von `Versuche` ist also durch einen neuen ersetzt worden. Beim nächsten Rateversuch wird aus der 2 dann eine 3 usw.

In Visual Basic ist es übrigens auch zulässig, eine »zählende« Zuweisung so zu verkürzen:

```
Versuche += 1
```

Die kompletten Änderungen im Raten-Programm sehen jetzt so aus (→ RATEN2):

```
Dim Eingabe, Zufall, Versuche As Integer

Private Sub Window_Loaded(sender As Object, _
e As RoutedEventArgs)
  Randomize()
  Zufall = Int(1000 * Rnd()) + 1
  Versuche = 1
End Sub

Private Sub button_Click(sender As Object, _
e As RoutedEventArgs) Handles button.Click
  textBox.Focus()
  Try
    Eingabe = CInt(textBox.Text)
    Versuche = Versuche + 1
    If Eingabe = Zufall Then _
    label.Content = "Richtig geraten!"
    If Eingabe < Zufall Then _
    label.Content = "Deine Zahl ist zu klein!"
    If Eingabe > Zufall Then _
    label.Content = "Deine Zahl ist zu groß"
  Catch
    label.Content = "Quatsch!"
  End Try
End Sub
```

Auch die Methode Window_Loaded hat etwas abgekriegt. Sie übernimmt es, Versuche auf den Startwert 1 zu setzen.

≫ Tippe den Kram ein und lasse das Programm laufen.

Die If-Then-Else-Struktur

Was nützt das ganze Mitzählen, wenn man nichts davon zu sehen bekommt? Fehlt also noch eine zusätzliche Anzeige, etwa in dieser Art:

```
label1.Content = CStr(Versuche) + ". Versuch:"
```

Die Zahl Versuche wird hier in einen String umgewandelt und dann zusammen mit dem Text »Versuch« angezeigt.

Aber wenn dein PC schon mitzählt, dann sollte er auch ein Auge darauf haben, dass du nicht zu lange rätst. Alles muss seine Grenzen haben. Setzen wir zuerst ein Limit:

```
Const Max = 12  ' ein Dutzend ist genug
```

Mit Const wird eine **Konstante** vereinbart. Max erhält also einen festen Wert und der kann während des Programmlaufs nicht mehr geändert werden. Diese Vereinbarungszeile kommt dort hin, wo auch die Variablenvereinbarungen stehen.

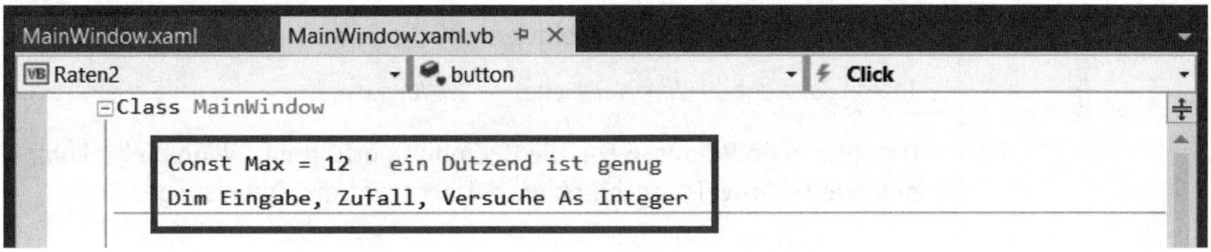

Ist dieser Grenzwert an Versuchen erreicht, soll eine entsprechende Anzeige erscheinen. Wenn du willst, kannst du dazu im Formular auch ein drittes Label aufziehen. Oder du bürdest wie ich alles der schon vorhandenen zweiten Anzeigefläche auf (→ RATEN2):

```
If Versuche <= Max Then
  label1.Content = CStr(Versuche) + ". Versuch:"
Else
  label1.Content = "Es reicht!"
End If
```

Dieser Text gehört ganz unten in die `button_Click`-Methode.

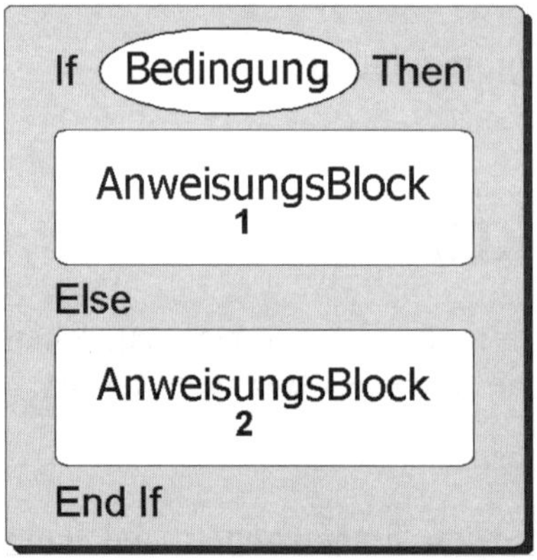

`Else` ist das englische Wort für »Sonst«. Und das bedeutet es:
WENN eine bestimmte Bedingung erfüllt ist,
DANN soll der Computer einen Anweisungsblock ausführen.
WENN sie **nicht** erfüllt ist (= SONST)
dann soll der Computer einen **anderen** Anweisungsblock ausführen.

Die **Bedingung** ist hier:

```
Versuche <= Max
```

Und im ersten **Anweisungsblock** steht die Zuweisung:

```
label1.Content = CStr(Versuche) + ". Versuch:"
```

Die führt dein PC aus, wenn die Bedingung erfüllt ist. Wenn **nicht**, kommt der zweite **Anweisungsblock** dran. Dort steht die Zuweisung:

```
label1.Content = "Es reicht!"
```

Ebenso wie beim einfachen `If` spricht man auch hier von **Verzweigung**.

Ohne `Else` müsste es so heißen:

```
If Versuche <= Max Then _
label1.Content = CStr(Versuche) + ". Versuch:"
If Versuche > Max Then _
label1.Content = "Es reicht!"
```

Die zweite Bedingung `Versuche > Max` ist genau das Gegenteil der ersten `Versuche <= Max`.

Der Teil `If Versuche > Max Then` kann hier also einfach durch das Wörtchen `Else` ersetzt werden.

≫ Ergänze die `button_Click`-Methode im Raten-Programm entsprechend (→ RATEN2). Vergiss die Vereinbarung von `Max` nicht. Dann probiere das Ganze noch einmal aus.

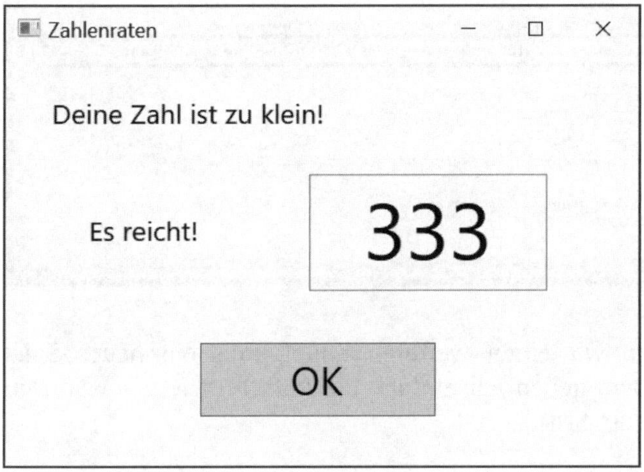

Neues Spiel oder wirklich Schluss?

Was mir an unserem Ratespiel noch nicht so recht passt, ist das Programmende. Es gibt nämlich nur die Möglichkeit, das Programmfenster über [Alt]+[F4] oder per Mausklick auf das X rechts oben zu schließen. Aber wenn man die Zahl geraten hat, wäre das Programm doch eigentlich zu Ende. Oder man bekommt die Möglichkeit, noch einmal eine neue Zahl zu raten. Dieses Problem lässt sich durch eine Erweiterung der `button_Click`-Methode und eine zweite Schaltfläche beheben.

Beginnen wir mit der Erweiterung für die erste Schaltfläche. Dieser Text gehört noch in den `Try`-Zweig:

```
If (Eingabe = Zufall) Or (Versuche > Max) Then _
button.Text = "Ende"
```

Ist das Spiel zu Ende, weil die richtige Zahl geraten wurde oder die Anzahl der Versuche über dem Maximum liegt, dann wird der OK-Button zum ENDE-Button.

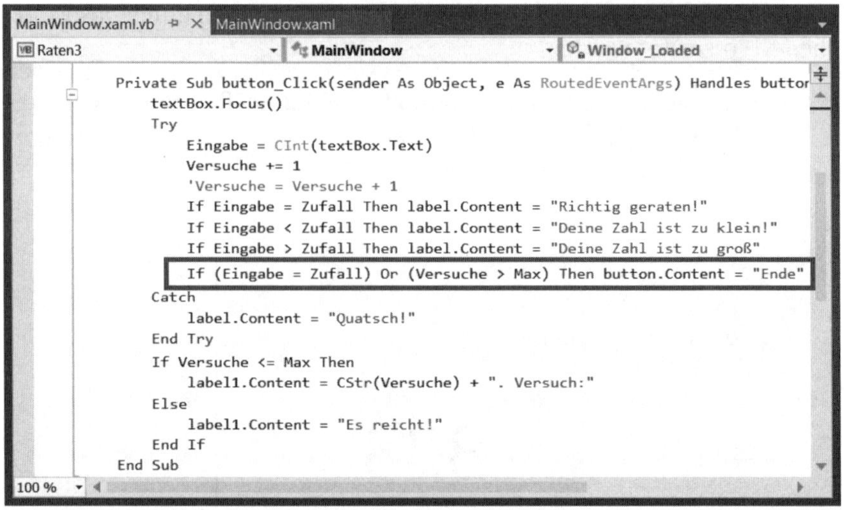

Demnach brauchen wir einen weiteren Knopf, falls ein neues Spiel gewünscht wird. Dem geben wir einfach die Aufschrift NEU – wenn du willst, z.B. auch NEUES SPIEL.

- Verschiebe den vorhandenen Knopf im Formular nach rechts und verkleinere ihn gegebenenfalls etwas. Klicke in der Komponentenpalette auf das Button-Symbol und ziehe links den zweiten Knopf auf.
- Gib im Eigenschaftenfenster für TEXT Neu ein und für FONT dieselbe Schriftgröße wie für den anderen Button.

Damit könnte das Ganze so aussehen:

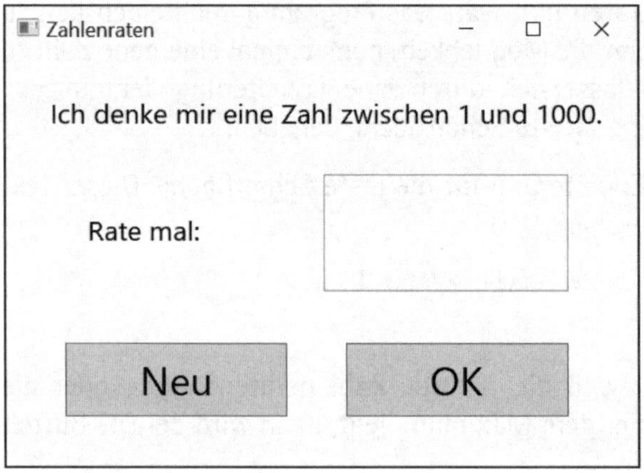

In die Methode für den NEU-Knopf gehören jetzt alle Anweisungen für ein neues Spiel (→ RATEN3):

```
Private Sub button1_Click(sender As Object, _
e As RoutedEventArgs) Handles button1.Click
  textBox.Focus()
  ' Wenn neues Spiel, Startwerte/Zufallszahl neu
  label.Content = "Ich denke mir eine neue Zahl!"
  label1.Content = "Rate mal!"
  textBox.Text = ""
  button.Content = "OK"
  Versuche = 1
  Zufall = Int(1000 * Rnd()) + 1
  SpielEnde = False
End Sub
```

Die Anzeigen werden neu gesetzt, der OK-Button bekommt seinen Namen zurück. Eine neue Zufallszahl wird erzeugt und die Versuche beginnen wieder bei 1. Doch dann taucht eine neue Variable namens SpielEnde auf.

Diese Variable ist ein besonderer Datentyp und wird so vereinbart:

```
Dim SpielEnde As Boolean
```

Variablen dieses Typs sind keine Zeichen oder Zahlen, sondern können nur zwei Werte haben:

Wert	Bedeutung	im Ratespiel
True	wahr, zutreffend	Spiel ist zu Ende (Ende-Button).
False	falsch, unzutreffend	Spiel ist (noch) nicht zu Ende (OK-Button).

Da mit Klick auf NEU das Spiel neu beginnen soll, erhält SpielEnde den Wert False. Und weil der OK-Button nun eine Doppelrolle übernommen hat, muss die (alte) Methode button_Click noch ein wenig aufgebessert werden. Damit ist sie ziemlich mächtig geworden (→ RATEN3):

```
Private Sub button_Click(sender As Object, _
e As RoutedEventArgs) Handles button.Click
  If SpielEnde Then Close()
  textBox.Focus()
  Try
    Eingabe = CInt(textBox.Text)
    Versuche += 1
    If Eingabe = Zufall Then _
```

```
      label.Content = "Richtig geraten!"
      If Eingabe < Zufall Then _
      label.Content = "Deine Zahl ist zu klein!"
      If Eingabe > Zufall Then _
      label.Content = "Deine Zahl ist zu groß"
      If (Eingabe = Zufall) Or (Versuche > Max) Then
        button.Content = "Ende"
        SpielEnde = True
      End If
    Catch
      label.Content = "Quatsch!"
    End Try
    If Versuche <= Max Then
      label1.Content = CStr(Versuche) + ". Versuch:"
    Else
      label1.Content = "Es reicht!"
    End If
  End Sub
```

Ganz zu Anfang steht nun die neue Zeile:

```
If SpielEnde Then Close()
```

Mit der Methode `Close` verabschiedet sich das Formular und damit wird auch die Anwendung beendet. Die Bedingung `If SpielEnde` ist eine erlaubte Kurzform von `If SpielEnde = True`, weil auch eine Bedingung (nur) wahr oder falsch sein kann. Damit ist die Rolle des ENDE-Buttons erfüllt.

Wenn `SpielEnde` den Wert `False` hat, macht die `button_Click`-Methode weiter wie gehabt, denn das ist die Aufgabe des OK-Buttons. Das Spiel wird fortgesetzt, doch am Schluss ist noch eine Erweiterung nötig:

```
If (Eingabe = Zufall) Or (Versuche > Max) Then
  button.Content = "Ende"
  SpielEnde = True
End If
```

Wenn das Spielende dann erreicht ist, wird nicht nur die Aufschrift des Buttons geändert, sondern auch der Wert von `SpielEnde` auf `True` gesetzt. Dabei fällt auf, dass hier mal ein Anweisungsblock mit mehreren Anweisungen auftaucht, der mit `End If` abgeschlossen werden muss.

≫ Erweitere die Methode `button_Click` entsprechend.

- Ergänze auch die Methode Window_Loaded noch um die Zuweisung für SpielEnde (denn am Spielanfang sollte dieser Wert False sein):

```
Private Sub Window_Loaded(sender As Object, _
e As RoutedEventArgs)
  Randomize()
  Zufall = Int(1000 * Rnd()) + 1
  Versuche = 1
  SpielEnde = False
End Sub
```

- Und dann mache ein neues Spiel oder zwei oder mehr. Mit Klick auf NEU lässt sich jederzeit neu anfangen (auch mittendrin). Und ein Klick auf ENDE macht mit dem Raten Schluss.

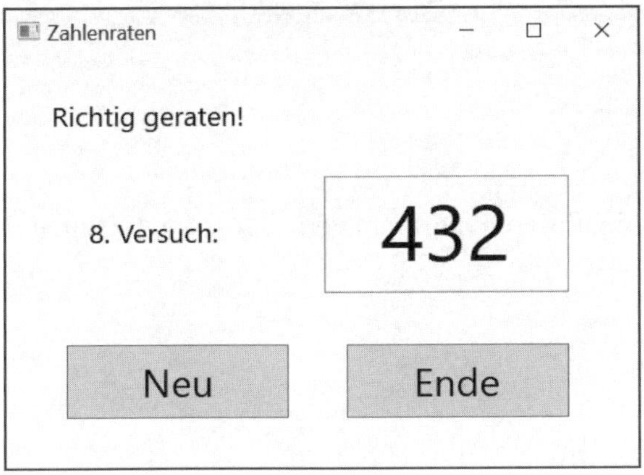

Zusammenfassung

Nun hast du dein erstes Spiel programmiert. An professionelle Produkte reicht es zwar nicht heran, doch es ist selbst gemacht – und das ist doch schon etwas!

Dabei hast du wieder ein paar neue Visual-Basic-Wörter kennengelernt bzw. einige alte wiedererkannt:

Const	Einleitung einer Konstanten-Vereinbarung
Boolean	Variable, die nur zwei Werte annehmen kann: True oder False
False	Wahrheitswert für Boolean

True	Wahrheitswert für Boolean
If	WENN eine Bedingung erfüllt ist
Then	DANN führe einen Anweisungsblock aus
Else	SONST führe einen anderen Anweisungsblock aus

Auch mit einigen Eigenschaften und Methoden von Komponenten hast du hier neu Bekanntschaft gemacht:

Window_Loaded	Methode, die Startdaten initialisiert, die nach dem Aufbau des Formulars zur Verfügung stehen sollen
Focus	Methode, die den Fokus auf eine Komponente setzt. Damit wird diese aktiviert.
Close	Methode, die das Formular (Hauptfenster) schließt. Damit lässt sich ein Programm beenden.

Eine Frage ...

1. Was hältst du davon, im Raten-Programm den Else-Zweig so zu verwenden:

```
If Eingabe < Zufall Then
  Label1.Text = "Deine Zahl ist zu klein!"
Else
  Label1.Text = "Deine Zahl ist zu groß!"
End If
```

... und eine Aufgabe

1. Jetzt bist du dran, dir eine Zahl auszudenken: Erstelle ein Raten-Programm, bei dem der Computer **deine** Zahl raten muss.

6

Kontrollstrukturen

Vielleicht macht dir das Ratespiel aus dem letzten Kapitel Spaß, obwohl es nicht auf dem neuesten Stand der Technik ist und es auch nichts zu gewinnen gibt. Es wird ohnehin längst nicht jeder gleich beim ersten Gewinn zum Millionär. Aber wenn man das Geld irgendwo anlegt und ein paar Jahre warten kann, dann hat man vielleicht irgendwann die erste Million zusammen. Dein PC kann dir dabei helfen, diesen Zeitpunkt herauszufinden.

Auch das Hallo-Programm wird uns hier wieder begegnen – in aufgeblähter Form. Alles in allem springen ein paar weitere interessante Möglichkeiten heraus, die Ausführung deiner Programme zu kontrollieren.

In diesem Kapitel lernst du

- wie man Programmteile wiederholt
- die Verwendung von `Do-Loop` sowie `While` und `Until` kennen
- mit `Select-Case` eine weitere Kontrollstruktur kennen
- die Komponente `ListBox` kennen

Auf dem Weg zum Millionär

Reich werden kann man mit ein bisschen Programmieren nicht, aber man kann ja mal so tun, als ob! Und so landen wir gleich beim nächsten Projekt.

- Erzeuge ein neues Projekt und nenne es `Million1`. Dann bestätige mit Klick auf OK.

Bleiben wir bei unserer bewährten Kombination aus Anzeigefläche (`Label`), Eingabefeld (`TextBox`) und Schaltfläche (`Button`). Diesmal genügt wieder je ein Exemplar, das so angeordnet werden soll:

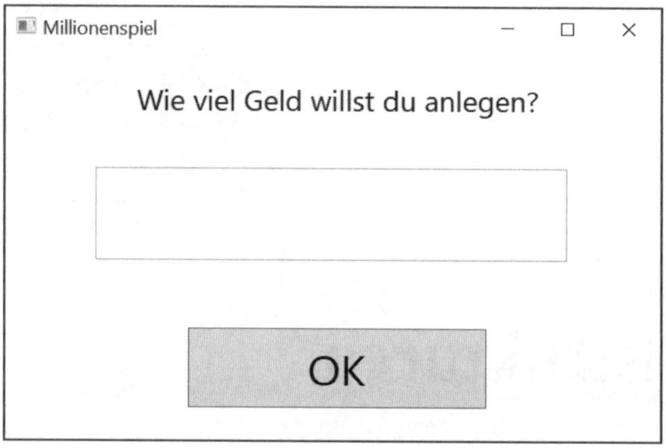

- Suche dir die betreffenden Komponenten aus und verteile sie im Formular. Dann passe die Eigenschaften im Eigenschaftenfenster so an:

	Content/Text/Title	Schriftgröße
label	Wie viel Geld willst du anlegen?	14 bis 16
button	OK	20 bis 24
textBox	(leer)	32 bis 40
(Formular)	Millionenspiel (oder Millionärs-Generator)	

In diesem Projekt geht es darum, dass du eine bestimmte Menge Geldes anlegst und erfährst, wie lange es dauern kann, bis du mit dieser Investition zum Millionär wirst.

Die Hauptarbeit liegt auch hier wieder mal bei der Methode `button_Click`. Den Anfang machen wir aber mit den Vereinbarungen:

```
Dim Kapital, Zinsen, Prozent As Single
Dim Nr, Laufzeit As Integer
```

Eine ganze Menge an Variablen, die da auf dich zukommen. Weil es hier um Euro und Cent geht, sind `Kapital`, `Zinsen` und `Prozent` als `Single` vereinbart. Für `Laufzeit` genügt `Integer`, weil wir nur in ganzen Jahren rechnen.

Aber da ist noch eine Variable: `Nr` dient einfach nur dazu, die Eingaben mitzuzählen. Denn zuerst wird eingegeben, wie viel Geld du anlegen willst (`Kapital`). Dann muss der Computer auch noch wissen, wie hoch der Zinssatz ist (`Prozent`).

Erst jetzt können die `Zinsen` berechnet werden. Dazu ist nun ein bisschen Zinsrechnung nötig. Falls du das noch nicht im Matheunterricht gehabt (oder wieder vergessen) hast, ist das nicht weiter schlimm. Glaube mir einfach, dass meine Formel passt. Was geschieht nun im Einzelnen?

Erst mal werden die Zinsen berechnet, die in **einem** Jahr anfallen:

```
Zinsen = Kapital * Prozent / 100
```

Dann werden sie zum Kapital dazugezählt:

```
Kapital = Kapital + Zinsen
```

Diese Anweisungen soll der Computer nun so lange **wiederholen**, bis er die Million erreicht hat. Und weil es bei jeder Wiederholung ein Jahr mehr wird, muss die Laufzeit dabei um 1 erhöht werden:

```
Laufzeit = Laufzeit + 1 ' oder: Laufzeit += 1
```

Wiederholen? Wie soll denn das gehen? Mit den bisherigen Mitteln kriegen wir das nicht hin, also brauchen wir eine neue Struktur.

While oder Until?

Und so sieht eine Wiederholung in Visual Basic aus (→ MILLION1):

```
While Kapital < 1000000
  Zinsen = Kapital * Prozent / 100
  Kapital = Kapital + Zinsen
  Laufzeit = Laufzeit + 1
End While
```

Nehmen wir das gleich mal unter die Lupe:

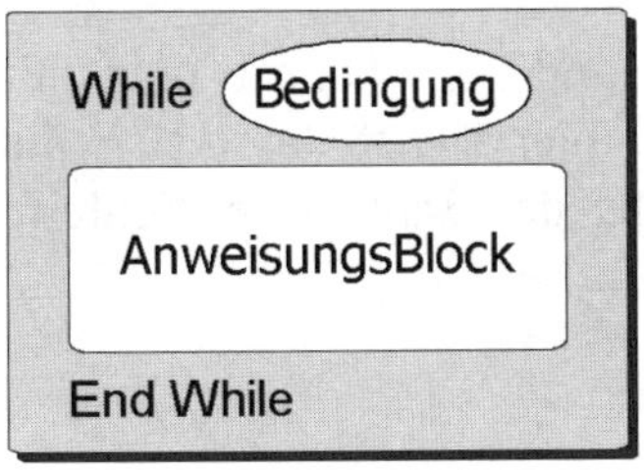

> Zu Deutsch heißt das:
>
> SOLANGE eine bestimmte Bedingung erfüllt ist,
> soll der Computer einen Anweisungsblock WIEDERHOLEN.

Hier heißt die **Bedingung**:

```
Kapital < 1000000
```

Im **Anweisungsblock** stehen die Anweisungen zur Zins- und Kapitalberechnung. Und weil das hier gleich mehrere sind, müssen wir dem Computer klarmachen, wo genau der Anweisungsblock aufhört, indem wir an den Schluss der Schleife ein `End While` setzen.

> Die »Klammerung« mit `While` und `End While` ist vergleichbar mit der mehrzeiligen `If`-Struktur, die ja auch mit `End If` abgeschlossen wird. So wird eindeutig markiert, wo ein Anweisungsblock beginnt und wo er endet.

Das Ganze nennt man `While`-Struktur. Eine weitere **Kontrollstruktur** also – aber das ist noch nicht alles, denn gleich kommt noch eine, und die ist recht flexibel, wie du sehen wirst (→ MILLION1A):

```
' Bedingungstest am Anfang
  Do While Kapital < 1000000
    Zinsen = Kapital * Prozent / 100
    Kapital = Kapital + Zinsen
    Laufzeit = Laufzeit + 1
  Loop
' Bedingungstest am Ende
  Do
    Zinsen = Kapital * Prozent / 100
    Kapital = Kapital + Zinsen
    Laufzeit = Laufzeit + 1
  Loop While Kapital < 1000000
```

Die beiden neu aufgetauchten Begriffe `Do` und `Loop` könnte man mit »Mache eine Schleife« übersetzen. Wie du hier siehst, lässt sich die Bedingung je nach Wahl an den Anfang oder den Schluss der **Schleife** setzen.

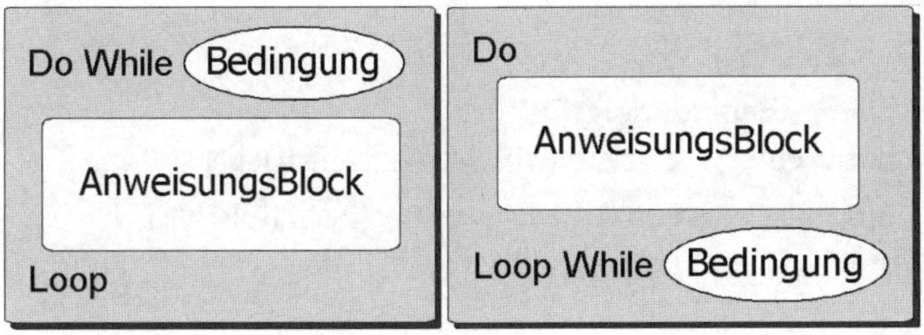

> Auch hier kann man frei übersetzen:
>
> SOLANGE eine bestimmte Bedingung erfüllt ist,
> soll der Computer einen Anweisungsblock WIEDERHOLEN.
> oder: Der Computer soll einen Anweisungsblock WIEDERHOLEN,
> SOLANGE eine bestimmte Bedingung erfüllt ist.

Und weiter geht's (→ MILLION1B):

```
' Bedingungstest am Anfang
Do Until Kapital >= 1000000
  Zinsen = Kapital * Prozent / 100
  Kapital = Kapital + Zinsen
  Laufzeit = Laufzeit + 1
Loop
' Bedingungstest am Ende
Do
  Zinsen = Kapital * Prozent / 100
  Kapital = Kapital + Zinsen
  Laufzeit = Laufzeit + 1
Loop Until Kapital >= 1000000
```

Sieht doch so aus wie vorher – oder? Vielleicht muss man genauer hinsehen, um zu erkennen, wo diese Struktur sich von der vorhergehenden unterscheidet: Das `While` ist dem Wort `Until` gewichen .

Zu Deutsch heißt es nun:

BIS eine bestimmte Bedingung erfüllt ist.
soll der Computer einen Anweisungsblock WIEDERHOLEN

oder: Der Computer soll einen Anweisungsblock WIEDERHOLEN,
BIS eine bestimmte Bedingung erfüllt ist.

Schleifenvariationen

Was ist denn nun der Unterschied? Schau dir mal diese kleine Tabelle an:

	Bedingung steht	Bedingung erfüllt →
`Do-While`	am Anfang der Schleife	Schleife wird wiederholt
`Loop-While`	am Ende der Schleife	Schleife wird wiederholt
`Do-Until`	am Anfang der Schleife	Schleife wird verlassen
`Loop-Until`	am Ende der Schleife	Schleife wird verlassen
`While-End While`	am Anfang der Schleife	Schleife wird wiederholt

Wenn die Bedingung am Schleifenanfang steht, ist es möglich, dass der Anweisungsblock in der Schleife gar nicht ausgeführt wird.

In unserer ersten Fassung vom Million-Programm ist das der Fall, wenn eine Zahl eingegeben wird, die eine Million oder mehr beträgt. Dann wird erst gar keine Berechnung durchgeführt, weil sie unnötig ist. Aber um das Programm zu testen, muss es erst einmal fertig sein.

Zu beachten ist, dass sich bei `Until` die Bedingung gegenüber `While` umkehrt. In unserem Falle wird aus

```
While Kapital <  1000000
Until Kapital >= 1000000
```

Es kann auch mal vorkommen, dass eine Bedingung nie erfüllt wird. Dann steht es schlecht: Der Computer verläuft sich in einer sogenannten **Endlosschleife**. Das geschieht nicht in unserem Falle, aber z.B. hier:

```
Laufzeit = 0
Do
  Laufzeit = Laufzeit - 1
  ' weitere Anweisungen
Loop Until Laufzeit >= 0
```

Wir bleiben jetzt bei der ersten `While`-Schleife. Und hier ist der komplette Quelltext für die Methode `button_Click` (→ MILLION1):

```
Private Sub button_Click(sender As Object, _
e As RoutedEventArgs) Handles button.Click
  Nr = Nr + 1
  If Nr = 1 Then
    Kapital = CSng(textBox.Text)
    label.Content = "Wie hoch soll der Zinssatz sein?"
    textBox.Text = ""
    textBox.Focus()
  End If
  If Nr = 2 Then
    Prozent = CSng(textBox.Text)
    Laufzeit = 0
    While Kapital < 1000000
      Zinsen = Kapital * Prozent / 100
      Kapital = Kapital + Zinsen
      Laufzeit = Laufzeit + 1
    End While
    If Laufzeit > 0 Then
      label.Content = "Dein Geld muss " + _
      CStr(Laufzeit) + " Jahre auf der Bank braten"
    Else
      label.Content = _
      "Willkommen im Club der Millionäre!"
    End If
    textBox.Text = "1.000.000"
  End If
End Sub
```

Die Methode `Window_Loaded` nimmt sich dagegen doch sehr mager aus:

```
Private Sub Window_Loaded(sender As Object, _
e As RoutedEventArgs)
  Nr = 0
```

```
    label.HorizontalContentAlignment = _
    HorizontalAlignment.Center
End Sub
```

- Um diese Methode zu erzeugen, musst du das Formular markieren und dann im Eigenschaftenfenster über die **Blitz**-Schaltfläche zu den Ereignissen wechseln. Suche den Eintrag LOADED und doppelklicke in das Feld dahinter.

- Und nun tippe den Text für die beiden Methoden im Editorfenster ein. Und vergiss nicht die Vereinbarung der Variablen `Nr`, `Laufzeit`, `Kapital`, `Prozent` und `Zinsen`!

> Hier haben wir für die Umwandlung von Strings in Zahlen mal nicht `CInt`, sondern `CSng` verwendet – schließlich ist der Datentyp dieser Zahlen ja auch `Single`.

- Teste das Programm mit den Werten 1, 1000 und 1000000 für Kapital (Zinssatz nach Belieben).

If und Exit

Wie du siehst, braucht es seine Zeit, wenn das Startkapital klein und der Zinssatz nicht sehr hoch ist. Und bei einem Einsatz von einer Million wirst du gleich im Club der Millionäre willkommen geheißen. Das regelt eine `If-Else`-Struktur mit diesen Anweisungen:

```
If Laufzeit > 0 Then
  label.Content = "Dein Geld muss " + _
  CStr(Laufzeit) + " Jahre auf der Bank braten"
Else
  label.Content = _
  "Willkommen im Club der Millionäre!"
End If
```

Beachtenswert ist, dass offenbar innerhalb einer `If`-Struktur weitere `If`-Strukturen möglich sind. Man nennt das **Verschachtelung.**

Ob der Test einer Bedingung am Anfang oder Ende einer Schleife liegt, ist übrigens nicht egal.

≫ Ändere mal die `While`-Schleife in eine `Do-Loop`-Struktur um, bei der die Bedingung am Schluss (hinter `Loop`) steht.

Beim Testen des Programms mit einer Million Startkapital (und z.B. 1 % Zinssatz) kommt es zu dieser Anzeige:

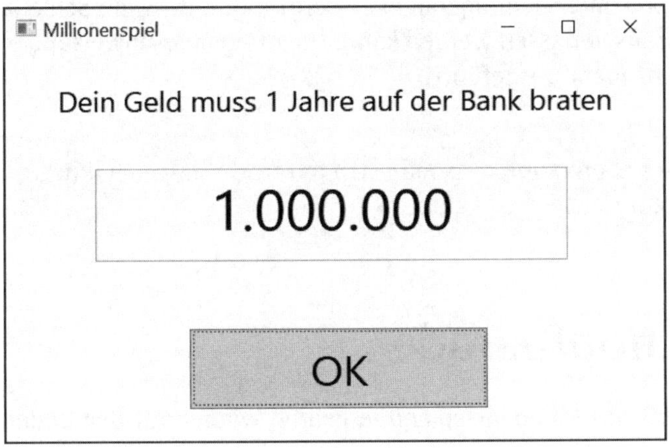

Ein bisschen blöd ist das schon: Wozu ein Jahr auf meine Kohle warten, wenn ich schon Millionär bin? Das Problem liegt im Bedingungstest am Schleifenende. Die wird nämlich auf jeden Fall mindestens **einmal** durchlaufen. Dabei wird der Wert von `Laufzeit` um eins erhöht. Das lässt sich dann nur durch ein vorgeschaltetes `If` verhindern:

```
If Kapital < 1000000 Then Laufzeit = Laufzeit + 1
```

Dann läuft auch diese Version wie gewünscht. Insgesamt aber erscheint hier eine der Strukturen geeigneter, bei denen am Schleifen**eingang** getestet wird. Auf jeden Fall hast du alle Möglichkeiten sowie ihre Unterschiede kennengelernt. Fast alle.

Denn ab und zu gibt es den Fall, dass jemand mittendrin aus einer Schleife herauswill. Dass auch das geht, siehst du hier (→ MILLION1C):

```
'Bedingungstest mit Sprung
Do
  Zinsen = Kapital * Prozent / 100
  Kapital = Kapital + Zinsen
  If Kapital >= 1000000 Then Exit Do
  Laufzeit = Laufzeit + 1
  ' hier könnten weitere Anweisungen stehen
Loop
```

Eine Do-Loop-Schleife ohne jede Bedingung? Das geht, aber kann gefährlich werden. Denn da kommt man normalerweise nicht mehr heraus (es gibt ja keine geeignete Ausstiegs-Bedingung).

Es sei denn, man springt:

```
If Kapital >= 1000000 Then Exit Do
```

Die Anweisung Exit mit nachfolgendem Do sorgt dafür, dass die Schleife aus der Mitte heraus verlassen werden kann. Nachfolgende Anweisungen werden dann nicht mehr ausgeführt.

An dieser Stelle sei erwähnt, dass man sich mit Exit Sub auch mitten aus einer Prozedur entfernen kann.

Kleine Knopfparade

Wir verlassen jetzt das Millionärsspiel und kehren wieder auf den Boden der Tatsachen zurück. Genauer: ziemlich weit zurück. Dazu könnten wir die letzte Version des Hallo-Projekts (aus Kapitel 2) hervorkramen.

Oder wir beginnen besser gleich mit einem neuen Projekt und schauen mal, was man damit alles anstellen kann.

> Erstelle das Projekt über Klick auf DATEI und NEUES PROJEKT. Achte darauf, dass VISUAL BASIC und WPF-ANWENDUNG eingestellt ist, und gib dem Projekt den Namen Klemp1.

Wir benötigen nun außer einem Label insgesamt sechs Schaltflächen. In der Tabelle findest du die Aufschriften für die Komponenten und die zugehörigen Antwortsätze:

	Content/Title	Schrift	Diagnosesatz
label	Hallo, wie geht es?	14	
button	Prima	14	Das ist ja toll!
button1	Gut	14	Das freut mich!
button2	Mäßig	14	Das geht ja noch.
button3	Schlecht	14	Das tut mir leid!
button4	Miserabel	14	Das ist ja schlimm!
button5	Sag ich nicht	14	Wenn du meinst ...
(Formular)	Seelenklempner		

Da siehst du schon, wohin der Hase läuft: Das Ganze könnte sich zu einem kleinen Seelsorger für zu Hause entwickeln, weshalb ich dem Projekt auch großspurig den Titel »Seelenklempner« geben möchte.

Wie kriegen wir nun sechs Knöpfe in unserem Formular unter? Grundsätzlich gibt es da mehrere Möglichkeiten, von denen ich mich für diese entschieden habe:

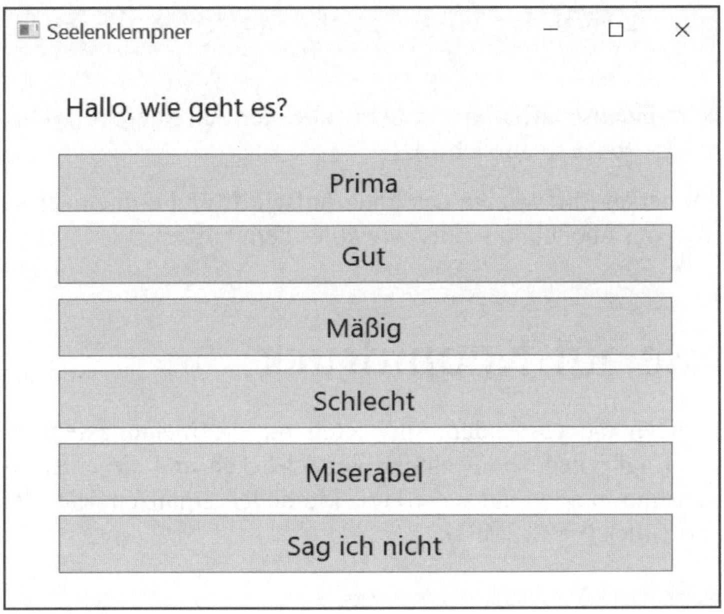

» Ziehe alle sechs Schaltflächen gleich groß und mittig unter der Anzeigefläche (`Label`) auf. Sehr wahrscheinlich musst du die Fläche des Formulars etwas nach unten vergrößern.

Eine Komponente lässt sich auch kopieren (z.B. über das Kontextmenü). Allerdings wird aus dem Namen button dann für das neue Element der Name button_Copy. Wenn dich das stört, musst du diesen Namen sofort nach dem Kopieren im Eigenschaftenfenster oder im XAML-Text z.B. in button1 ändern.

Ansonsten heißt die zugehörige Methode button_Copy_Click. Klingt nicht so gut, das Programm funktioniert aber trotzdem (gut).

- Verpasse im Eigenschaftenfenster dem Label den Anzeigetext Hallo, wie geht es? (oder so ähnlich ...).
- Gib jedem neuen Button eine passende Aufschrift und ordne alles so wie oben in der Abbildung – oder wie du es gern hättest.

Diagnose auf Knopfdruck

Jetzt fehlen noch die passenden Antworten für die Meldungsfenster. Dazu musst du auf jeden Knopf einmal doppelklicken und die entsprechende Anweisung in allen button_Click-Methoden ergänzen. Hier der ganze Text am Stück (→ KLEMP1):

```
Private Sub button_Click(sender As Object, _
e As RoutedEventArgs) Handles button.Click
  label.Content = "Das ist ja toll!"
End Sub

Private Sub button1_Click(sender As Object, _
```

```
e As RoutedEventArgs) Handles button1.Click
  label.Content = "Das freut mich!"
End Sub

Private Sub button2_Click(sender As Object, _
e As RoutedEventArgs) Handles button2.Click
  label.Content = "Das geht ja noch."
End Sub

Private Sub button3_Click(sender As Object, _
e As RoutedEventArgs) Handles button3.Click
  label.Content = "Das tut mir leid!"
End Sub

Private Sub button4_Click(sender As Object, _
e As RoutedEventArgs) Handles button4.Click
  label.Content = "Das ist ja schlimm!"
End Sub

Private Sub button5_Click(sender As Object, _
e As RoutedEventArgs) Handles button5.Click
  label.Content = "Wenn du meinst ..."
End Sub
```

» Ergänze diese Zuweisungen für `label` im Editorfenster. (Achte darauf, dass Aufschrift und Meldungstext zusammenpassen!)

Die Nummerierung der einzelnen Buttons (`button` bis `button5`) verläuft bei mir von oben nach unten. Falls du deine Schaltflächen in einer anderen Reihenfolge erzeugt hast, ändert sich natürlich diese Zählung. Richte dich einfach nach der Tabelle.

» Zu guter Letzt gib noch dem Formular den Titel »Seelenklempner«. Klicke dazu auf den Formularrand und trage diesen Text im Eigenschaftenfenster hinter TITLE ein.

Und nun wollen wir sehen, was unser Seelenklempner zu sagen hat. Zuvor aber soll das Ganze erst mal sicher untergebracht werden.

» Speichere deine Projektdateien über DATEI und ALLES SPEICHERN. Dann starte das Programm und probiere es aus.

Listenwahl

Auf der Suche nach Alternativen kramen wir jetzt noch ein bisschen im Werkzeugkasten, wie man die Toolbox ja auch nennen kann. Schließlich willst du es nicht immer nur mit Knöpfen zu tun haben. Ganz ohne Schaltflächen könnte unser Seelenklempner funktionieren, wenn wir uns für eine Liste entscheiden, in der alle Aufschriften stehen, die du den Buttons verpasst hast.

Leider müssen wir dazu alle Schaltknöpfe entfernen. Und weil jetzt auch die ganzen `button_Click`-Methoden nicht mehr gebraucht werden, ist es hier am besten, gleich ein ganz neues Projekt zu beginnen. (Schon wieder ...)

> Schließe das Projekt KLEMP1 und erstelle über DATEI und NEUES PROJEKT ein weiteres mit dem Name `Klemp2`.

> Erzeuge zuerst wieder ganz oben ein Label mit dem Text `Hallo, wie geht es?`.

> Suche im Toolboxmenü das Symbol für LISTBOX und klicke darauf.

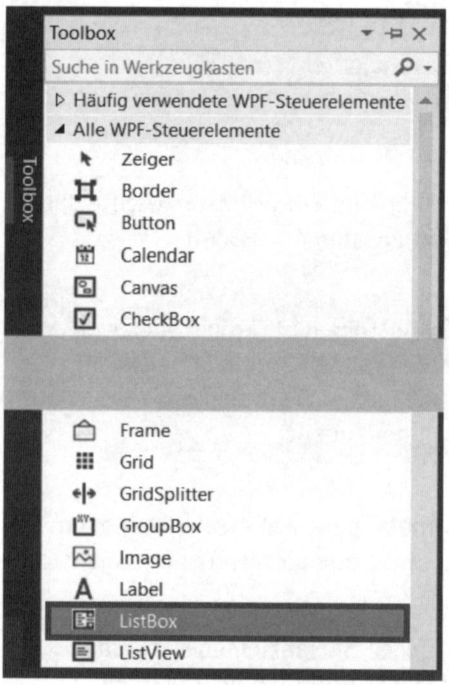

> Ziehe die neue Komponente in der Mitte des Formulars auf. (Viel Platz hast du ja!)

Die Komponente, die wir jetzt benutzen, heißt **Listenfeld**. Dort müssen nun alle sechs Texte untergebracht werden, die vorher auf den Knöpfen standen. Dazu brauchen wir wieder mal das Eigenschaftenfenster:

- Klicke auf das Listenfeld und suche im Eigenschaftenfenster nach dem Eintrag ITEMS. (Dahinter steht das Wort AUFLISTUNG in Klammern.)

- Klicke auf das kleine Kästchen mit den drei Punkten (**...**) neben dem Eintrag AUFLISTUNG.

Das Fenster, das sich nun öffnet, heißt **Auflistungs-Editor**. Dort kannst du die Texte, die vorher auf den Buttons standen, einfügen.

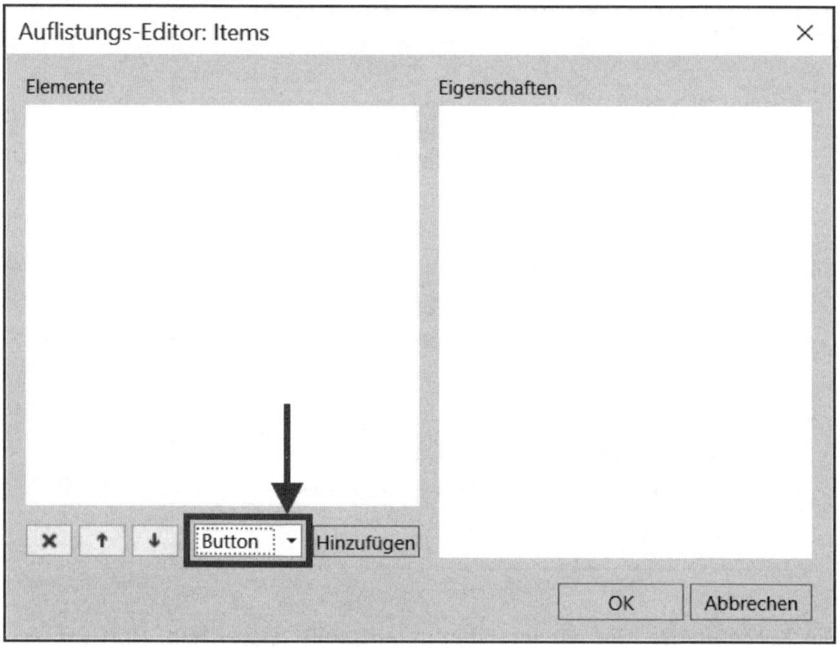

➢ Klicke auf das kleine Dreieck hinter dem Eintrag BUTTON (denn wir brauchen hier etwas anderes).

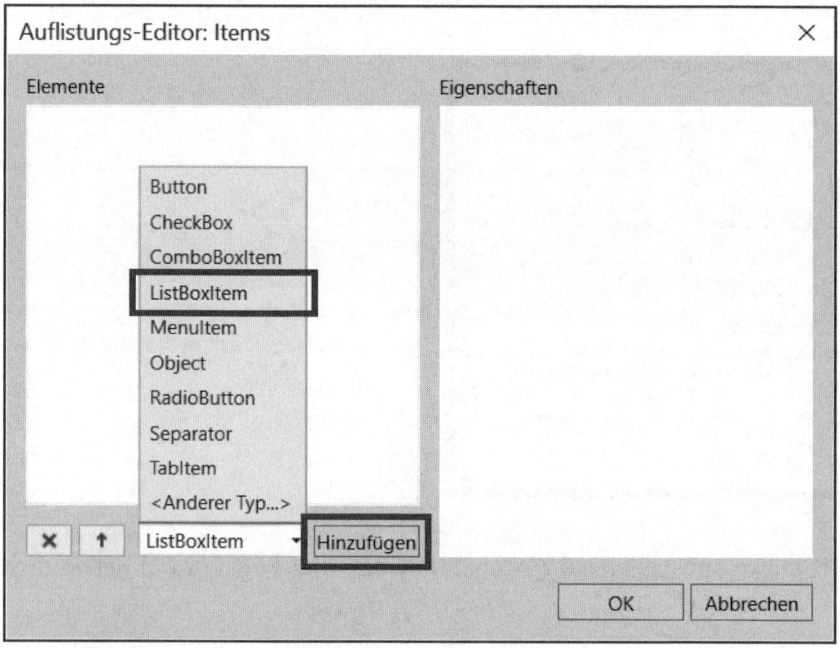

➢ Wähle den Eintrag LISTBOXITEM und klicke dann auf HINZUFÜGEN.

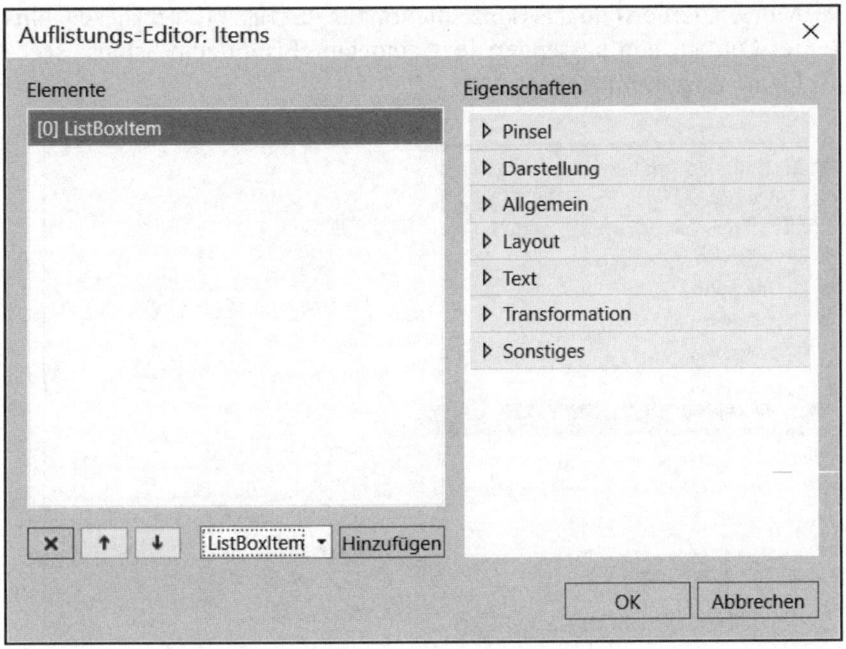

≫ Wechsle nun in den rechten Fensterbereich und suche unter ALLGEMEIN den Eintrag CONTENT.

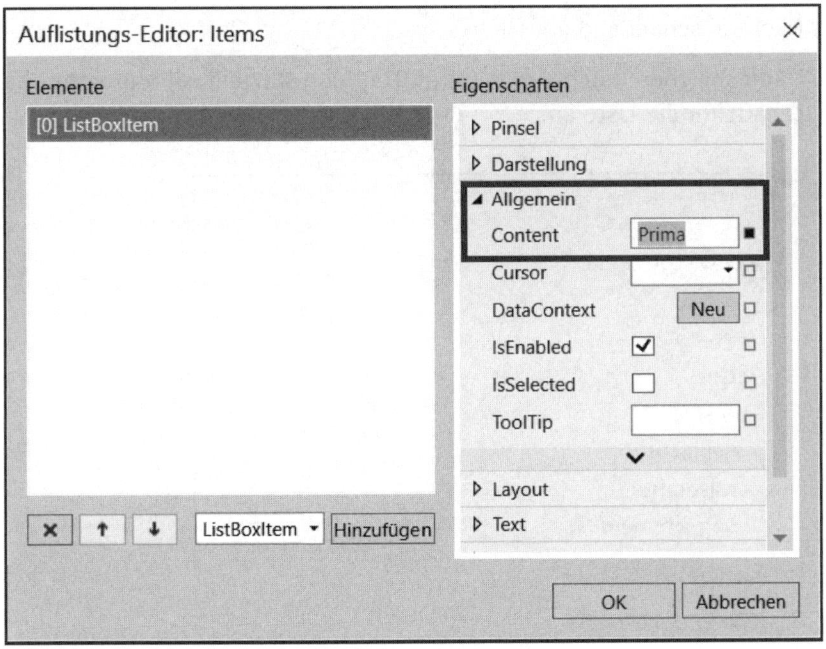

≫ Dahinter trägst du den ersten Text ein. Der heißt bei mir `Prima`.

≫ Nun wiederholst du das Ganze mehrmals: Auf HINZUFÜGEN klicken, hinter CONTENT den passenden Text eingeben. Bis du zum Schluss sechs Elemente zusammenhast.

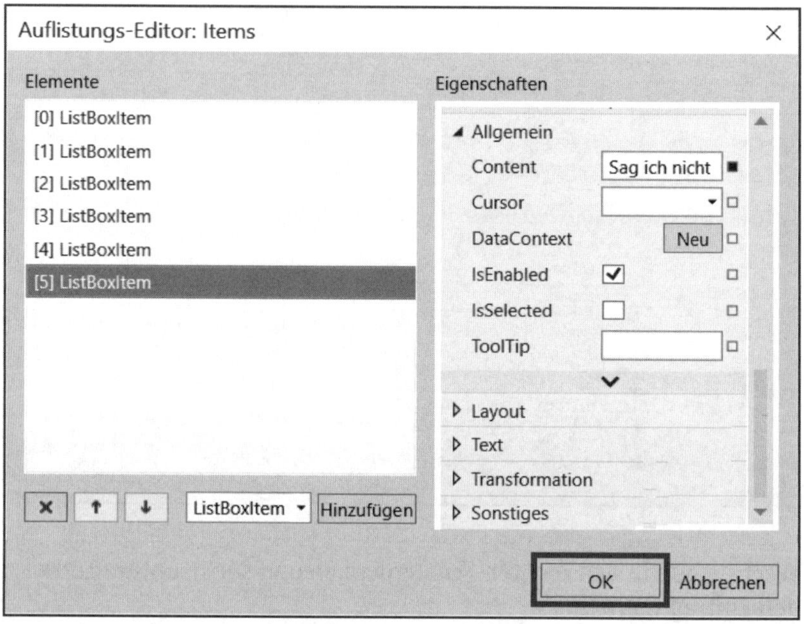

≫ Klicke abschließend auf OK.

≫ Dann speichere noch einmal alles. Und nun starte das Programm und schaue dir die Liste an.

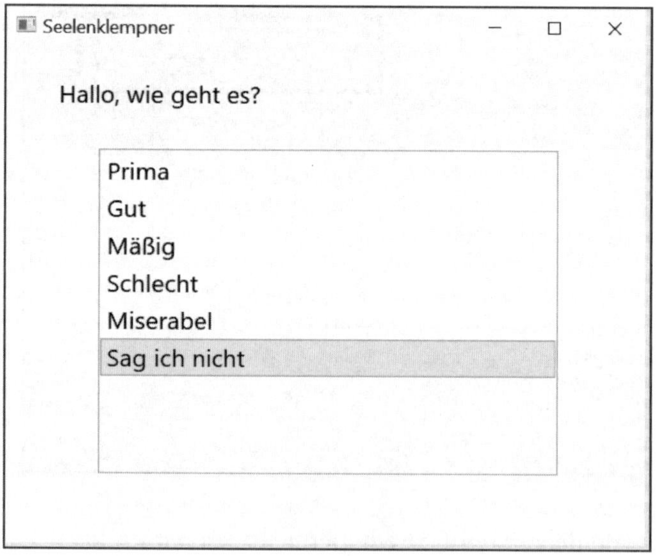

Natürlich geschieht erst mal gar nichts, wenn du auf einen Listeneintrag klickst (außer dass der markiert ist). Die entsprechende Methode hat ja auch noch nichts zu tun. Dazu müssen wir sie erst mit den richtigen Anweisungen füllen.

≫ Doppelklicke auf das Listenfeld. Achte dabei darauf, dass du nicht auf einen Eintrag klickst.

Und du landest in der Methode `listBox_SelectionChanged`.

> Warum heißt diese Methode nicht `listBox_Click`? Hier geht es darum, dass die Methode bei einer **Änderung** (englisch Change) des Eintrages reagiert. Und da passt der Name genau.

Hier gehören die Anweisungen hin, mit denen reagiert werden soll, wenn man in das Listenfeld geklickt hat. Und zwar alle. Hier genügt eine einzige Methode, denn sämtliche Einträge stehen ja in einer Liste (→ KLEMP2):

```
Private Sub listBox_SelectionChanged _
(sender As Object, e As SelectionChangedEventArgs) _
Handles listBox.SelectionChanged
  If listBox.SelectedIndex = 0 Then _
  label.Content = "Das ist ja toll!"
  If listBox.SelectedIndex = 1 Then _
  label.Content = "Das freut mich!"
  If listBox.SelectedIndex = 2 Then _
  label.Content = "Das geht ja noch!"
  If listBox.SelectedIndex = 3 Then _
  label.Content = "Das tut mir leid!"
  If listBox.SelectedIndex = 4 Then _
  label.Content = "Das ist ja schlimm!"
  If listBox.SelectedIndex = 5 Then _
  label.Content = "Wenn du meinst ..."
End Sub
```

≫ Füge diese Zeilen in der `listBox`-Methode ein.

`SelectedIndex` ist eine Eigenschaft der Komponente `listBox`, die die Nummer des aktuell ausgewählten Eintrags (`ListBoxItem`) übernimmt. Zu beachten ist dabei, dass die Zählung nicht bei 1, sondern bei 0 beginnt.

Es ist wirklich nicht nötig, ähnlichen Text immer wieder zu schreiben. Darf ich hier an ein paar Bearbeitungshilfen erinnern?

- Text mit der Maus oder mit [⇧] und den Pfeiltasten markieren.
- Text über BEARBEITEN/AUSSCHNEIDEN ausschneiden und in die Zwischenablage übernehmen.
- Text über BEARBEITEN/KOPIEREN in die Zwischenablage kopieren.
- Text über BEARBEITEN/EINFÜGEN aus der Zwischenablage einfügen.
- Arbeitsschritt über BEARBEITEN/RÜCKGÄNGIG rückgängig machen.

Es geht natürlich auch mit [Strg] und den Buchstaben [X], [C], [V], [Z].

≫ Probiere das Programm gleich aus und teste alle Antworten durch.

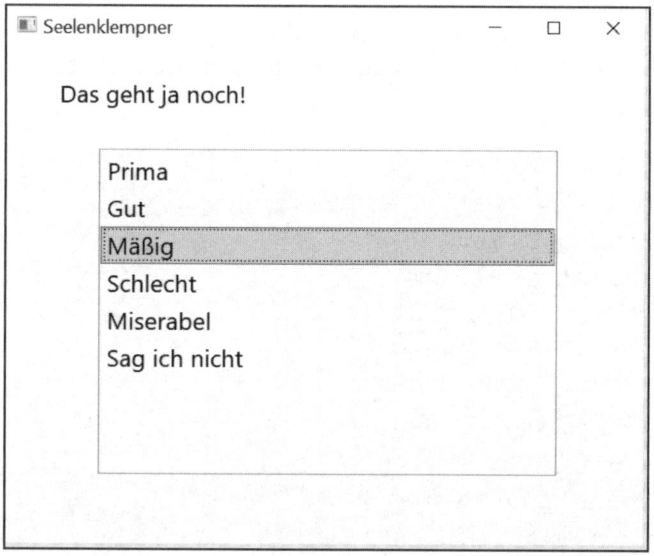

Von Fall zu Fall

Je nach Klick erhältst du wie schon in der ersten Version eine mehr oder weniger passende Diagnose zu deiner Antwort auf die Frage »Hallo, wie geht es?«

So manches Mal kann so ein ständiges `If` schon lästig werden, vor allem wenn man einen so langen Namen wie `listBox.SelectedIndex` dauernd wiederholen muss. Wie gut, dass Visual Basic da eine Alternative bereithält (→ KLEMP2A):

```
Private Sub listBox_SelectionChanged _
(sender As Object, e As SelectionChangedEventArgs) _
Handles listBox.SelectionChanged
  Select Case listBox.SelectedIndex
    Case 0 : label.Content = "Das ist ja toll!"
    Case 1 : label.Content = "Das freut mich!"
    Case 2 : label.Content = "Das geht ja noch!"
    Case 3 : label.Content = "Das tut mir leid!"
    Case 4 : label.Content = "Das ist ja schlimm!"
    Case 5 : label.Content = "Wenn du meinst ..."
  End Select
End Sub
```

Das Ganze sieht aus wie eine Aufzählung. Eingeleitet wird sie durch das Wort `Select Case`. Und wichtig ist, dass sie durch ein `End Select` abgeschlossen wird.

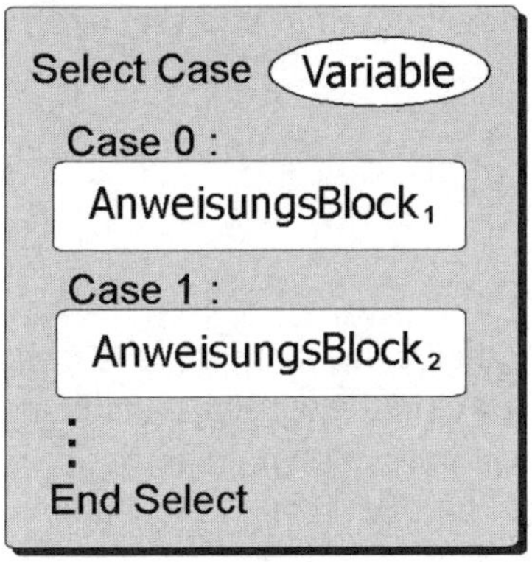

Zu Deutsch heißt das in etwa:

FALLS eine Variable oder Eigenschaft einen der folgenden Werte hat, soll der Computer einen zugehörigen Anweisungsblock ausführen.

Diese Struktur ist auch wieder so eine **Kontrollstruktur**. Man spricht bei der `Case`-Struktur auch von **Fallunterscheidung**.

Die Eigenschaft, die hier ausgewertet wird, trägt den hier ausgesprochen langen Namen `listBox.SelectedIndex`:

```
Select Case listBox.SelectedIndex
```

Dann folgt die Liste aller Werte, die berücksichtigt werden sollen, jeweils eingeleitet mit dem Wort Case und vom zugehörigen **Anweisungsblock** durch einen Doppelpunkt (:) getrennt. Auch hier könnten mehrere Anweisungen stehen, in diesem Fall ist es jeweils nur eine:

Case	label.Content
0 :	"Das ist ja toll!"
1 :	"Das freut mich!"
2 :	"Das geht ja noch."
3 :	"Das tut mir leid!"
4 :	"Das ist ja schlimm!"
5 :	"Wenn du meinst ..."

Und wichtig: Immer muss die ganze Fallunterscheidung mit einem End Select abgeschlossen werden!

» Ändere das Programm entsprechend, indem du die If-Struktur durch die Case-Struktur ersetzt. Dann starte das Programm und probiere es erneut aus.

Zusammenfassung

Wenn wir hier jetzt wieder mal innehalten, heißt das nicht, dass wir mit dem Seelenklempner schon am Ende sind. Das Thema wird uns noch eine Weile verfolgen. Aber jetzt geht es ans Zusammenfassen, denn da ist ja wieder mal eine neue Komponente samt ein paar Methoden angefallen:

ListBox	Listenfeld, in dem man einen von mehreren Einträgen aktivieren kann (Komponente)
ListBoxItem	Einzelnes Element eines Listenfeldes
SelectedIndex	Eigenschaft von ListBox. Enthält die Nummer des ausgewählten Eintrags in einer Liste
listBox_ SelectionChanged	Methode, die aktiviert wird, wenn sich ein Eintrag in einem Listenfeld ändert

Und auch ein paar neue Visual-Basic-Wörter haben sich wieder angesammelt:

`Do-Loop`	WIEDERHOLE etwas (Anweisungsblock)
`Until`	BIS eine Bedingung erfüllt ist
`While`	SOLANGE eine Bedingung erfüllt ist
`End While`	Ende einer `While`-Struktur
`Exit Do`	Aus einer Schleife heraus»springen«
`Select Case`	Fallunterscheidung für den Wert einer Variablen
`Case`	FALLS eine Variable einen entsprechenden Wert hat
`End Select`	Ende einer `Case`-Struktur

Ein paar Fragen ...

1. Was passiert im Million-Programm bei einer Eingabe von Nullen für Kapital oder Zinssatz?
2. Wie ermittelt man in einem Listenfeld, welcher Eintrag ausgewählt worden ist?

... und ein paar Aufgaben

1. Ändere das Million-Projekt so um, dass eine Verarbeitung von Nullen und »Nicht-Zahlen« verhindert wird.
2. Ersetze im Horoskop-Programm aus der ersten Aufgabe in Kapitel 3 (HOROSKOP) alle Schaltflächen (`Button`) durch ein Listenfeld (`ListBox`).
3. Setze im Zensur-Projekt eine Liste zur Auswahl der Zensuren von 1 bis 6 und für die Auswertung die `Case`-Struktur ein.

7

Combo, Radio oder Check?

Jetzt kennst du ja bereits einige wichtige Komponenten, aber Visual Basic hat noch eine ganze Menge mehr zu bieten, wie du in der Toolbox sehen kannst. Eigentlich könnte man doch im Formular auch mal ein paar dieser Dinger mischen. Das Seelenklempner-Projekt aus Kapitel 6 bietet dazu schon noch etwas Spielraum – wie du gleich sehen wirst.

In diesem Kapitel lernst du

- die Komponente `ComboBox` kennen
- mehr über XAML
- etwas über den Unterschied zwischen Options- und Kontrollfeldern
- was Arrays sind
- mit `For-Next` noch eine Kontrollstruktur kennen

Alles in einer Box

Außer der `ListBox` findet sich in der Toolbox ein weiteres interessantes Exemplar, die `ComboBox`. Sie ist eine Art aufklappbare Liste und bietet darüber hinaus noch ein Eingabefeld. Wegen dieser Kombination wird sie auch **Kombinationsfeld** genannt. In unserem Seelenklempner-Projekt aus dem letzten Kapitel soll jetzt das Listenfeld durch ein solches Kombinationsfeld ersetzt werden.

Wir könnten ein völlig neues Projekt anfangen. Aber wir könnten das auch einfach in unserem letzten »Seelenklempner« direkt durch einen Austausch erledigen.

> Wenn du im letzten Kapitel dein Projekt geschlossen hast, öffne es jetzt wieder (→ KLEMP2A oder KLEMP2).

Die folgende Aktion ist nun der eine Weg, den du gehen kannst. Der andere wird im nächsten Abschnitt über XAML erklärt.

> Klicke im Formular auf das Listenfeld. Drücke dann die Taste [Entf].

Damit verschwindet erst einmal diese Komponente, während ihre Methode uns noch erhalten bleibt.

> Suche in der Komponentenpalette das Symbol für COMBOBOX und klicke darauf. Ziehe dann das Auswahlfeld im Formular auf.

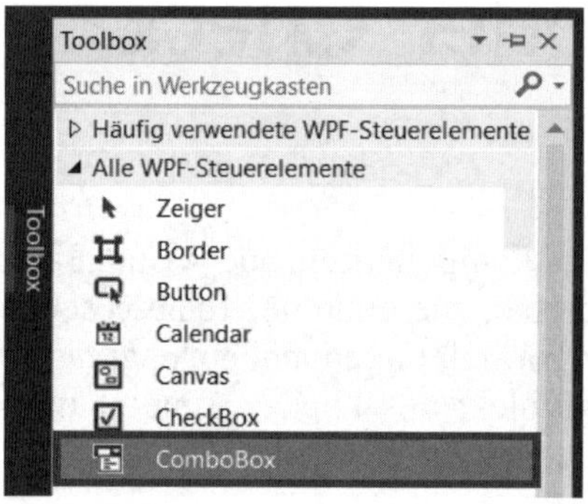

> Achte aber darauf, dass diese Komponente nur etwas höher ist als eine Textzeile. (Sonst wirst du staunen, wie deine Box später geöffnet aussieht.)

Nun kommt ein Kunstgriff, mit dem wir den Inhalt der ListBox-Methode ausschneiden und in der neuen Methode für ComboBox1 wieder einfügen wollen. Damit ersparen wir uns, alles neu programmieren zu müssen.

- Doppelklicke erst mal auf das Kombinationsfeld. Damit landest du im Editorfenster. Und da ist schon die neue Methode comboBox_SelectionChanged.
- Markiere in der Methode listBox_SelectionChanged den gesamten inneren Anweisungsteil bis vor End Sub.
- Dann klicke auf BEARBEITEN und AUSSCHNEIDEN. Oder drücke [Strg]+[X].

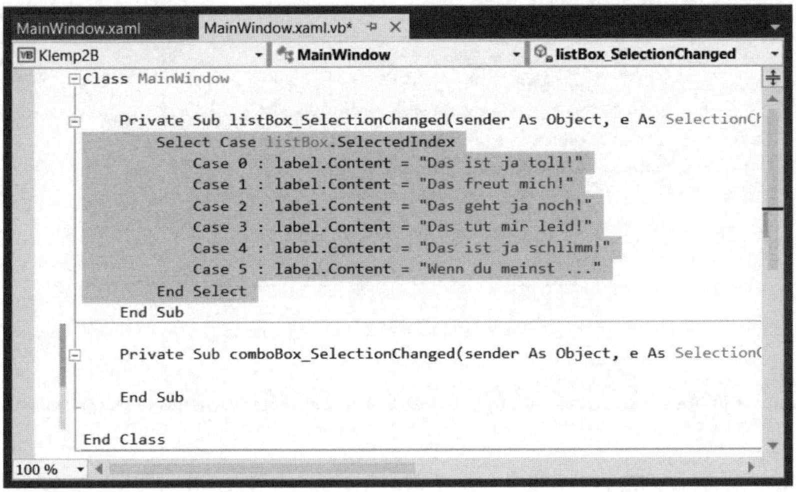

- Setze den Cursor in der Methode comboBox_SelectionChanged in den Zwischenraum vor der End Sub-Zeile und klicke dann auf BEARBEITEN und EINFÜGEN. Oder drücke [Strg]+[V].

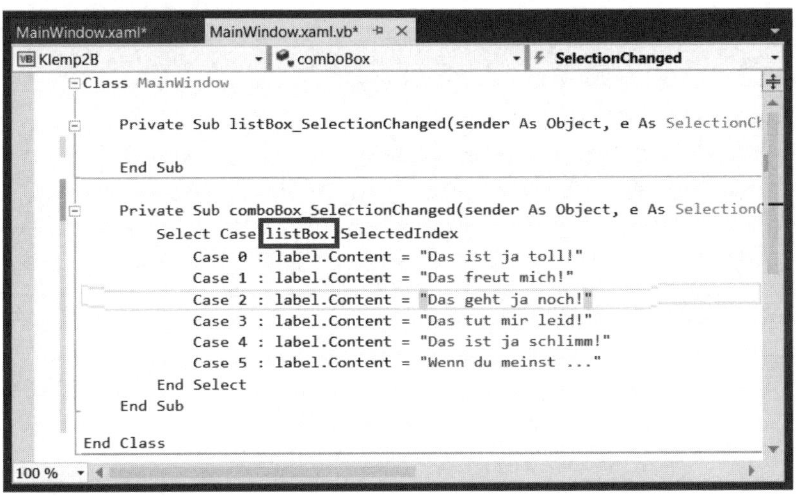

Nun ist die Methode listBox_SelectionChanged leer, sie kann also entfernt werden.

Solltest du die neue Klempner-Version gleich ausprobieren wollen, dann erntest du eine Fehlermeldung, denn listBox gibt es ja nicht mehr.

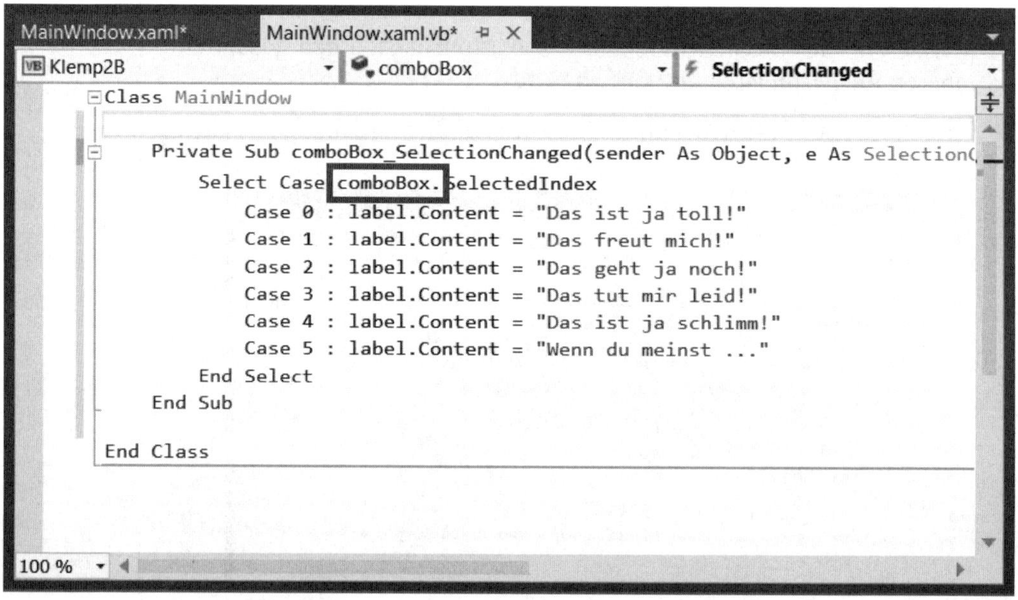

Klar ist, dass wir im Quelltext das Wort listBox durch comboBox ersetzen müssen. Denn es geht ja bei SelectedIndex jetzt um die Einträge des Kombinationsfeldes.

≫ Passe den Quelltext entsprechend an. Womit die ganze Methode so aussieht (→ KLEMP2B):

```
Private Sub comboBox_SelectionChanged _
(sender As Object, e As SelectionChangedEventArgs) _
Handles comboBox.SelectionChanged
  Select Case comboBox.SelectedIndex
    Case 0 : label.Content = "Das ist ja toll!"
    Case 1 : label.Content = "Das freut mich!"
    Case 2 : label.Content = "Das geht ja noch!"
    Case 3 : label.Content = "Das tut mir leid!"
```

```
    Case 4 : label.Content = "Das ist ja schlimm!"
    Case 5 : label.Content = "Wenn du meinst ..."
  End Select
End Sub
```

Wo aber sind die Einträge des Auswahlfeldes? Die müssen wir jetzt erst wieder neu eingeben. Das geht ebenso wie beim Listenfeld. Auch hier müssen wir den Auflistungs-Editor bemühen, diesmal für die Komponente comboBox.

≫ Klicke auf das Kombinationsfeld und suche im Eigenschaftenfenster nach dem Eintrag ITEMS. (Dahinter steht das Wort AUFLISTUNG in Klammern.)

≫ Wenn du nachher auch wahlweise etwas eingeben willst, klicke erst auf den darüberstehenden Eintrag ISEDITABLE.

≫ Und nun klicke auf das kleine Kästchen mit den drei Punkten (...) neben dem Eintrag AUFLISTUNG.

Das Fenster, das sich nun öffnet, kennst du schon . Dort müssen jetzt die ganzen Texte erneut eingefügt werden.

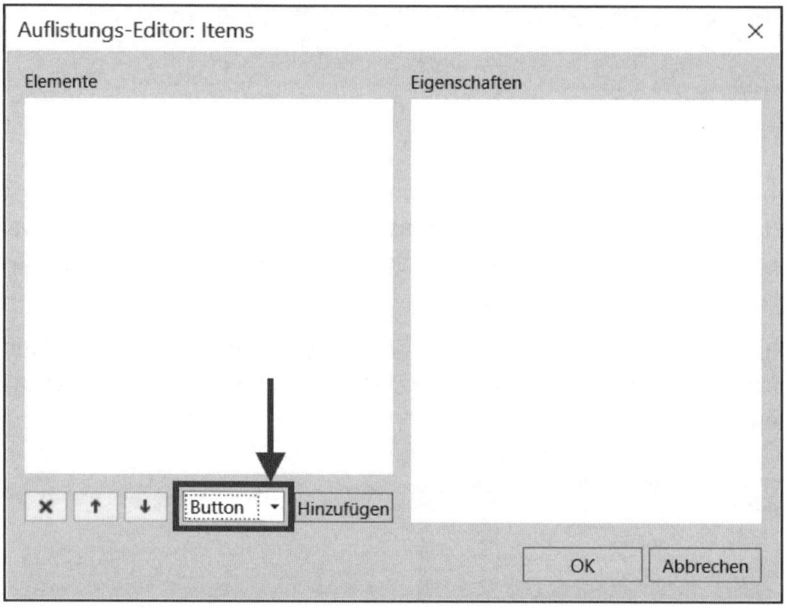

- Klicke auf das kleine Dreieck hinter dem Eintrag BUTTON (denn wir brauchen hier etwas anderes).

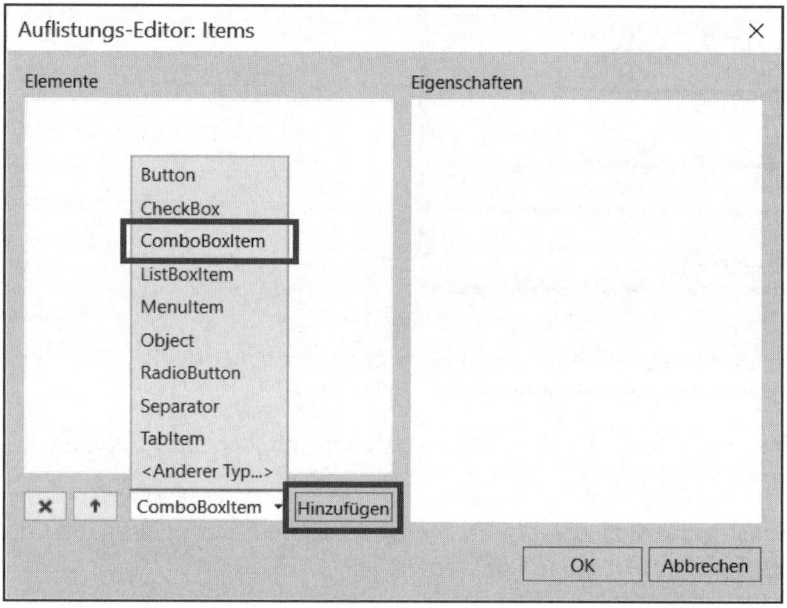

- Wähle den Eintrag COMBOBOXITEM und klicke dann auf HINZUFÜGEN. Gib im rechten Fensterbereich hinter Content den ersten Text ein.

➢ Wiederhole diesen Prozess wieder mehrmals. Bis du schließlich sechs Elemente zusammenhast.

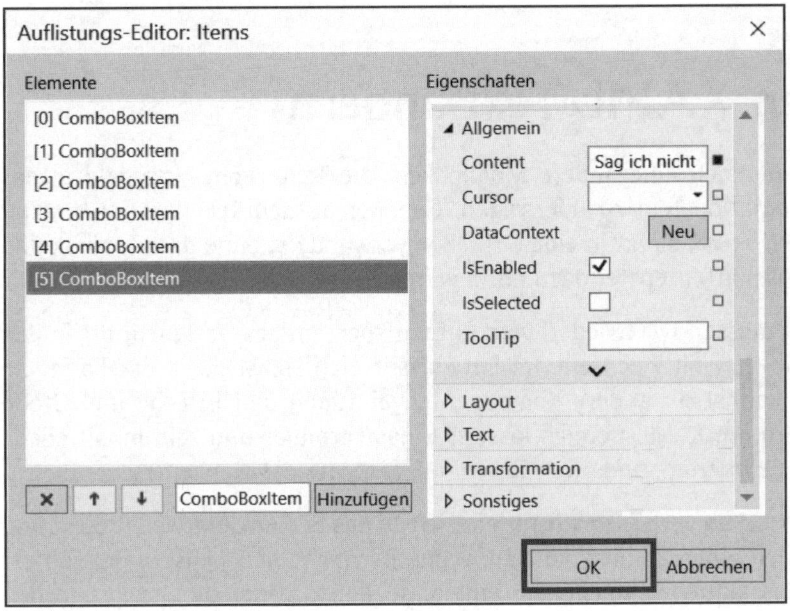

➢ Klicke abschließend auf OK.

➢ Und dann kannst du die neue Version des »Klempners« laufen lassen. Speichere vorher aber alles.

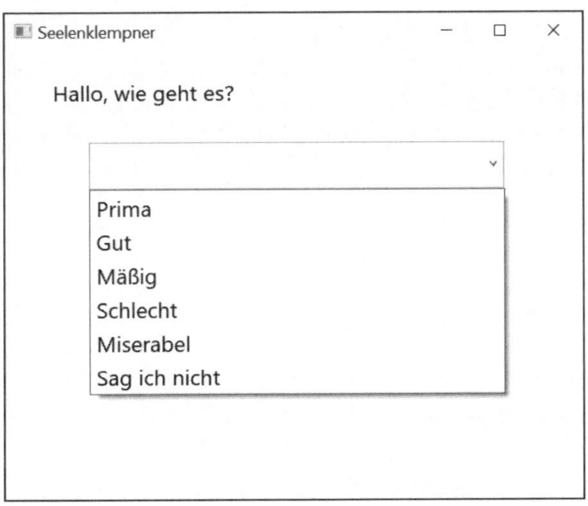

Die Liste des Kombinationsfeldes lässt sich mit einem Klick auf das kleine Dreieck öffnen. Mit einem weiteren Klick in die Liste wird der angeklickte

Eintrag dann oben angezeigt. Außerdem gibt es eine entsprechende Meldung. (Und du kannst, wenn du willst, auch einen eigenen Text in das kleine Fensterchen eingeben.)

Den XAML-Text ändern

Es gibt noch eine andere Möglichkeit, die Texte vom Listenfeld in das Kombinationsfeld zu übertragen. Genauer ausgedrückt lässt sich sogar eine `ListBox` direkt in eine `ComboBox` verwandeln, ohne dass Toolbox und Eigenschaftenfenster dazu nötig wären.

Dazu müssen wir (wieder) vom Entwurfsbereich des Designeditors in den XAML-Bereich wechseln. Im Entwurfsbereich siehst du ja das Formular, dort kannst du andere Komponenten einfügen und in Lage und Größe ändern. Im XAML-Bereich lässt sich das Formular und sein Inhalt ebenfalls bearbeiten, und zwar über einen Text, der das Ganze beschreibt.

Von jetzt ab verlassen wir für eine Weile das Seelenklempner-Projekt und machen einen kleinen Ausflug. Wenn du mir folgen willst, dann solltest du das aktuelle Projekt erst einmal schließen. Oder du springst in den nächsten Abschnitt und machst da weiter.

Schauen wir uns doch einmal eine XAML-Datei genauer an. Ich habe dazu ein neues Projekt erzeugt und mit diesem noch überhaupt nichts angestellt. Dann sieht die XAML-Datei so aus:

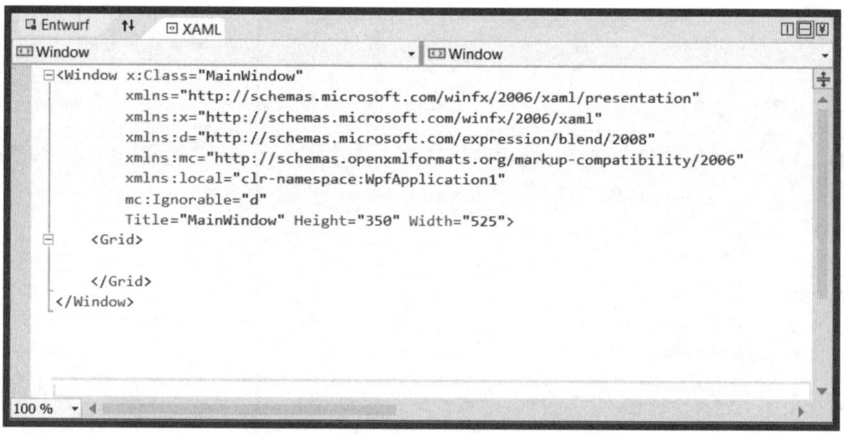

Das, was dort steht, müssen wir nicht weiter beachten. Es ist nur wichtig für Visual Studio, es darf also auch nichts davon einfach so gelöscht werden, bloß weil man denkt, »das Zeug wäre überflüssig«. Was es genau bedeutet, werde ich auch hier in diesem Buch nicht weiter erläutern.

Doch einen Satz zur letzten Zeile vor dem alleinstehenden `Grid` möchte ich schon loswerden:

```
Title="MainWindow" Height="350" Width="525">
```

Hier stehen der Titel des Formulars sowie seine Maße; die lassen sich natürlich auch hier direkt ändern.

≫ Wenn du meinen Schritten folgen willst, kannst du auch selbst ein neues Projekt erzeugen. Dann füge einen Button ins Formular ein.

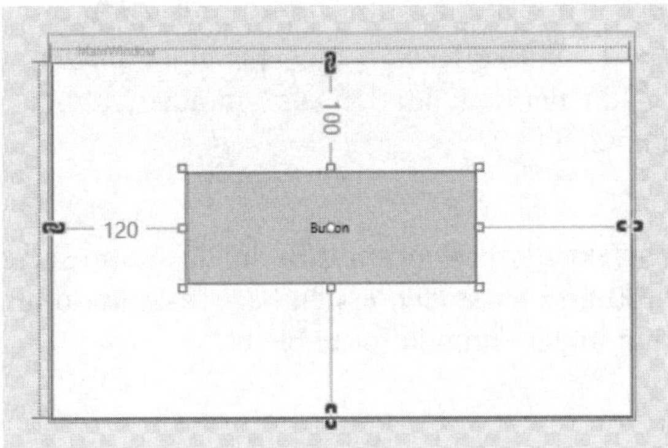

Bei mir hat sich die XAML-Datei nun so geändert:

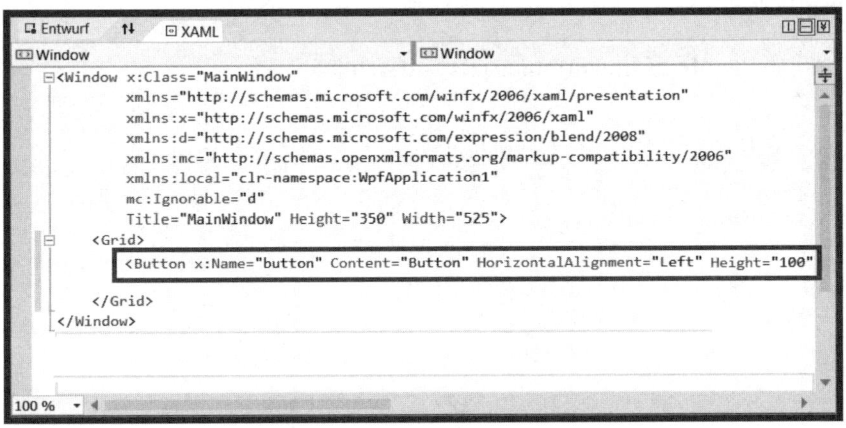

Da ist eine Zeile hinzugekommen, die nur zum Teil zu sehen ist. Deshalb hier der gesamte Text:

```
<Button x:Name="button" Content="Button"
HorizontalAlignment="Left" Height="100"
Margin="120,100,0,0" VerticalAlignment="Top"
Width="260"/>
```

So etwas kennst du bereits aus Kapitel 3 (wenn du den Abschnitt nicht übersprungen hast). Beschrieben wird ein Button mit dem Namen `button` und der Aufschrift (`Content`) »Button«. Horizontal links und vertikal oben ausgerichtet. Die Breite beträgt 260 und die Höhe 100 Einheiten. Mit `Margin` sind die Abstände zum Formularrand gemeint. Wobei hier die ersten beiden Zahlen von Bedeutung sind: 120 Einheiten von links, 100 Einheiten von oben.

> Das Ganze ist in der XAML-Datei eine einzige Zeile. Wie du siehst, sind hier im Buch aber keine Unterstriche nötig – wie in Visual Basic. Eine Anweisung oder Anweisungskette wird hier mit einer spitzen Klammer (<) eingeleitet und einer Kombination aus Schrägstrich und spitzer Klammer abgeschlossen (/>).

- Ändere jetzt einmal den Text hinter `Content` z.B. in `KNOPF` um, setze die Breite (`Width`) auf 100 und passe den ersten `Margin`-Wert so an, dass der Button weiterhin in der Formularmitte bleibt.

Das ist mein neuer Text:

```
<Button x:Name="button" Content="KNOPF"
HorizontalAlignment="Left" Height="100"
Margin="220,100,0,0" VerticalAlignment="Top"
Width="100"/>
```

Und so könnte es im Formular jetzt aussehen:

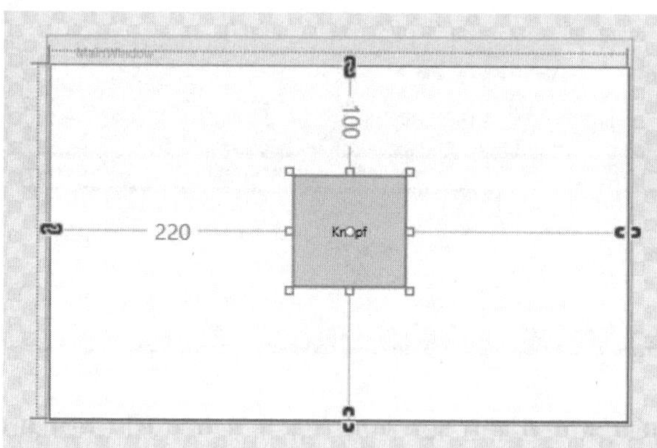

Gar nicht so schwer? Das sollte dich allerdings nicht dazu verleiten, nun künftig mehr mit der XAML-Datei als mit dem Formular-Entwurf zu arbeiten. Aber es kann nicht schaden, beides im Blick zu haben.

Mehr wollte ich an dieser Stelle nicht zeigen. Denn jetzt soll es ja darum gehen, die Seelenklempner-Version mit der `ListBox` in die mit einer `ComboBox` umzuwandeln.

> Öffne das Projekt KLEMP2A. Wechsele dort im Designeditor für die Datei MAINWINDOW.XAML in den XAML-Bereich.

Und so könnte die Datei aussehen:

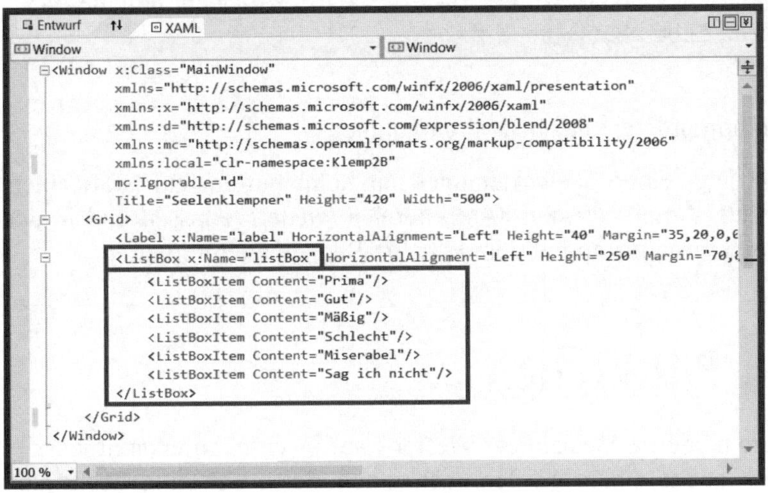

Nun geht es nur darum, das Wörtchen `ListBox` durch `ComboBox` zu ersetzen.

> Erledige das Schritt für Schritt. (Du kannst es aber auch mit BEARBEITEN und SUCHEN UND ERSETZEN beschleunigen.)

Anschließend ergibt sich bei mir diese XAML-Datei:

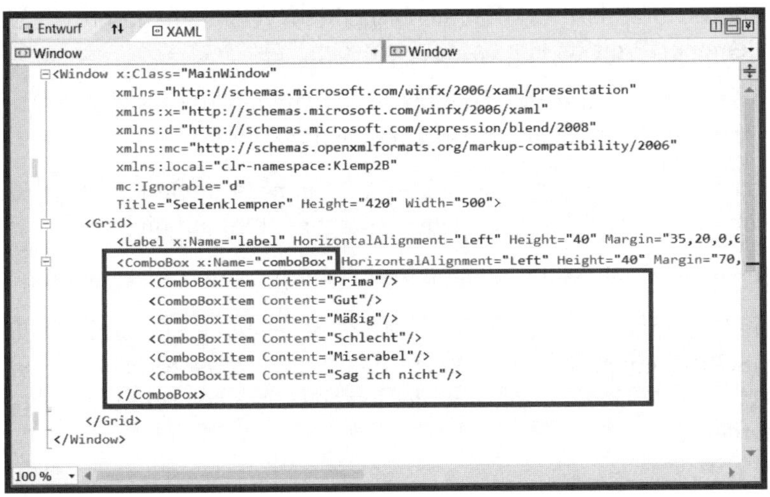

» Ändere die Höhe (Height) der Kombinationsbox noch in einen deutlich kleineren Wert um.

Wichtig ist natürlich, dass auch im Visual-Basic-Quelltext alles stimmt. Falls noch nicht geschehen, musst du eine **neue** Methode namens comboBox_SelectionChanged erzeugen. Und dann muss die Methode listBox_SelectionChanged gelöscht werden (wie es weiter oben ja schon erklärt wurde). Da es keine ListBox mehr gibt, geht es auch hier überall nur um ComboBox.

» Und nun probiere das neue Programm aus.

Du hast jetzt einen Seelenklempner mit Kombinationsfeld (statt einem Listenfeld). Womit wir den XAML-Bereich wieder verlassen und in den folgenden Abschnitten mit dem Entwurf-Bereich weiterarbeiten.

Von Pünktchen ...

Auch die moderne Medizin des Westens hat inzwischen erkannt, dass es offenbar außer einem Körper noch einen Geist und eine Seele gibt. Berücksichtigen wir also den neuesten Stand der Wissenschaft auch bei unserem »Seelenklempner«.

» Du kannst das aktuelle Projekt schließen. Denn jetzt ist es sinnvoll, wieder ein neues Projekt zu erzeugen, das den Namen KLEMP3 tragen sollte.

» Ganz oben setzt du wieder eine Anzeigefläche (Label) mit dem schon bekannten Standardtext für die bisherigen Versionen unseres Seelenklempner-Projekts ein: Hallo, wie geht es?

» Verpasse auch dem neuen Formular den richtigen Titel Seelenklempner. Und mache es schon mal ein bisschen größer.

Und jetzt fängt die Arbeit erst richtig an. Denn da kommt eine ganze Reihe von Arbeitsschritten (und neuen Komponenten) auf dich zu.

» Suche in der Toolbox das Symbol für RADIOBUTTON und klicke darauf.

Die neue Komponente wird als **Optionsfeld** bezeichnet. Ein solches Feld hat als Symbol einen Kreis mit einem Punkt darin. Davon brauchen wir jetzt sechs Stück. Und die sollen in der linken Hälfte des Formulars platziert werden.

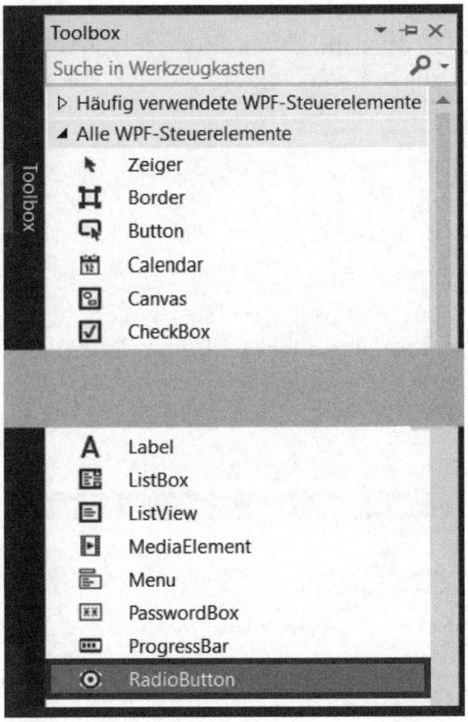

➢ Ziehe die Optionsfelder untereinander im Formular auf. (Achte darauf, dass rechts genügend Platz bleibt: Da sollen nachher noch andere Komponenten hin!)

Auch hier könntest du das Ganze über die XAML-Datei erledigen – wenn du es dir zutraust. Schau dir mal den Text an, der bei mir zu einem Optionsfeld gehört:

```
<RadioButton x:Name="radioButton"
Content="RadioButton" HorizontalAlignment="Left"
Height="35" Margin="35,85,0,0" VerticalAlignment="Top"
Width="280" FontSize="18.667"/>
```

Hast du ein Optionsfeld über das Eigenschaftenfenster definiert, dann kannst du es entweder im Formular direkt mehrmals kopieren und die neuen Felder an eine andere Position verschieben. Oder du vervielfältigst die Einträge im XAML-Text und passt die Werte entsprechend an.

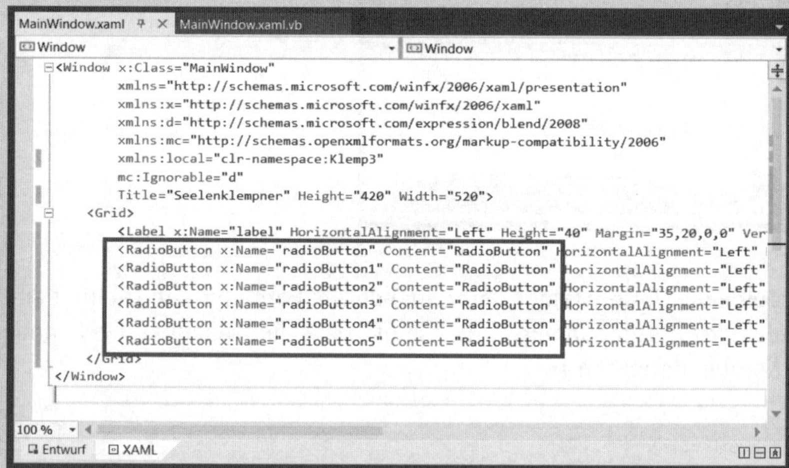

Und nun muss jedes Optionsfeld den passenden Text erhalten. Das verläuft genauso, wie du es schon von den Buttons her kennst, über den Eintrag CONTENT im Eigenschaftenfenster.

≫ Tippe die sechs Antworten für die Optionsfelder ein. Oder passe den XAML-Text direkt an.

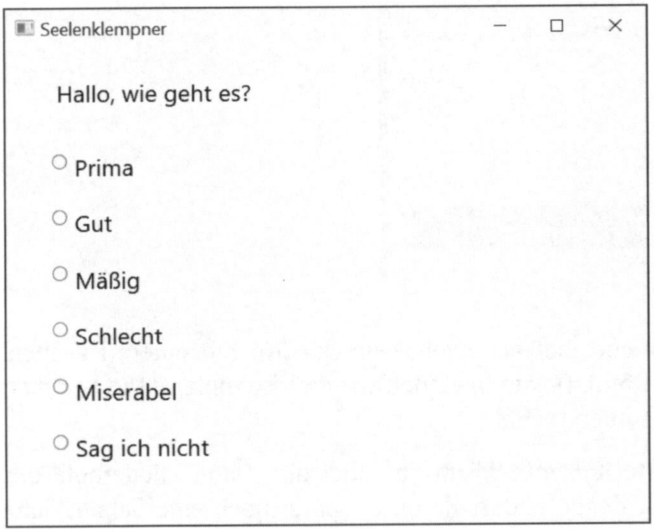

Im XAML-Bereich sieht es bei mir jetzt so aus:

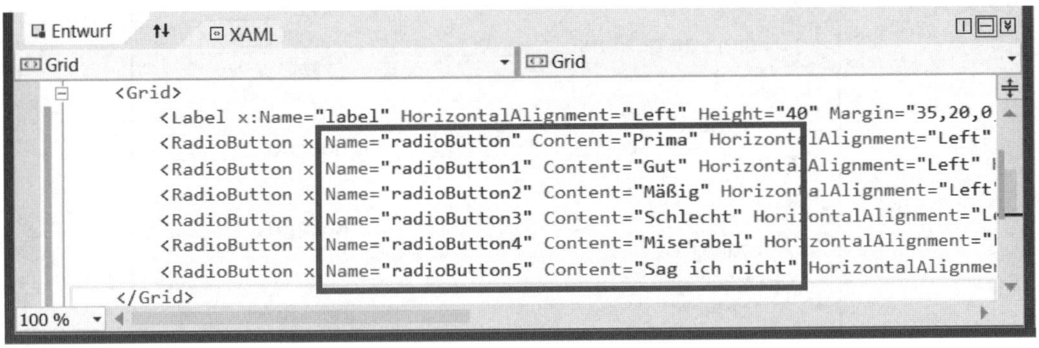

... und Häkchen

Um die Methoden für die Optionsfelder kümmern wir uns später. Erst möchte ich in der rechten Hälfte des Formulars noch ein paar weitere neue Komponenten unterbringen. Die sind für die Bereiche Seele, Geist und Körper gedacht.

≫ Suche in der Toolbox das Symbol für CHECKBOX und klicke darauf.

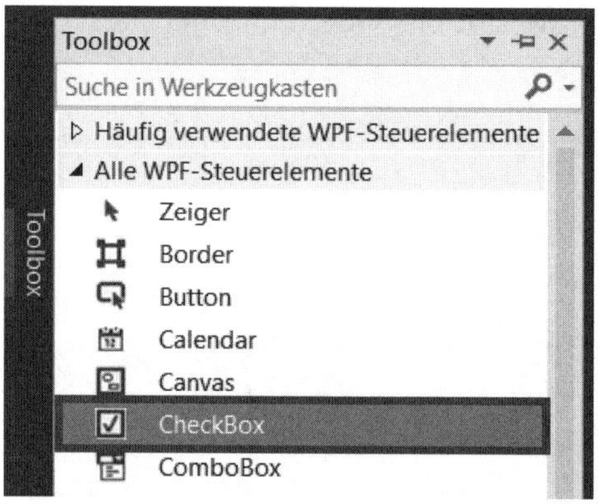

Die neue Komponente hat als Symbol ein Quadrat mit einem Häkchen. Sie heißt **Kontrollfeld**. Davon brauchen wir drei Exemplare. Die kommen jetzt ins Formular oben rechts.

» Ziehe das erste Kontrollfeld im Formular auf. Dann wiederhole das noch zweimal. Beachte, dass darunter später noch eine Schaltfläche passen soll!

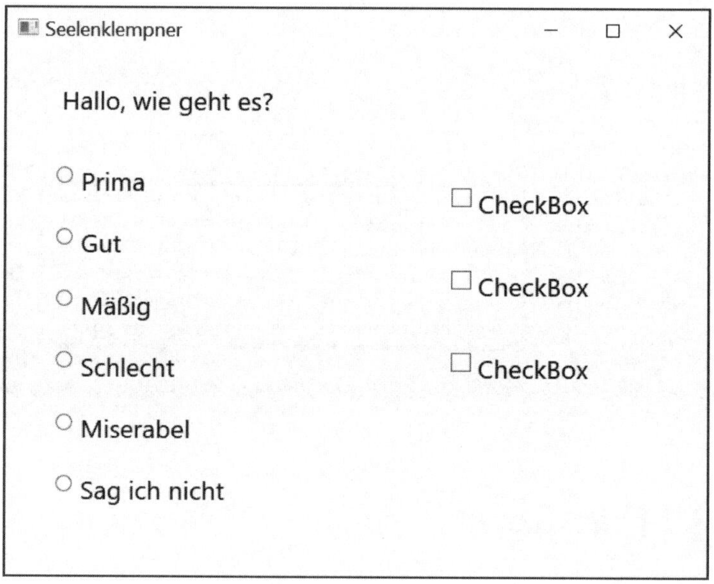

» Klicke auf jedes Kontrollfeld. Trage dann im Eigenschaftenfenster für CONTENT jeweils `Seele`, `Geist` und `Körper` ein.

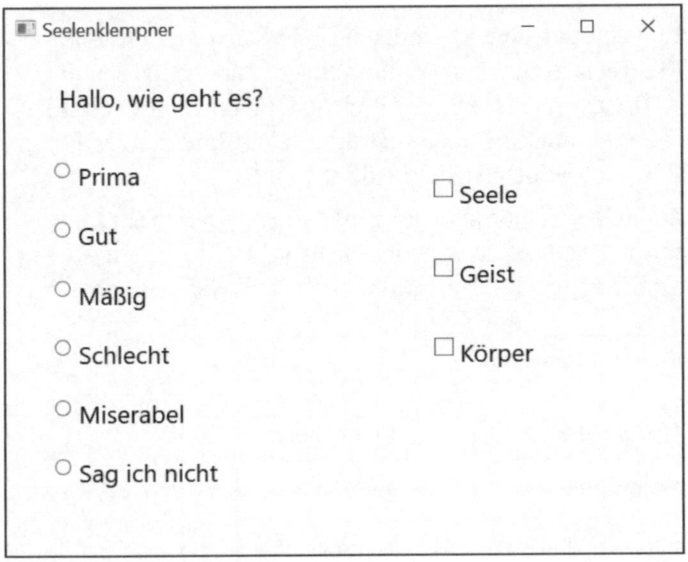

Optionsfeld und Kontrollfeld, was genau ist denn der Unterschied? Na gut, beim **Optionsfeld** ist da ein Kreis, in den man mit Mausklick ein Pünktchen setzen kann. Beim **Kontrollfeld** klickt man in ein Quadrat und erhält dafür ein Häkchen. Vielleicht verschafft dir diese Tabelle etwas Überblick:

Name	Funktion	Andere Namen	Symbol
Optionsfeld (RadioButton)	Bei einer Gruppe von zusammengehörenden Komponenten kann **immer nur eine** aktiviert sein.	Schaltfeld, Schaltknopf, Optionsschaltfeld>	aktiviert = Punkt im Kreis
Kontrollfeld (CheckBox)	Bei einer Gruppe von zusammengehörenden Komponenten können **beliebig viele** aktiviert sein.	Wahlfeld, Markierungsfeld, Kontrollkästchen	aktiviert = Häkchen im Quadrat

Da stehen auch gleich ein paar andere Namen, wie sie dir in der Hilfe von Visual Basic, Windows oder in anderen Anwendungen begegnen können. Ich habe mich für die Namen in der ersten Spalte entschieden, weil man

- bei Optionsfeldern eine Option ein- oder ausschalten kann. »Schaltfeld« wäre auch gut, klingt aber zu stark nach »Schaltfläche«. Dabei ist das z.B. wie bei den Tasten eines (alten) Radios: Immer nur eine kann gedrückt sein. (Rate mal, woher der Name »RadioButton« kommt!)
- bei Kontrollfeldern eine Einstellung markieren (= abhaken) kann. Der Begriff »Wahlfeld« wäre auch nicht schlecht, kommt aber weder in der Hilfe von Visual Basic noch von Windows vor.

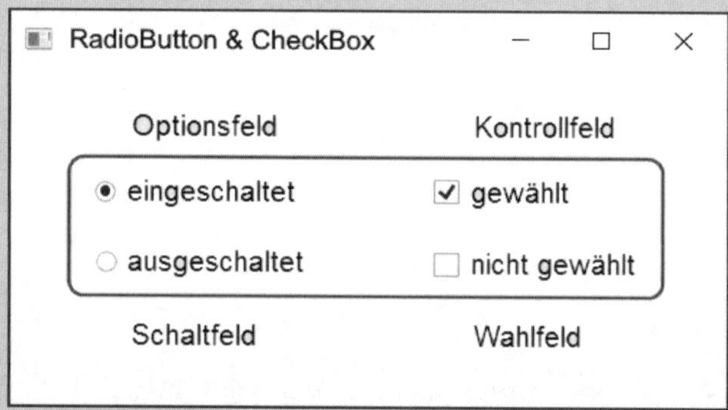

Damit sich die Komponentengruppen optisch ein bisschen mehr voneinander abheben, kannst du den Kontrollfeldern eine andere Schrift spendieren.

- Die wählst du im Eigenschaftenfenster unter Text aus. Außerdem kannst du bei der Gelegenheit auch den Schriftschnitt in Fett oder Kursiv (oder beides) ändern. Hierzu musst du auf einen der Button B (Bold) oder I (Italic) klicken.

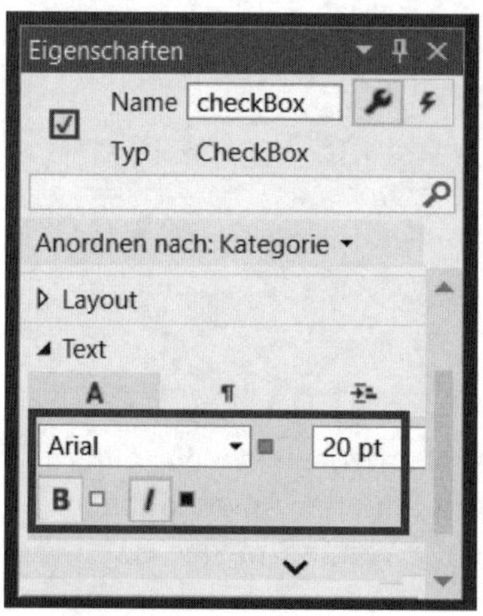

Antworten für die Optionsfelder

Wie geht es jetzt weiter? Haben wir uns für eine der Optionen von PRIMA bis SAG ICH NICHT entschieden und einen bis alle Bereiche von SEELE bis KÖRPER ausgewählt, dann brauchen wir noch etwas, worauf wir klicken können, um anzuzeigen, dass wir für die Diagnose bereit sind. Das letzte Element im Formular muss also noch ein ganz normaler Button sein.

≫ Klicke in der Toolbox wieder auf das Symbol für BUTTON und ziehe die Schaltfläche im Formular unter den Kontrollfeldern auf.

≫ Gib dieser Schaltfläche die Aufschrift FERTIG. (Auch hier kann eine andere Schrift nicht schaden.)

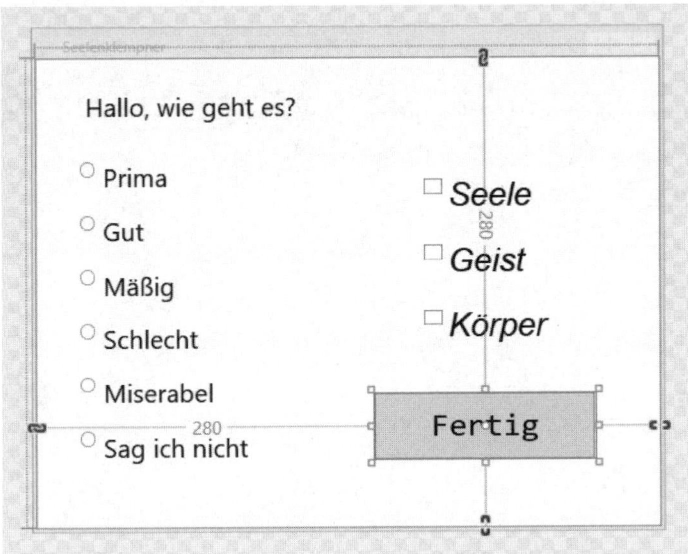

Ehe du aber wild in irgendwelche Methoden Anweisungen eintippst, muss dir erst einmal klar sein, wie das Programm denn ablaufen soll:

- Zuerst sucht man sich unter den Optionen eine Antwort aus. Die müsste in einer Textvariablen gespeichert werden. Nennen wir sie `Diagnose`.
- Dann aktiviert man eins, zwei oder alle der Kästchen von SEELE bis KÖRPER. Auch diese Werte müssen irgendwo gespeichert sein, damit sie bei der abschließenden Diagnose berücksichtigt werden können. Die Variable hierfür soll `Wahl` heißen.
- Mit Klick auf FERTIG schließlich wird ein Meldungsfenster geöffnet, das die Diagnose anzeigt.

Beginnen wir mit den Methoden für die Optionsfelder:

≫ Doppelklicke auf jedes einzelne Optionsfeld (links im Formular) und ergänze im Editorfenster die jeweilige Methode `radioButton_Checked`. Tippe dort den folgenden Quelltext ein (→ KLEMP3):

```
Private Sub radioButton_Checked(sender As Object, _
e As RoutedEventArgs) Handles radioButton.Checked
  Diagnose = "Das ist ja toll!"
End Sub

Private Sub radioButton1_Checked(sender As Object, _
e As RoutedEventArgs) Handles radioButton1.Checked
  Diagnose = "Das freut mich!"
End Sub

Private Sub radioButton2_Checked(sender As Object, _
e As RoutedEventArgs) Handles radioButton2.Checked
  Diagnose = "Das geht ja noch!"
End Sub

Private Sub radioButton3_Checked(sender As Object, _
e As RoutedEventArgs) Handles radioButton3.Checked
  Diagnose = "Das tut mir leid!"
End Sub

Private Sub radioButton4_Checked(sender As Object, _
e As RoutedEventArgs) Handles radioButton4.Checked
  Diagnose = "Das ist ja schlimm!"
End Sub

Private Sub radioButton5_Checked(sender As Object, _
e As RoutedEventArgs) Handles radioButton5.Checked
  Diagnose = "Wenn du meinst ..."
End Sub
```

Hier bekommt diesmal nicht `label.Content` den passenden Antworttext, sondern der wird erst einmal einer Variablen `Diagnose` zugewiesen.

≫ Ergänze den Quelltext noch (ganz oben) um diese Vereinbarung:

```
Dim Diagnose As String
```

Wirklich fertig?

Damit du endlich mal ausprobieren kannst, ob sich etwas tut, kommen wir direkt zur Schaltfläche mit der Aufschrift FERTIG. Um die Kontrollfelder machen wir uns dann später Sorgen.

> Doppelklicke auf die Schaltfläche und erweitere die Methode `button_Click` nur um eine einzige Zeile:

```
Private Sub button_Click(sender As Object, _
e As RoutedEventArgs) Handles button.Click
  label.Content = Diagnose
End Sub
```

> Und nun speichere das ganze Projekt erst einmal.

> Starte das Programm, klicke auf verschiedene Optionsfelder und anschließend auf FERTIG.

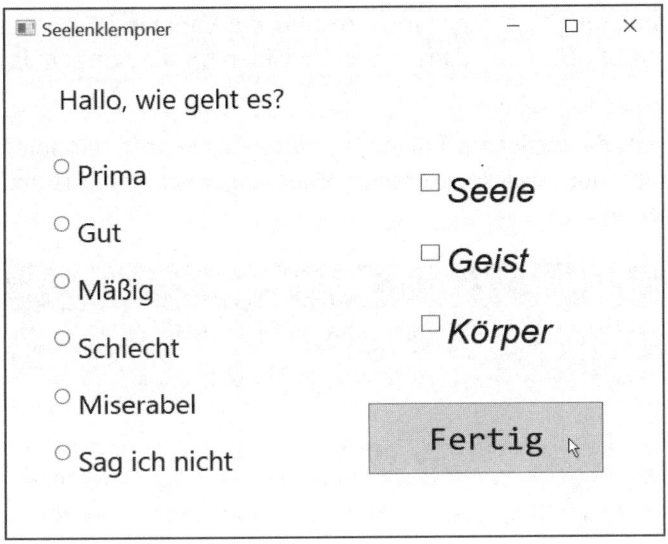

Immerhin sind wir damit in etwa auf dem Stand der zwei vorhergehenden Versionen unseres Seelenklempners.

Variablenfelder und Startwerte

Nun warten da noch immer die Kontrollfelder darauf, dass wir uns als Nächstes um sie kümmern. Wenn dort irgendwo etwas angewählt wird, dann muss das irgendwie im Formular sichtbar werden. Am besten wäre es, wenn wir den Titel so ändern:

Gewählt	Titeltext
Seele	Diagnose für Seele
Geist	Diagnose für Geist
Körper	Diagnose für Körper
alle drei	Diagnose für Seele für Geist für Körper
je zwei	Diagnose für ... (die zwei)

Dazu brauchen wir einige Variablen, in denen wir diese Texte unterbringen.

> Erweitere die Vereinbarungen entsprechend:

```
Dim Diagnose As String
Dim Bereich(3) As String
Dim Wahl(3) As Boolean
```

Die neuen Vereinbarungen stehen unter der für die Variable `Diagnose`. Wir benötigen mit `Bereich` und `Wahl` je drei Variablen für die Abfrage der Kontrollfelder.

Mit `Boolean` taucht da wieder ein Typ auf, den du schon kennst. Variablen dieses Typs können nur zwei Werte haben. Hier zeigen sie den Zustand der Kontrollfelder an:

Wert	Bedeutung	bei Kontrollfeldern
True	wahr	gewählt, mit Häkchen
False	falsch	nicht gewählt, ohne Häkchen

Du möchtest wissen, was es mit den Klammern hinter den Vereinbarungen von `Bereich` und `Wahl` auf sich hat? Wenn man mal mehrere Variablen desselben Typs benötigt, müsste man die eigentlich so vereinbaren:

```
Dim Text1, Text2, Text3, Text4, Text5 As String
```

Das kann ganz schön lästig sein, besonders wenn man eine größere Anzahl von solchen Variablen braucht – sagen wir 100? Da vereinbart man in Visual Basic lieber mit

```
Dim Text(100) As String
```

gleich ein ganzes Feld von Variablen in einem Rutsch. In den Klammern steht die nötige Anzahl von Elementen (hier fünf oder 100), aus denen ein solches **Variablenfeld** besteht. Oft wird hier übrigens auch der englische Ausdruck **Array** als Bezeichnung gebraucht.

Angesprochen bzw. benutzt werden die einzelnen Variablen eines Feldes ebenfalls über Klammern:

Dim Text(5) As String

Text(0)	Text(1)	Text(2)	Text(3)	Text(4)

In Visual Basic beginnt die Zählung ja bei 0. Die erste Feldvariable ist also `Text(0)`, und mit `Text(4)` ist das fünfte Element des Feldes gemeint. Was in den Klammern steht, nennt man **Index**. Außer konstanten Werten sind dort auch Variablen möglich.

Damit die neuen Variablenfelder auch einen Startwert haben, müssen wir die folgenden Zuweisungen irgendwo unterbringen (→ KLEMP3):

```
Bereich(0) = " für Seele " : Wahl(0) = False
Bereich(1) = " für Geist " : Wahl(1) = False
Bereich(2) = " für Körper " : Wahl(2) = False
```

So hätten die drei Zeichenketten des Feldes `Bereich` ihren Text. (Die Leerzeichen haben ihren Sinn!) Und die drei Variablen von `Wahl` wären auf `False` gesetzt, was bedeutet, dass hier noch kein Kontrollfeld angewählt wurde.

Kaum auffällig ist der Doppelpunkt (:). Mit ihm als Trennzeichen lassen sich **mehrere** kurze Anweisungen in einer **einzelnen** Zeile unterbringen.

Wohin gehören jetzt diese Zuweisungen? Am besten doch in die Methode, die bei der Erzeugung des Formulars aktiv wird.

- ≫ Markiere das Formular und suche im Eigenschaftenfenster unter EREIGNISSE den Eintrag LOADED. Dann doppelklicke auf das Feld dahinter.
- ≫ Und nun ergänze im Editorfenster die Methode `Window_Loaded` um die obigen Zuweisungen für `Bereich` und `Wahl`.
- ≫ Dann speichere mal wieder dein Projekt.

Die richtige Wahl

Was immer noch fehlt, sind die drei Methoden für die Kontrollfelder. Da geht es um den Status der Kästchen, ob sie mit einem Häkchen versehen sind (True) oder nicht (False). Dazu passt unser vereinbartes Variablenfeld Wahl, das ebenfalls Boolean ist. Informationen über den Status gibt die Eigenschaft IsChecked.

Und so müssen dann die Checked-Methoden für die drei Kontrollfelder aussehen (→ KLEMP3):

```
Private Sub checkBox_Checked(sender As Object, _
e As RoutedEventArgs) Handles checkBox.Checked
  Wahl(0) = checkBox.IsChecked
End Sub

Private Sub checkBox1_Checked(sender As Object, _
e As RoutedEventArgs) Handles checkBox1.Checked
  Wahl(1) = checkBox1.IsChecked
End Sub

Private Sub checkBox2_Checked(sender As Object, _
e As RoutedEventArgs) Handles checkBox2.Checked
  Wahl(2) = checkBox2.IsChecked
End Sub
```

≫ Doppelklicke auf jedes der drei Kontrollfelder und tippe dann die Zuweisungen in den passenden Prozeduren ein.

In jeder der drei CheckBox_Checked-Methoden wird die zugehörige Wahl-Variable mit dem aktuellen Zustandswert des Kontrollfeldes gefüllt.

Der Haken bei der Sache ist: Die drei Methoden werden aktiviert, wenn bei den Kontrollfeldern ein Häkchen gesetzt wird. Das ist alles, denn für den umgekehrten Fall brauchen wir jeweils eine weitere Methode. Dazu müssen wir im Eigenschaftenfenster nach dem Ereignis UNCHECKED suchen.

≫ Markiere die jeweilige CheckBox und wechsle dann im Eigenschaftenfenster über die **Blitz**-Schaltfläche zu den Ereignissen.

Dort findest du bereits eine Verbindung zwischen CHECKED und der entsprechenden Methode.

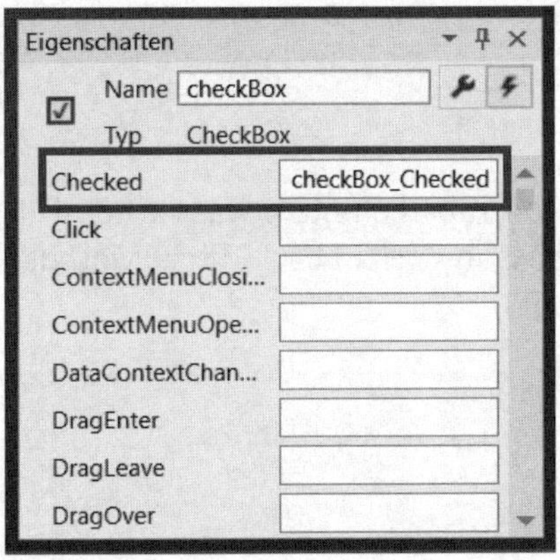

➢ Suche nun (ganz unten) den Eintrag UNCHECKED und doppelklicke in das Feld dahinter. Das wiederholst du nun zweimal für die anderen Kontrollfelder.

➢ Und dann ergänzt du im Editorfenster den Quelltext so (→ KLEMP3):

```
Private Sub checkBox_Unchecked(sender As Object, _
e As RoutedEventArgs) Handles checkBox.Unchecked
  Wahl(0) = checkBox.IsChecked
End Sub

Private Sub checkBox1_Unchecked(sender As Object, _
e As RoutedEventArgs) Handles checkBox1.Unchecked
  Wahl(1) = checkBox1.IsChecked
End Sub

Private Sub checkBox2_Unchecked(sender As Object, _
```

```
e As RoutedEventArgs) Handles checkBox2.Unchecked
  Wahl(2) = checkBox2.IsChecked
End Sub
```

Nun soll aber auch endlich etwas davon rüberkommen, was in den Feldern Bereich und Wahl steht. Dazu muss in der button_Click-Methode etwas nachgeholfen werden (→ KLEMP3):

```
Private Sub button_Click(sender As Object, _
e As RoutedEventArgs) Handles button.Click
  Dim Nr As Integer
  Title = "Diagnose "
  For Nr = 0 To 2
    If Wahl(Nr) Then Title = Title + Bereich(Nr)
  Next
  label.Content = Diagnose
End Sub
```

Mit Title ist die Eigenschaft von MainWindow gemeint. Das Wort »Seelenklempner« verschwindet, dafür wird angezeigt, für welche Bereiche die Diagnose gelten soll.

> Doppelklicke auf die Schaltfläche FERTIG und erweitere die button_Click-Methode entsprechend.

Die For-Next-Struktur

Und schon wieder hat sich da etwas eingeschlichen, das dir neu ist. Ich meine das Wörtchen For.

Wenn du dich an die Do-Loop-Familie aus dem letzten Kapitel erinnerst, dann weißt du ja noch, was eine Schleife ist. Mit der For-Next-Struktur, kurz auch For-Struktur, lernst du jetzt eine weitere Möglichkeit kennen, in Visual Basic etwas zu wiederholen:

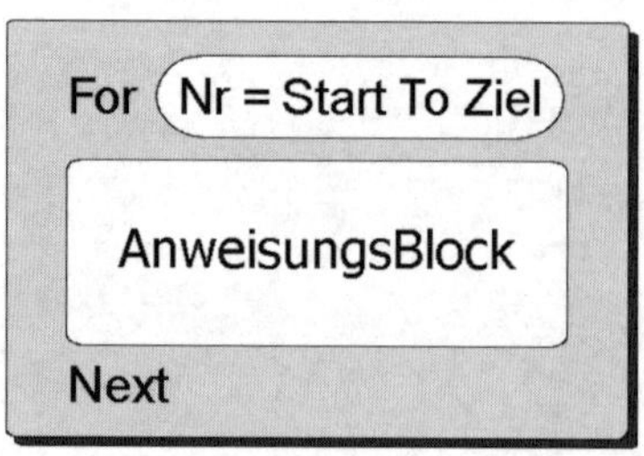

> Zu Deutsch heißt das:
> FÜR eine bestimmte Anzahl, die von einem Startwert bis zu einem Zielwert zählt, soll der Computer einen Anweisungsblock WIEDERHOLEN.

Als **Startwert** steht hier eine 0. Dort fängt das Zählen an. Und der **Zielwert** ist hier 2. Dort hört das Zählen auf. Damit wird dieser **Anweisungsblock** dreimal ausgeführt:

```
If Wahl(Nr) Then Title = Title + Bereich(Nr)
```

Wenn ein oder mehrere Kontrollfelder angewählt wurden, dann wird der entsprechende Text (»für Seele für Geist für Körper«) zum neuen Titeltext (»Diagnose«) hinzugefügt.

> Die **Bedingung** `Wahl(Nr)` kann einfach so ohne Vergleichsoperator (wie z.B. "=") stehen bleiben, denn auch eine Bedingung nimmt wie eine Variable vom Typ `Boolean` nur einen der beiden Werte `True` oder `False` an. Man kann also sagen: Bedingungen sind vom Typ `Boolean`.

Weil hier gezählt wird, spricht man auch von **Zählschleife**. Dabei gibt es in Visual Basic diese zwei Möglichkeiten:

- Ist der Startwert **größer** als der Zielwert, wird mit `To` heraufgezählt.
- Ist der Startwert **kleiner** als der Zielwert, wird heruntergezählt – wenn man zusätzlich `Step -1` angibt:

```
For Nr = 2 To 0 Step -1
  ' Hier geht es rückwärts
Next
```

> Grundsätzlich gilt als Schrittweite beim Zählen 1. Die Anweisung
> `For Nr = 0 To 2`
> bedeutet also genau dasselbe wie
> `For Nr = 0 To 2 Step 1`
> Ebenso aber wären auch z.B. diese Formen möglich:
> ```
> For Nr = 0 To 100 Step 2   'Ganze Zahlen
> For Nr = 0 To 10 Step 0.1  'Zehntel
> ```
> Wichtig ist, dass jede `For`-Schleife mit `Next` abgeschlossen wird!

Ist dir aufgefallen, wo ich die Vereinbarung von `Nr` untergebracht habe?

```
Dim Nr As Integer
```

Sie sitzt im Block von `button_Click`, direkt unter dem Methodennamen. Eigentlich gehört sie doch zu den anderen Vereinbarungen ganz oben – oder?

> Vereinbarungen von Variablen innerhalb einer Methode nennt man **lokal**. Das bedeutet, dass eine lokale Variable auch nur unmittelbar in dem Bereich gilt, wo sie vereinbart wurde. `Nr` ist also in den anderen Methoden unbekannt. Das macht aber auch nichts, denn dort wird sie ja nicht benötigt.
>
> Im Gegensatz dazu gelten Variablen und Konstanten, die weiter oben außerhalb jeder Methode vereinbart wurden, als **global**. Das heißt, globale Variablen sind überall im gesamten Programmblock gültig. Das gilt also hier für `Diagnose`, `Bereich` und `Wahl`.
>
> Ebenso wie bei globalen Variablen benutzt man bei lokalen Variablen das Wörtchen `Dim` für die Vereinbarung.

Übrigens könnte man die `For`-Schleife auch schon in der Methode `Window_Loaded` einsetzen, um dem gesamten Variablenfeld `Wahl` den Wert `False` zu verpassen:

```
Private Sub Window_Loaded(sender As Object, _
e As RoutedEventArgs)
  Dim Nr As Integer
  Bereich(0) = " für Seele "
  Bereich(1) = " für Geist "
  Bereich(2) = " für Körper "
  For Nr = 0 To 2 : Wahl(Nr) = False : Next
End Sub
```

⋗ Speichere dein Projekt noch einmal. Dann lasse es endlich laufen.

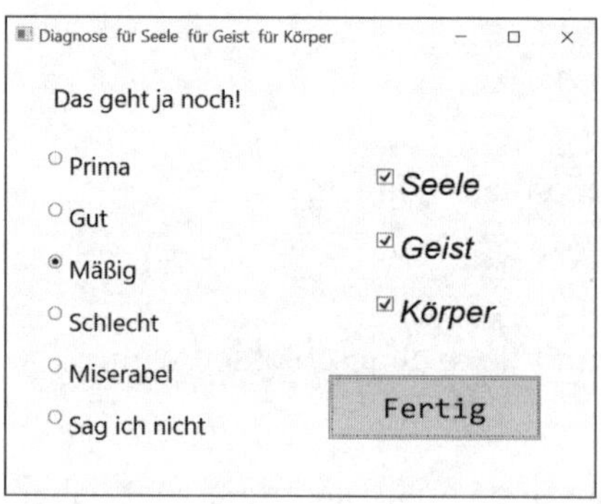

Zusammenfassung

Damit beenden wir dieses recht umfangreiche Kapitel. War ja auch einige Mühe nötig, um vor allem das letzte Seelenklempner-Projekt fertigzustellen. Dabei hast du eine Reihe neuer Komponenten, Eigenschaften und Methoden kennengelernt:

ComboBox	Kombination aus Eingabefeld und Listenfeld, in dem man etwas eingeben oder einen von mehreren Einträgen aktivieren kann
CheckBox	Kontrollfeld, mit dem man Einstellungen anwählen kann (in einer Gruppe von Kontrollfeldern sind mehrere Aktivierungen möglich)
RadioButton	Optionsfeld, mit dem man Optionen ein- und ausschalten kann (in einer Gruppe von Optionsfeldern ist nur eine Aktivierung möglich)
ComboBoxItem	Einzelnes Element eines Kombinationsfeldes
SelectedIndex	Eigenschaft von ComboBox: enthält die Nummer des ausgewählten Eintrags in einer Liste
comboBox_ SelectionChanged	Methode, die aktiviert wird, wenn sich ein Eintrag in einem Kombinationsfeld ändert
checkBox_ Checked	Methode, die aktiviert wird, wenn man in einem Kontrollfeld ein Häkchen setzt
checkBox_ UnChecked	Methode, die aktiviert wird, wenn man in einem Kontrollfeld ein Häkchen entfernt
IsChecked	Eigenschaft von CheckBox: Hat den Wert True, wenn ein Häkchen gesetzt ist, sonst False
radioButton_ Checked	Methode, die aktiviert wird, wenn man ein Optionsfeld anwählt

Und auch zum Wortschatz von Visual Basic ist wieder ein bisschen dazugekommen:

`For`	FÜR eine bestimmte Anzahl von Schritten WIEDERHOLE etwas (Anweisungsblock)
`To`	(von) Startwert BIS Zielwert
`Step`	Schrittweite für Auf-/Abwärtszählen
`Next`	Schleifen-Ende
`Boolean`	Ein Typ, der nur die Werte `False` (= falsch) oder `True` (= wahr) annehmen kann
`Dim`	Globale oder lokale Variablenvereinbarung
`()`	Runde Klammern für Variablenfelder (Anzahl und Index)

Nur eine Frage ...

1. Was ist der Unterschied zwischen einem Optionsfeld und einem Kontrollfeld?

... und nur eine Aufgabe

1. Ersetze im Horoskop-Programm aus dem dritten Kapitel (HOROSKOP) alle Schaltflächen (`Button`) durch Optionsfelder (`RadioButton`).

8

Aktion Seelenklempner

Eigentlich furchtbar, dieser ganze Stress in Schule und Beruf. Dann diese Hektik überall. Nur vor dem eigenen PC findet man mal ein paar Takte Ruhe – bis einen das Programmier- oder Spielfieber wieder gepackt hat.

Das schreit ja geradezu nach einer Therapie, die einen wieder ins Lot bringt. Doch weshalb einen Haufen Geld zum Psychiater tragen? Wozu lernst du eigentlich programmieren? Warum bastelst du dir nicht deinen eigenen Therapeuten?

In diesem Kapitel lernst du

- die Komponente `GroupBox` kennen
- wie man einem Label einen Rahmen gibt
- Rollbalken bzw. Bildlaufleisten kennen
- wozu eine `Collection` gut sein kann
- etwas über `StreamReader` und `StreamWriter`
- wie man vom Programm aus eine Textdatei öffnet und speichert
- dass man Methoden auch selbst erstellen kann

Zwei Buttons und ein paar Gruppenfelder

Hier geht es also weiter mit dem Seelenklempner. Allerdings nun in einer neuen, deutlich verbesserten Auflage, die diesen Namen noch mehr verdient. Die ersten Versionen (von KLEMP1 bis KLEMP3) haben ja nun wirklich nicht mehr als ein paar nette, aber knappe Sätze geboten. Und so etwas kriegt man ja auch kostenlos im Bäckerladen oder beim Friseur.

≫ Wenn du Visual Studio nicht neu gestartet hast, sorge dafür, dass du mit einem neuen Projekt anfangen kannst, dem du den Namen `Klemp4` gibst.

≫ Und nun versuche, das Formular so auszufüllen:

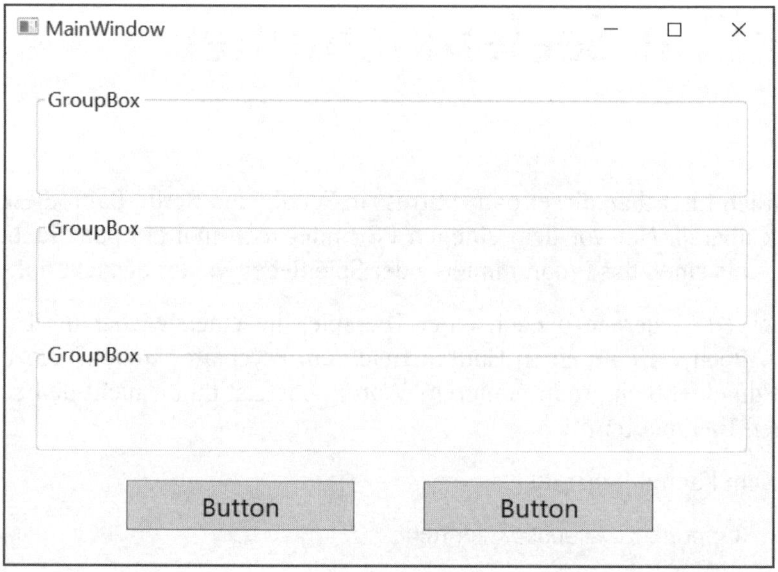

≫ Erst mal brauchst du zwei Schaltflächen (`Buttons`), die setzt du ganz unten ins Formular.

Außerdem wird hier eine neue Komponente benötigt, und zwar gleich dreimal: Ein **Gruppenfeld** bietet zunächst nichts weiter als einen Rahmen, der eine Bezeichnung haben kann. Aber mit einem Gruppenfeld lassen sich mehrere Komponenten zu einer Gruppe zusammenfassen.

≫ Suche in der Toolbox den Eintrag GROUPBOX und klicke darauf.

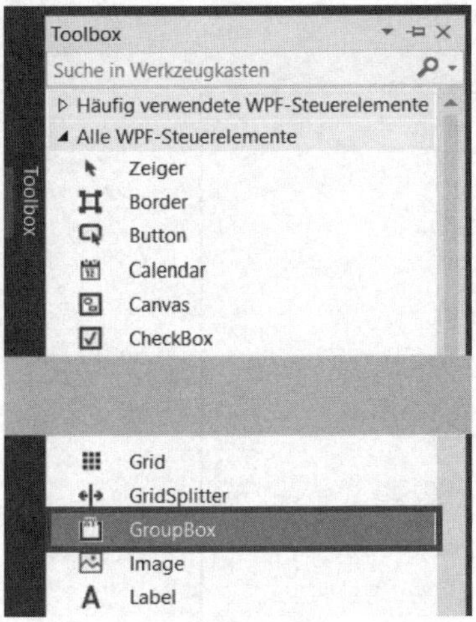

➢ Sorge dafür, dass alle Gruppenfelder gleich groß sind und mittig im Formular liegen.

Nun sollen die Komponenten passend beschriftet werden:

Komponente	Header/Content/Title
groupBox	Das sagst du mir
groupBox1	Das sag ich dir
groupBox2	Diagnose-Manipulator
button	Neu
button1	Fertig
(Formular)	Seelenklempner II

➢ Trage die Texte aus der Tabelle für jede Komponente im Eigenschaftenfenster ein. Beachte, dass das für die Gruppenfelder unter HEADER geschieht. (CONTENT gibt es auch, doch das Feld dahinter bleibt leer.)

Womit unser Formular dann so aussehen könnte:

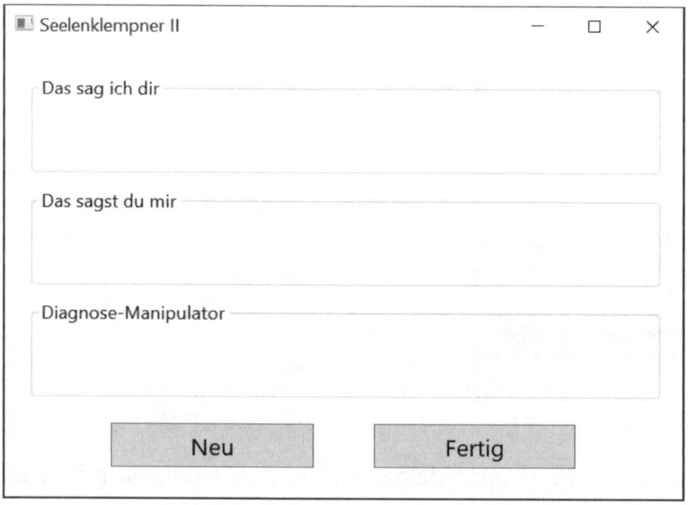

TextBox, Label, ScrollBar

Ein Gruppenfeld bekommt erst einen tieferen Sinn, wenn auch etwas drinsteckt. Oft sind das mehrere Elemente, die man so zu einer Gruppe zusammenfassen kann. Für unser Projekt benötigen wir in jedem Gruppenfeld nur jeweils eine Komponente.

Fangen wir ganz oben mit dem ersten Gruppenfeld an. Dort steht als Titel DAS SAGST DU MIR. Also benötigen wir jetzt eine Komponente für die Eingabe von Text.

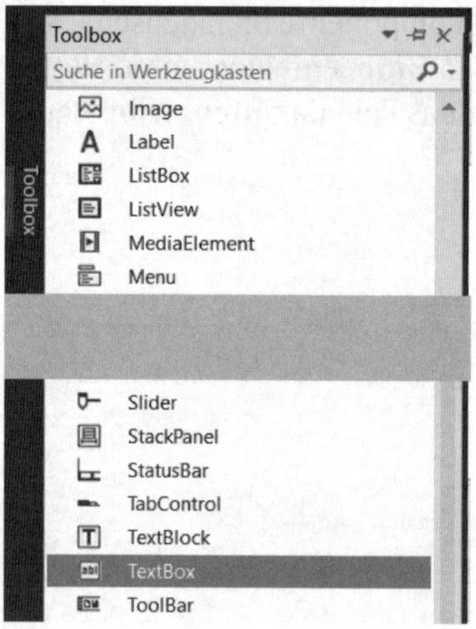

➢ Markiere das Gruppenfeld. Suche in der Toolbox den Eintrag TEXTBOX und klicke darauf.

In diesem Eingabefeld sollst du später deinen Gesprächssatz eintippen, den du dem »Seelenklempner« anvertrauen willst.

➢ Ziehe das Eingabefeld im ersten Gruppenfeld mit dem Titel DAS SAGST DU MIR auf.

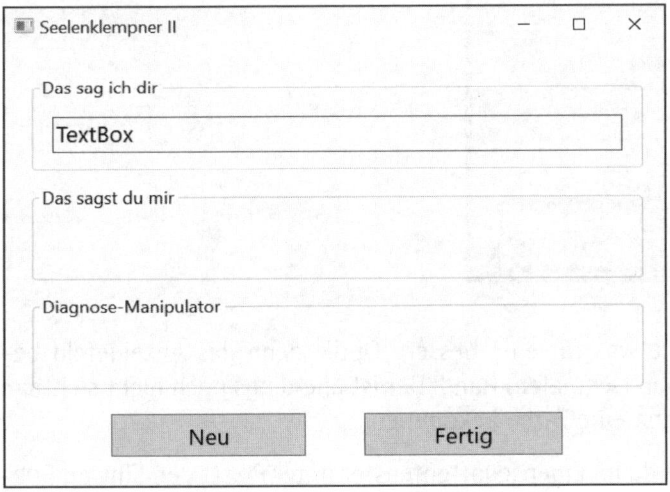

Ein Feld für die Eingabe

➢ Als Nächstes klicke in der Toolbox auf den Eintrag LABEL.

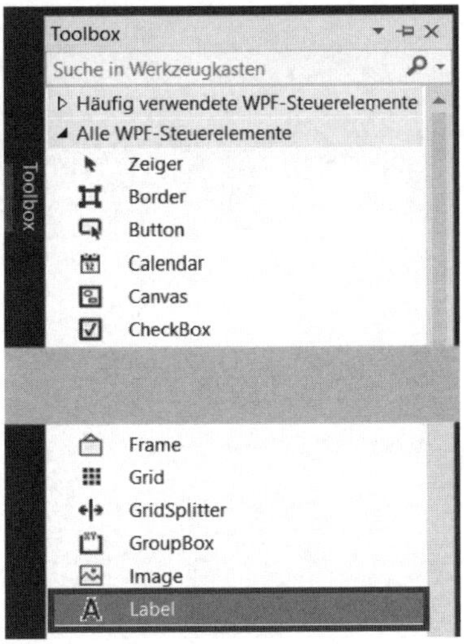

In diesem Anzeigefeld steht später der Satz, mit dem der Seelenklempner dir Trost spenden will.

≫ Ziehe das Label im zweiten Gruppenfeld mit dem Titel DAS SAG ICH DIR auf.

≫ Suche im Eigenschaftenfenster unter DARSTELLUNG den Eintrag BORDERTHICKNESS. Um alles einstellen zu können, musst du wahrscheinlich erst diesen Fensterbereich verbreitern.

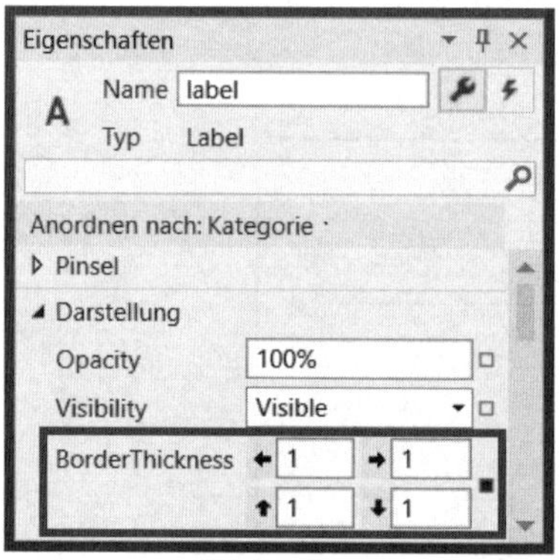

Damit tust du etwas für eine bessere Optik, denn das Anzeigefeld bekommt nun einen (schmalen) Rand. Der ist allerdings noch nicht sichtbar. Denn er muss erst eine Farbe bekommen.

≫ Dazu suchst du im Eigenschaftenfenster unter PINSEL den Eintrag BORDERBRUSH. Klicke dort auf das kleine (weiße) Quadrat und öffne damit ein Menü.

≫ Dort klickst du auf BENUTZERDEFINIERTER AUSDRUCK. Und in der Eingabezeile gibst du das Wort `Black` oder `Gray` ein.

Anschließend kann man den Rahmen sehen.

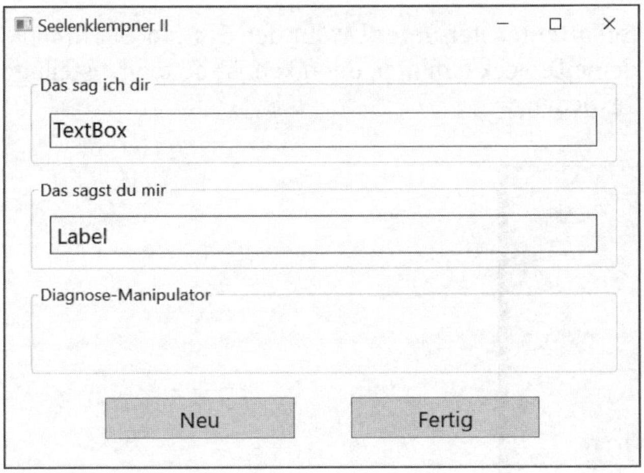

Ein Feld für die Ausgabe

Und nun zum nächsten Neuling in unserer Komponentensammlung. Es handelt sich um eine sogenannte Bildlaufleiste, wie du sie z.B. aus einer Textverarbeitung kennst. Nicht selten aber hört man auch den Begriff Rollbalken oder auf Englisch ScrollBar.

Auch im Editorfenster von Visual Basic gibt es zwei davon, eine horizontale und eine vertikale Bildlaufleiste. Damit kannst du in einem Text blättern, der so groß ist, dass er nicht in die Fensterfläche passt. So eine Komponente brauchen wir jetzt auch noch. Wir verwenden sie später als Schieberegler.

≫ Suche in der Toolbox (ziemlich weit unten) den Eintrag SCROLLBAR und klicke darauf.

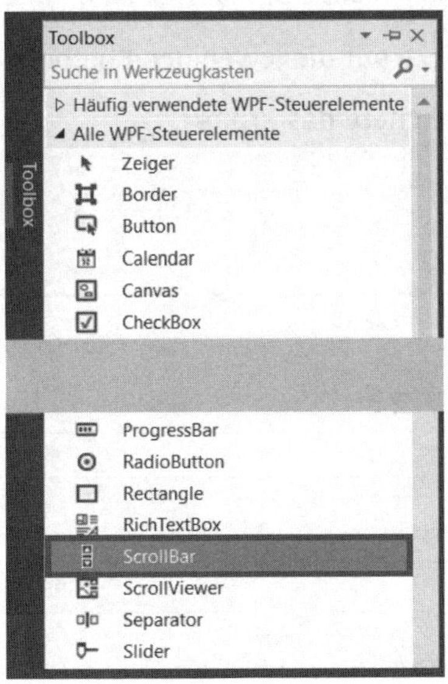

Mit einer solchen Bildlaufleiste können wir später noch ein bisschen nachhelfen, wenn uns die Diagnose nicht so recht passt.

- Ziehe im dritten Gruppenfeld mit dem Titel DIAGNOSE-MANIPULATOR die ScrollBar auf.

So ganz zufriedenstellend ist das Ergebnis nicht. Denn diese Leiste verläuft vertikal. Wir aber brauchen eine **horizontale** Bildlaufleiste.

- Suche im Eigenschaftenfenster unter LAYOUT den Eintrag ORIENTATION. Klicke auf das kleine Dreieck dahinter, dann kannst du die Einstellung auf HORIZONTAL festlegen.

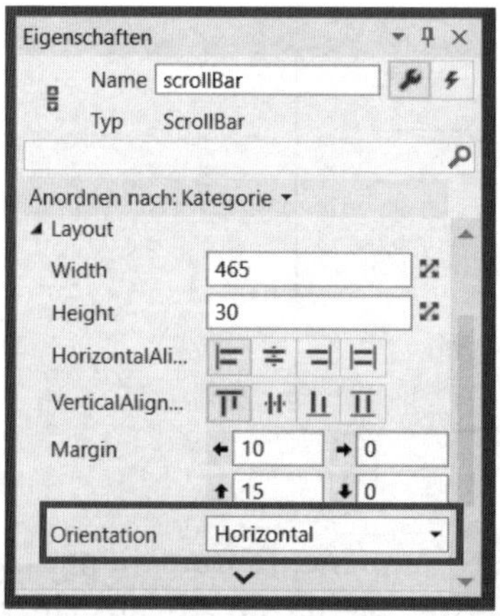

Damit beim Programmstart die beiden Flächen unter DAS SAGST DU MIR und DAS SAG ICH DIR erst mal frei sind, müssen wir Störendes noch entfernen.

- Klicke auf die jeweiligen Komponenten und lösche die Texte (CONTENT).
- Speichere das Projekt.

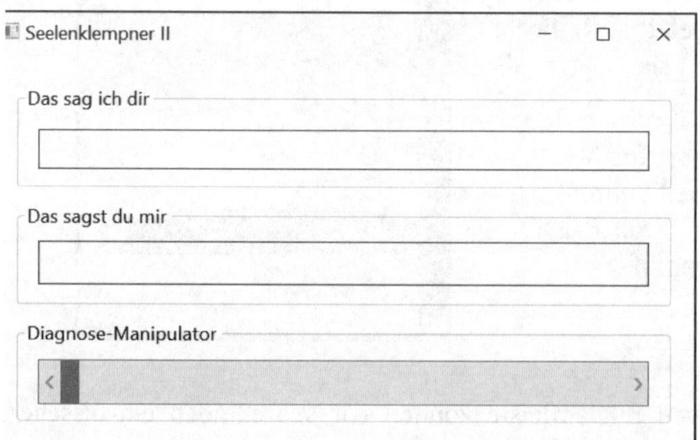

Vor der Sprechstunde

Würde dein Programm jetzt gestartet, dann könntest du im Eingabefeld etwas eintippen, die Bildlaufleiste bedienen und auf die zwei Schaltflächen klicken. Ansonsten aber würde nichts weiter passieren: Der Seelenklempner hat offenbar noch keine Sprechstunde.

Kein Wunder, denn es gibt ja auch für die Methoden noch nichts Besonderes zu tun. Erst mal benötigt der Seelenklempner ein bisschen Diagnosematerial. Und weil das gleich beim Programmstart zur Verfügung stehen soll, ist das eine Aufgabe für die Prozedur Window_Loaded (→ KLEMP4):

```
Private Sub Window_Loaded(sender As Object, _
e As RoutedEventArgs)
  Randomize()
  Diagnose(0) = "Hm ..."
  Diagnose(1) = "Das ist ein Ding!"
  Diagnose(2) = "Sieh mal an!"
  Diagnose(3) = "Was soll ich sagen?"
  Diagnose(4) = "Tatsächlich?"
  Diagnose(5) = "So geht es dir also."
  Diagnose(6) = "Du hast Probleme."
  Diagnose(7) = "Das kann ich verstehen."
  Diagnose(8) = "Ich bin sprachlos."
  Diagnose(9) = "Na ja ..."
End Sub
```

Zuerst wird der Zufallsgenerator gestartet, dann wird ein Feld (Array) von Textvariablen mit mehr oder weniger sinnigen Antwortsätzen gefüllt.

≫ Markiere das Formular und suche im Eigenschaftenfenster (über das **Blitz**-Symbol) das Ereignis Loaded. Doppelklicke auf das Feld dahinter.

> Tippe die obigen Zuweisungszeilen im Editorfenster ein. Du kannst auch deine eigenen Diagnosesätze eingeben, wenn dir meine Vorschläge nicht gefallen.

Natürlich muss das Variablenfeld `Diagnose` vereinbart werden. Dazu kommt mit `Max` eine Konstante für den Maximalwert und mit `Nr` eine Variable als Zähler:

> Ergänze den Vereinbarungsteil im Editorfenster so:

```
Const Max = 10
Dim Diagnose(Max) As String
Dim Nr As Integer
```

Bereit zur Diagnose

Damit du bei Klick auf die Schaltfläche FERTIG etwas von den Diagnosesätzen sehen kannst, muss die zugehörige `button_Click`-Methode entsprechend erweitert werden.

> Doppelklicke auf den rechten Button (FERTIG) und tippe dann die folgenden Anweisungen ein:

```
Private Sub button1_Click(sender As Object, _
e As RoutedEventArgs) Handles button1.Click
  Nr = Int(Max * Rnd())
  label.Content = Diagnose(Nr)
End Sub
```

Erst wird eine zufällige Zahl zwischen 0 und 9 erzeugt. Dann bekommt `Label1.Text` den entsprechenden Satz aus dem `Diagnose`-Feld zugewiesen. Als Maximum vereinbart ist eigentlich 10; wenn du das völlig ausschöpfen willst, musst du die erste Zeile so erweitern:

```
Nr = Int((Max + 1) * Rnd())
```

> Starte das Programm. Wenn das Formular erscheint, tippe etwas im Eingabefeld ein. Und mit einem Klick auf die Schaltfläche FERTIG erhältst du einen zufälligen Satz aus dem Diagnosewortschatz deines Seelenklempners.

Willst du dieses Spiel mehrmals wiederholen, wird es etwas umständlich: Um einen neuen Satz eintippen zu können, müsstest du zuerst den alten komplett löschen. Diese Arbeit kann dir auch der Button NEU abnehmen (→ KLEMP4):

```
Private Sub button_Click(sender As Object, _
e As RoutedEventArgs) Handles button.Click
  label.Content = ""
  textBox.Text = ""
  textBox.Focus()
End Sub
```

Die ersten beiden Zuweisungen löschen die Anzeige und den Eingabetext. Und die Methode Focus sorgt dafür, dass das Eingabefeld wieder den Fokus erhält.

> Ergänze den Quelltext und speichere das Projekt noch einmal. Dann starte das Programm erneut. Probiere aus, was die Mausklicks auf die Schaltflächen NEU und FERTIG bewirken.

Schiebereien

Jetzt möchtest du sicher wissen, was es mit der Bildlaufleiste auf sich hat. Was ist eigentlich ein »Diagnose-Manipulator«?

Je nach Stellung des kleinen Schiebers auf der Bildlaufleiste soll eine bestimmte Diagnose auf der Anzeigetafel erscheinen. Weil du damit die Diagnose durch Verschieben selbst in der Hand hast, kann man hier von Manipulation sprechen. Und so wird eine Bildlaufleiste zum Diagnose-Manipulator.

Wie erwecken wir jetzt den Manipulator zum Leben? Indem wir der Methode eine passende Anweisung spendieren, die auf eine Verschiebung des Schiebers reagiert:

> Doppelklicke auf die Bildlaufleiste und ergänze dann die Methode HScrollBar1_Scroll so (→ KLEMP4):

```
Private Sub scrollBar_ValueChanged(sender As Object, _
e As RoutedPropertyChangedEventArgs(Of Double)) _
Handles scrollBar.ValueChanged
  label.Content = Diagnose(scrollBar.Value)
End Sub
```

Hier heißt die betreffende Methode scrollBar_ValueChanged.

Die Eigenschaft ScrollBar.Value speichert den aktuellen Positionswert des Schiebers auf der Bildlaufleiste. So lässt sich eine Nummer für den

Diagnosetext ermitteln, der dann an das Anzeigefeld (Label) überwiesen wird.

Damit der Wert von `HScrollBar1.Value` auch im richtigen Bereich liegt, müssen noch die unterste und die oberste Grenze für den Schieber bestimmt werden:

```
scrollBar.Minimum = 0
scrollBar.Maximum = Max - 1
scrollBar.SmallChange = 1
scrollBar.LargeChange = 1
```

So beginnt der Bereich für die Position des Schiebers bei 0 und endet eins unter dem Wert, den wir mit der Konstanten `Max` festgelegt haben (hier 9). Dazu sind die Eigenschaften `Minimum` und `Maximum` da. Außerdem soll die Änderung in Einerschritten erfolgen. Das erfassen die Eigenschaften `SmallChange`. und `LargeChange`..

≫ Füge die beiden Zuweisungen in die Methode `Window_Loaded` ein (→ KLEMP4).

Alle Einstellungen lassen sich auch im Eigenschaftenfenster vornehmen. Allerdings musst du dann das Maximum direkt als Zahl festlegen.

≫ Speichere dein Projekt und starte es dann.

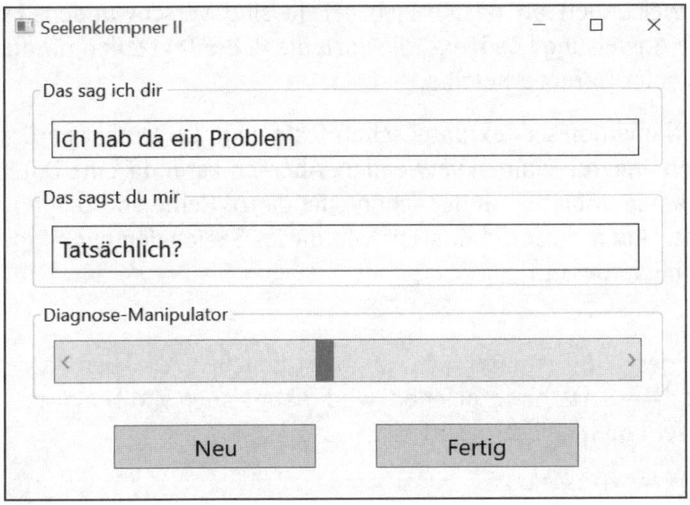

Noch mehr Diagnosen?

Passen dir die Texte für die Diagnose nicht mehr, lassen sie sich jederzeit leicht ändern. Erhöhst du den Wert der Konstanten `Max`, dann kannst du deine Diagnosetexte auch selbst vermehren.

Mit der Zeit aber wirst du dir einen komfortableren Weg wünschen, um auch an größere Mengen von Text für den Seelenklempner zu gelangen.

Wie wäre es, wenn man seine Texte einfach mit einem Editor oder Textprogramm eingibt und als ganz normale Textdatei speichert? Und der Seelenklempner sammelt alle Sätze aus dieser Datei und baut sie in seinen Diagnosekasten ein?

Dazu müssen wir allerdings einiges von der aktuellen Version über Bord werfen. Beginnen wir mit der Methode `Window_Loaded`, die jetzt vorläufig so weit schrumpft:

```
Private Sub Window_Loaded(sender As Object, _
e As RoutedEventArgs)
  Randomize()
  ' Diagnosetexte laden
  LoadText(Pfad + "Diagnose.txt")
  ' ScrollBar anpassen
  scrollBar.Minimum = 0
  scrollBar.Maximum = Max - 1
  scrollBar.SmallChange = 1
End Sub
```

Sämtliche Zuweisungen an das `Diagnose`-Feld sind verschwunden. Es gibt eine neue Anweisung `LoadText`, die dazu dient, die Textzeilen für die Diagnose aus einer Datei zu holen.

Ich habe den Namen dieser Textdatei schon festgelegt. Du kannst natürlich auch einen anderen Namen verwenden. Aber ich kann dir eine Datei mit diesem Namen anbieten, in der schon eine ganze Reihe von Diagnosesätzen steht. (Auch diese Datei steht wie dieses Seelenklempner-Projekt zum Download bereit.)

Wichtig ist, dass die Textdatei nicht im meist üblichen ANSI-Format, sondern als UTF-8-Datei gespeichert wird, damit auch die Umlaute und das ß richtig eingelesen werden!

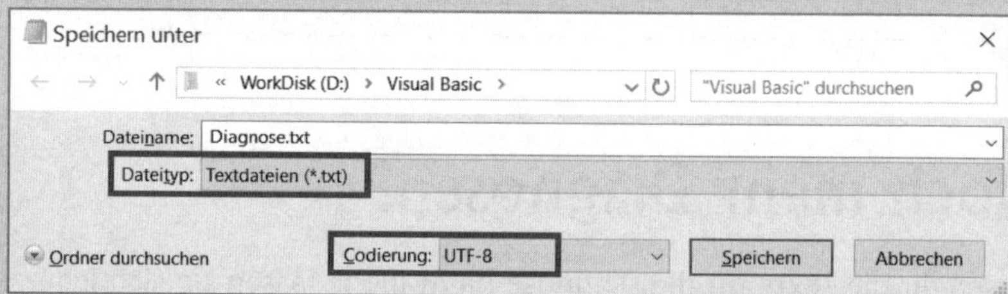

`Pfad` wird als Konstante vereinbart. Sie gibt an, wo die Diagnosedatei zu finden ist, z.B.:

```
Const Pfad = "d:\Visual Basic\"     'oder z.B.
Const Pfad = "c:\Benutzer\Dokumente\ _
Visual Studio\Projects\"
```

Gegebenenfalls musst du den Pfadnamen anpassen, wenn du die Diagnosedatei woanders untergebracht hast.

Die Vereinbarung der Konstanten `Max` entfällt. Weil wir nicht von vornherein wissen, wie viele Zeichenketten für die Diagnose zur Verfügung stehen, habe ich hier auf das Stringfeld verzichtet und an seiner Stelle ein neues Objekt vereinbart. Und dem habe ich den (frei gewordenen) Namen `Diagnose` verpasst:

```
Dim Diagnose As New Collection()
```

Mit `Collection` bietet Visual Basic uns eine sehr bequeme Klasse an: Ein »Sammelbehälter« ist nämlich genau das, was wir hier gebrauchen können. Es gibt kein festgelegtes Maximum. Außer Strings könnten dort auch andere Objekte gesammelt werden. Damit ist eine solche Liste viel flexibler zu handhaben als ein Stringfeld.

Wie du siehst, ist es nun jedoch mit einer einfachen Vereinbarung nicht getan. Erst der Zusatz New haucht unserem Diagnose-Objekt Leben ein, damit wir kein (starres) String-Array, sondern eine (flexible) String-Sammlung zur Verfügung haben. So ist gewährleistet, dass die Texte, die in diese Liste aufgenommen werden, auch problemlos im Arbeitsspeicher des Computers abgelegt werden können.

Damit wir wissen, aus wie vielen Elementen unsere Collection (Sammlung) aktuell besteht, gibt es die Eigenschaft Count.

Die neue Lage verlangt auch eine Anpassung für den Rollbalken. Hier ist die Aktualisierung der Vereinbarungen und der Window_Loaded-Methode (→ KLEMP5):

```
Const Pfad = "d:\Visual Basic\"
Dim Diagnose As New Collection()
Dim Nr As Integer

Private Sub Window_Loaded(sender As Object, _
e As RoutedEventArgs)
  Randomize()
  ' Diagnosetexte laden
  LoadText(Pfad + "Diagnose.txt")
  ' ScrollBar anpassen
  scrollBar.Minimum = 1
  scrollBar.Maximum = Diagnose.Count
  scrollBar.SmallChange = 1
  'Anzeige zuerst leer
  label.Content = ""
End Sub
```

≫ Ergänze den Quelltext entsprechend.

Es gibt auch eine Version dieses Projekts, in der statt einer Collection ein ganz normales Array verwendet wird. Das bietet Platz für 100 Sätze (→ KLEMP5A).

Neue Sub – selbst gemacht

Beim Aufruf von LoadText gibt es einen Haken: Visual Basic kennt diese Methode gar nicht! Zum Laden unserer Diagnosetexte müssen wir uns die

Methode selber stricken. Dabei stellt uns Visual Basic jedoch eine ganze Reihe von Hilfsmitteln zur Verfügung.

Schauen wir uns jetzt die Eigenproduktion LoadText im Ganzen an, ehe wir ins Detail gehen (→ KLEMP5):

```
Sub LoadText(Dateiname As String)
  Try
    Dim Text As String
    Using Datei As IO.StreamReader = _
    New IO.StreamReader(Dateiname)
      Do
        Text = Datei.ReadLine()
        Diagnose.Add(Text)
      Loop Until Text Is Nothing
      Datei.Close()
    End Using
  Catch
    MsgBox ("Datei nicht gefunden!")
    Diagnose.Add("")
    Close()
  End Try
End Sub
```

≫ Gib diesen Quelltext gleich ein, am besten ganz am Ende, aber noch vor dem End Class.

Mit Sub wird eine selbst vereinbarte Prozedur – wie man zu einer Methode auch sagt – eingeleitet. Den Abschluss bildet dann ein End Sub.

Eigentlich nichts wirklich Neues, doch bisher war es stets Visual Basic, das uns automatisch mit Methoden (bzw. Prozeduren) versorgt hat. Aber offensichtlich hat es nichts dagegen, wenn wir selbst auch mal »Hand anlegen«.

Wir können hier auf das vorgeschaltete Private verzichten (auf eine Erläuterung hierzu musst du noch etwas warten). Und unsere Parameterliste besteht nur aus einem Wert:

```
Sub LoadText(Dateiname As String)
```

Kommen wir zu den »Innereien« der Methode: Wie du siehst, haben wir hier wieder eine Try-Catch-Struktur eingesetzt. Das ist auch unbedingt nötig, denn es kann leicht mal passieren, dass es eine gesuchte Datei gar nicht gibt oder sie nicht aufzufinden ist. Dann sorgt der Catch-Teil dafür, dass das Programm ordnungsgemäß beendet wird:

```
Catch
  MsgBox("Datei nicht gefunden!")
  Diagnose.Add("")
  Close()
End Try
```

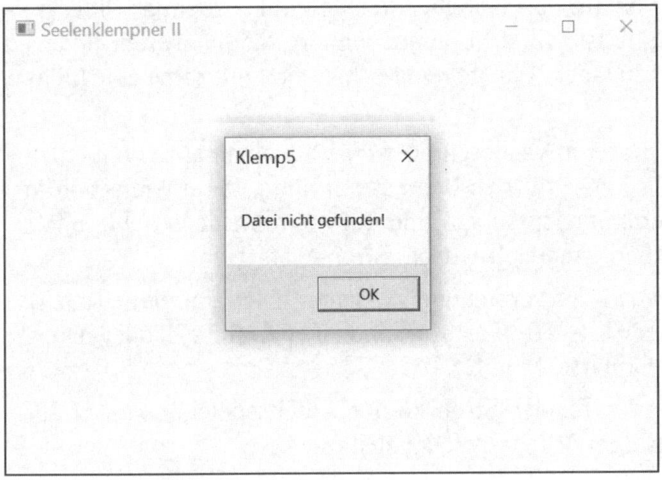

Die Methode MsgBox öffnet ein kleines Meldefenster mit dem betreffenden Text. Das ist hier angebrachter als eine Anzeige über das Formular oder ein Label. Sonst bekommst du nämlich nichts zu sehen. Denn nachdem der Misserfolg gemeldet wurde, wird das Formularfenster mit Close geschlossen und das Programm beendet. Das Meldefenster bleibt so lange bestehen, bis du es mit Klick geschlossen hast. (Auf das zwischengeschaltete Diagnose.Add komme ich später zurück.)

Datentransfer

Ganz am Anfang der Methode – in der »Versuchsabteilung« (Try) – erzeugen wir eine neue Datei. Die brauchen wir nur zum Lesen (wir wollen den Inhalt dieser Datei ja nicht verändern). Probieren wir es also hier mit

```
Using Datei As IO.StreamReader = _
New IO.StreamReader(Dateiname)
```

Ins Deutsche übersetzt heißt unsere Anweisungsfolge etwa so viel wie: »Benutze einen Lesestrom und erzeuge dazu einen neuen Übertragungskanal.« Datei ist der Name des »Stroms«, Dateiname enthält den Namen der Textdatei samt Pfadangabe.

`IO` ist die Abkürzung für Input-Output (= Eingabe-Ausgabe). Gemeint ist damit eine Bibliothek für Visual Basic, die zahlreiche Methoden für den Datenverkehr enthält.

Die Klasse `IO.StreamReader` bietet Möglichkeiten, Texte aus einer Datei einzulesen. Wie du richtig vermutest, gibt es auch eine Klasse `IO.StreamWriter` für das Schreiben in eine Datei. (Über das Hilfesystem von Visual Basic wirst du einige weitere Möglichkeiten finden, eine Textdatei zu laden. Wir verwenden hier jetzt nur diese eine Möglichkeit.)

Um aus einer Datei etwas lesen oder dort etwas hineinschreiben zu können, ist ein Kanal für den Datenstrom nötig. Denn wie schon in anderen Programmiersprachen findet Datentransport auch unter Visual Basic über **Streams** (Deutsch: Ströme) statt.

Das ist sozusagen die Verbindung zwischen einer Datenquelle (z.B. Arbeitsspeicher, Festplatte, Tastatur) und einem Datenziel oder -empfänger (z.B. Festplatte, Monitor, Drucker).

Dabei sind `Reader` für den Strom **in** den Arbeitsspeicher, `Writer` für den Strom **aus** dem Arbeitsspeicher zuständig.

Der eigentliche Ladevorgang findet in einer Schleife statt, für die wir zuvor eine (lokale) Hilfsvariable `Text` vereinbaren:

```
Dim Text As String
```

Innerhalb der `Do-Loop`-Schleife nimmt `Text` jede mit `ReadLine` eingelesene Zeile auf und wird dann der Diagnoseliste hinzugefügt:

```
Do
  Text = Datei.ReadLine()
  Diagnose.Add(Text)
Loop Until Text Is Nothing
```

Beendet ist die Schleife, wenn im Text »nichts mehr« steht (gleichbedeutend mit `Text = ""`).

`Nothing` ist der Standardwert einer Variablen: also 0 für eine Zahl, eine Leerkette (`""`) für einen String oder `False` für eine `Boolean`-Variable.

Weil hier kein eindeutiger Vergleich mit dem Vergleichsoperator »=« möglich ist, wird das Wort `Is` verwendet, mit dem sich auch Objekte aller Art auf Gleichheit prüfen lassen. Das Gegenteil davon ist übrigens `IsNot`.

Nachdem alle Diagnosetexte eingesammelt sind, wird die Datei wieder geschlossen:

```
Datei.Close()
```

(Nicht zu verwechseln mit dem alleinstehenden Close – das schließt das Hauptfenster und die ganze Anwendung.)

Außerdem ist es wichtig, den Using-Block wieder abzuschließen:

```
End Using
```

Sollte eine Datei nicht vorhanden sein, wäre die Kollektion Diagnose leer. Damit das nicht zu einem Abbruchfehler führt (noch bevor das Programm wieder beendet werden kann), füllen wir sie in dem Fall mit einer leeren Textkette:

```
Diagnose.Add("")
```

(Das steht im Catch-Teil weiter oben, vor der Close-Anweisung.)

Strings aus der Liste

Weil die Konstante Max ja jetzt für die String-Liste nicht mehr benötigt wird, gibt es weitere Änderungen. Außerdem ist Diagnose nun eine Collection und kein Variablenfeld mehr.

≫ Passe den Quelltext der folgenden Methoden entsprechend an (→ KLEMP5):

```
Private Sub button1_Click(sender As Object, _
e As RoutedEventArgs) Handles button1.Click
  Nr = Int(Diagnose.Count * Rnd()) + 1
  label.Content = Diagnose.Item(Nr)
End Sub

Private Sub scrollBar_ValueChanged(sender As Object, _
e As RoutedPropertyChangedEventArgs(Of Double)) _
Handles scrollBar.ValueChanged
  label.Content = Diagnose.Item(scrollBar.Value)
End Sub
```

Dass der Zufallswert für Nr nun über Diagnose.Count statt über Max erzeugt werden muss, war klar. Denn Count hat ja die Konstante Max aus der letzten Version des Seelenklempners ersetzt.

Ein Zugriff auf die String-Liste `Diagnose` erfolgt über die aktuelle Nummer (`Nr`), womit wir uns das entsprechende Element, genannt `Item`, herausfischen. Mit

```
Diagnose.Item(Nr)
```

erhalten wir genau den String aus der Liste, der durch `Nr` als Index bezeichnet wird. Das Gleiche geschieht in der Methode `scrollBar_ValueChanged`. Hier wird der Index durch den Schieberwert bestimmt:

```
Diagnose.Item(scrollBar.Value)
```

≫ Spätestens jetzt solltest du dein neues Projekt speichern.

≫ Und nun starte das Programm und begib dich in die Obhut des Seelenklempners.

So richtig hast du noch nicht kapiert, wie der Seelenklempner jetzt funktionieren soll?

- Im **Eingabefeld** kannst du eintippen, was du willst. Dabei musst du kein Blatt vor den Mund nehmen, denn eine Zensur findet nicht statt.
- Anschließend klickst du auf FERTIG und erhältst in der Anzeigetafel unter DAS SAG ICH DIR einen Antwortsatz, der natürlich nicht unbedingt immer zu deinem eingegebenen Text passen muss (über den du aber nachdenken kannst).
- Mit einem Klick auf NEU wird dein alter Satz im Eingabefeld gelöscht, und du kannst etwas Neues eingeben. Das kann eine Bemerkung zur Diagnose sein oder irgendetwas anderes.
- Wenn du die Antworten des Seelenklempners nicht magst, kannst du dir mit der **Bildlaufleiste** (`ScrollBar`) eine andere Antwort suchen.
- Geht dir der Seelenklempner total auf die Nerven, dann weißt du ja, wie man ein Programm beendet.

Keine Sprechstunde?

Zu verbessern gibt es sicher noch eine ganze Menge am Seelenklempner. Und wenn ein Problem dich sehr belastet, wäre ein menschlicher Therapeut (ein Freund?) vielleicht doch besser. Aber welcher Programmierer hat eigentlich noch Freunde?

Nun hast du eine ganze Menge Auswahl an Diagnosesätzen, die aus einer Textdatei geladen werden. Wenn du ein Textprogramm benutzt und dort die Datei DIAGNOSE.TXT öffnest, kannst du selbst beliebig viele Sätze ändern, löschen oder eigenen Text hinzufügen.

Der Vorteil dabei ist, dass wir dazu nur ein einfaches Textprogramm brauchen – wie z.B. den Editor von Windows (C:\WINDOWS\NOTEPAD.EXE). Wichtig ist, den Text anschließend als einfache Textdatei wieder zu speichern (Dateityp mit der Kennung TXT, aber im Format UTF-8!).

Möchtest du die Datei DIAGNOSE.TXT aber so lassen, wie sie ist, und lieber eine oder einige weitere Dateien dieser Art selbst erstellen? Nur zu! Speichern kannst du diese Textdatei ja in demselben Verzeichnis – nur unter einem anderen Namen.

Der Name deiner neuen Datei muss für einen Testlauf mit deinen eigenen Diagnosetexten allerdings so eingebunden werden:

```
LoadText(Pfad + "MeinKram.txt"  'Name deiner Textdatei
```

Eine Sache könnten wir der aktuellen Version auf jeden Fall noch spendieren: Sollte eine Diagnosedatei nicht vorhanden sein, würde das Programm mit einer Fehlermeldung abgebrochen.

Besser wäre es, den Catch-Block ein bisschen zu erweitern:

```
Try
  ' Versuch, Daten zu laden
Catch
  Diagnose.Add ("Keine Sprechstunde")
End Try
```

Hier würde das Programm nicht beendet, sondern ein einziger Text in die Stringliste eingefügt, der »Keine Sprechstunde« heißt. Du könntest aber auch z.B. »Praxis geschlossen« oder etwas anderes dafür einsetzen. Womit die MsgBox- und Close-Anweisungen entfallen können.

Der Vorteil ist, dass das Programm trotzdem lauffähig bleibt. Wenn du willst, kannst du sogar mehr als einen Diagnosetext zuweisen, damit sozusagen eine Notsprechstunde stattfinden kann. Die Collection-Eigenschaft Count wird automatisch entsprechend höher gesetzt.

≫ Erweitere in der Prozedur LoadText den Catch-Block. Dann müsste der Quelltext so aussehen (→ KLEMP6):

```
Sub LoadText(Dateiname As String)
  Try
    Dim Text As String
    Using Datei As IO.StreamReader = _
    New IO.StreamReader(Dateiname)
      Do
        Text = Datei.ReadLine()
        Diagnose.Add(Text)
      Loop Until Text Is Nothing
      Datei.Close()
    End Using
  Catch
    Diagnose.Add("Keine Sprechstunde")
    Diagnose.Add("Praxis geschlossen")
    Diagnose.Add("Hilf dir selbst!")
  End Try
End Sub
```

Therapieprotokoll

Damit du nun auch noch die Möglichkeit kennenlernst, wie man Strings aus einer Liste wieder in einer Datei speichert, erweitern wir unseren Seelenklempner noch ein bisschen. Dazu brauchen wir als Erstes noch eine weitere Stringliste (Collection):

```
Dim Psycho As New Collection()
```

Die Liste `Psycho` soll all das, was du dem Seelenklempner über das Eingabefeld mitteilst, sammeln und am Schluss der Therapiesitzung in der Datei PSYCHOX.TXT speichern. Für das »X« kannst du auch eine Zahl einsetzen, falls du mehrere dieser Dateien sammeln willst. (Weißt du einen besseren Namen? Dann nimm den!)

Damit deine Eingabetexte gesammelt werden, ist noch eine kleine Erweiterung der Methode `button1_Click` nötig. Die Anweisung

```
Psycho.Add(textBox.Text)
```

sorgt dafür, dass bei Klick auf den FERTIG-Knopf jeder Eingabetext zur Stringliste hinzugefügt wird. (Auch wenn im Eingabefeld nichts steht – dann ist dieser String eben leer.)

≫ Ergänze den Vereinbarungsteil und die Methode `button1_Click` entsprechend (→ KLEMP6).

Nun muss die Psycho-Sammlung noch auf deine Festplatte gebracht werden. Das geschieht am besten am Schluss, wenn du auf das X ganz oben rechts im Formular klickst, also das Formular schließt. Dafür muss eine neue Methode her. Wenn du darin noch eine eigene Anweisung verstaust, wird die auch ausgeführt, ehe sich das Programm verabschiedet.

≫ Markiere die Fläche des Formulars und schalte dann im Eigenschaftenfenster über den kleinen Button mit dem Blitz-Symbol auf die Anzeige für Ereignisse um.

≫ Doppelklicke dort in das Feld hinter dem Ereignisnamen CLOSED oder CLOSING.

Sofort erscheint daneben der Name der zugehörigen Methode `Window_Closed` (bzw. `Window_Closing`). Zusätzlich steht dir die passende Schließmethode auch gleich im Editorfenster zur Verfügung.

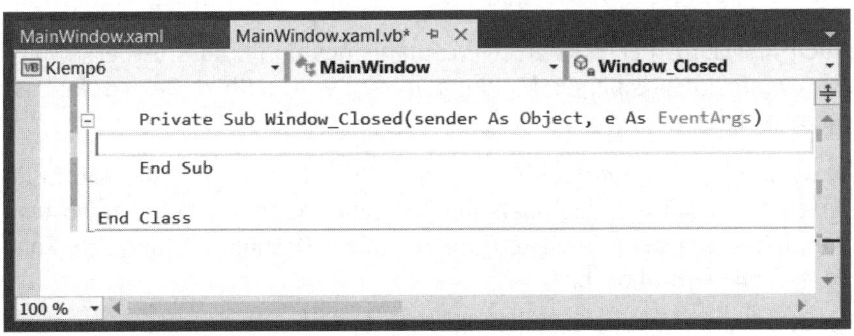

Closed oder Closing? Hier eigentlich ganz egal – und Geschmackssache: Window_Closed wird aufgerufen, wenn das Formular bereits geschlossen ist, und Window_Closing wird aktiviert, **bevor** das Formular geschlossen wird.

> Ergänze im Editor die Methode um diese einzige Zeile (→ KLEMP6):

```
Private Sub Window_Closed(sender As Object, _
e As EventArgs)
  SaveText(Pfad + "PsychoX.txt")
End Sub
```

Mit der ebenfalls selbst gemachten Methode SaveText wird der Inhalt einer Stringliste in einer Datei auf der Festplatte untergebracht. Und so sieht unsere zweite Eigenproduktion aus (→ KLEMP6):

```
Sub SaveText (ByVal Dateiname As String)
  Try
    Dim x As Integer
    Using Datei As IO.StreamWriter = _
    New IO.StreamWriter(Dateiname)
      For x = 1 To Psycho.Count
        Datei.WriteLine (Psycho.Item(x))
      Next
      Datei.Close()
    End Using
  Catch
    MsgBox("Daten lassen sich nicht speichern!")
  End Try
End Sub
```

Auch hier sorgt der Try-Catch-Mechanismus dafür, dass es bei Problemen eine entsprechende Meldung gibt. Der Quelltext dazwischen ist nicht wirklich neu:

Verwendet (Using) wird hier der Typ StreamWriter mit der Methode WriteLine. Weil wir die Anzahl der Textzeilen kennen, benutzen wir eine Variable x, um beim Speichern mitzuzählen. Deshalb ist hier eine For-Next-Schleife praktisch.

> Speichere die neue Seelenklempner-Version und teste sie.

Zusammenfassung

Jetzt ist erst einmal wieder eine kräftigende Pause fällig! Man sieht ja vor lauter Komponenten den Quelltext nicht mehr. Denn da hat sich einiges angesammelt:

GroupBox	Gruppenfeld, das Komponenten (wie ein Behälter) umgeben und zusammenfassen kann
ScrollBar	Bildlaufleiste (horizontal oder vertikal), mit der man z.B. Inhalte eines Fensters verschieben oder Werte durch Verschieben einstellen kann
scrollBar_ValueChanged	Methode, die durch Bewegen des Schiebers oder Klick auf die Pfeilflächen einer Bildlaufleiste aktiviert wird
Minimum Maximum	Eigenschaft von ScrollBar: untere und obere Grenze für den Schieber der Bildlaufleiste
LargeChange SmallChange	Eigenschaft von ScrollBar: Schrittweite für den Schieber der Bildlaufleiste
Value	Eigenschaft von ScrollBar: aktuelle Schieberposition der Bildlaufleiste
MsgBox	Methode zum Anzeigen einer (einfachen) Meldebox
Window_Closing	Methode, die kurz vor dem Schließen des Formulars aktiviert wird
Window_Closed	Methode, die kurz nach dem Schließen des Formulars aktiviert wird

Auch einige Klassen bzw. Objekte zum Sammeln von Daten und zum Speichern und Laden von Dateien hast du hier kennengelernt:

Collection	Sammlung bzw. Liste von Objekten (z.B. Zeichenketten)
Count	Eigenschaft von Collection. Enthält die Anzahl der Elemente.
Item	Eigenschaft von Collection. Enthält das Element, das durch einen Indexwert bezeichnet ist.
Add	Methode von Collection, um der Sammlung ein neues Element hinzuzufügen

`Using` `End Using`	Anfangs- und Endmarkierung für einen Anweisungsblock: Eine System-Ressource wird abgerufen und benutzt (z.B. zur Dateiverwaltung).
`IO`	Eingabe-Ausgabe-System
`StreamReader` `StreamWriter`	Datenstrom zum Lesen/Schreiben von Dateiinhalten (z.B. Texte)
`ReadLine` `WriteLine`	Methode eines `Stream`-Objekts: einzelne Textzeile aus Datei lesen bzw. in Datei schreiben
`Close`	Datei/Datenstrom/Kanal schließen

Und hier sind noch zwei universelle Wörter hinzugekommen:

`New`	Objekt erzeugen, Speicherplatz reservieren und verwalten
`Nothing`	Standardwert für Variablen (z.B. 0, "")

Ein paar Fragen ...

1. Was ist der Unterschied zwischen einem Array und einer Sammlung (`Collection`)?
2. Was bedeutet es, wenn eine Komponente den Fokus besitzt?
3. Wie kann man Dateien vom Programm aus öffnen und speichern?

... und ein paar Aufgaben

1. Erstelle ein Programm, das einen Wert zwischen 0 und 100 anzeigt, der sich jeweils mit einer vertikalen und horizontalen Bildlaufleiste (Rollbalken) einstellen lässt.
2. Erweitere eine Version des »Seelenklempners II« so, dass sowohl deine Eingaben (`textBox.Text`) als auch die zufälligen Antworten dazu (`label.Content`) gemeinsam in einer Liste zusammengefasst und als Gespräch in einer Datei gespeichert werden.

9

Menüs und Dialoge

Die Möglichkeit des Seelenklempners aus dem letzten Kapitel, Text zu laden und zu speichern, ist ja ganz nett. Aber man kann eben nur eine bestimmte Diagnose-Datei öffnen und seine Psycho-Ergüsse nur in einer ganz bestimmten Datei speichern. Mir genügt das nicht – ich will mehr!

Wenn du mit mir einer Meinung bist, lass uns den Seelenklempner jetzt so erweitern, dass du selbst bestimmst, welche Datei geöffnet bzw. unter welchem Namen deine Eingabetexte gespeichert werden sollen.

In diesem Kapitel lernst du

- wie man ein Menü in ein Programm »einbaut«
- wie man Bibliotheken einbindet
- die Dialogfelder `OpenFileDialog` und `SaveFileDialog` kennen
- wie man beliebige Textdateien öffnet oder speichert
- wie man ein Programm datensicher beendet

Ein Menü für den Klempner

Zuerst brauchen wir ein Menü, in dem wir auswählen können, ob wir etwas öffnen oder speichern wollen. Dazu verschieben wir alle Komponenten gemeinsam ein bisschen nach unten, damit oben mehr Platz für die Menüleiste ist.

Wenn du willst, kannst du ein neues Projekt beginnen und dort hinein die Daten von KLEMP6 (oder KLEMP6A) importieren:

- Zuerst schließt du die Fenster von MAINWINDOW.XAML und MAINWINDOW.XAML.VB.
- Dann klickst du im PROJEKT-Menü auf VORHANDENES ELEMENT HINZUFÜGEN:
- Sorge dafür, dass ALLE DATEIEN eingestellt ist, dann kannst du MAINWINDOW.XAML und MAINWINDOW.XAML.VB markieren.
- Mit Klick auf HINZUFÜGEN landen die Dateien im neuen Projekt.

> Vergrößere das Formular ein wenig nach unten. Dann ziehe mit der Maus einen Rahmen um alle (!) Komponenten. Damit sind sie markiert. Nun klicke auf eine der Komponenten, halte die Maustaste gedrückt und verschiebe alles etwas nach unten.

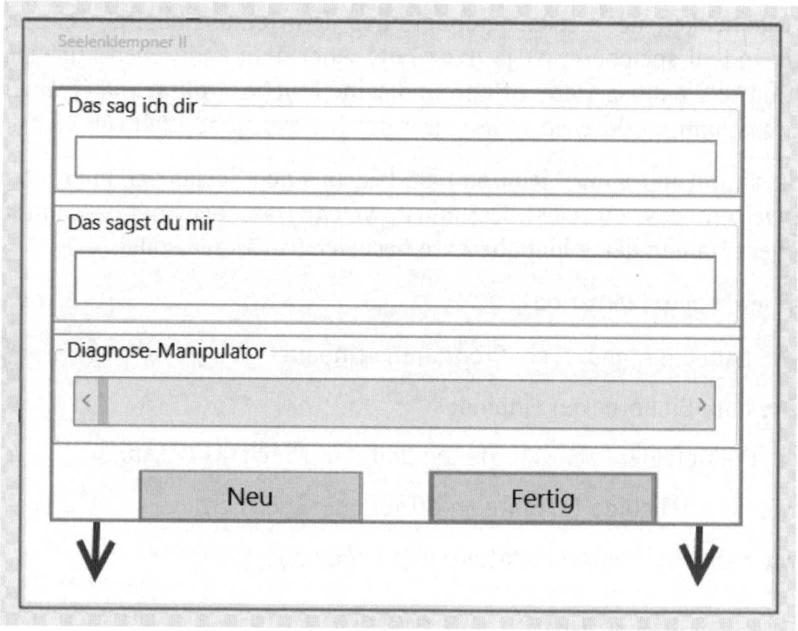

> Suche in der Toolbox den Eintrag MENU und klicke darauf.

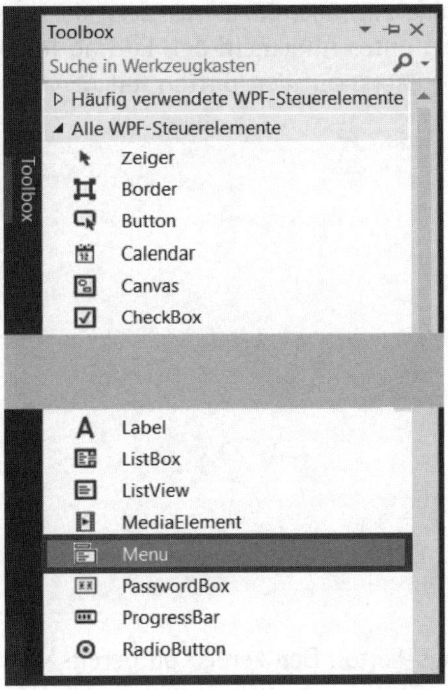

≫ Klicke auf die Fläche des Formulars und ziehe die Menüfläche ganz oben auf.

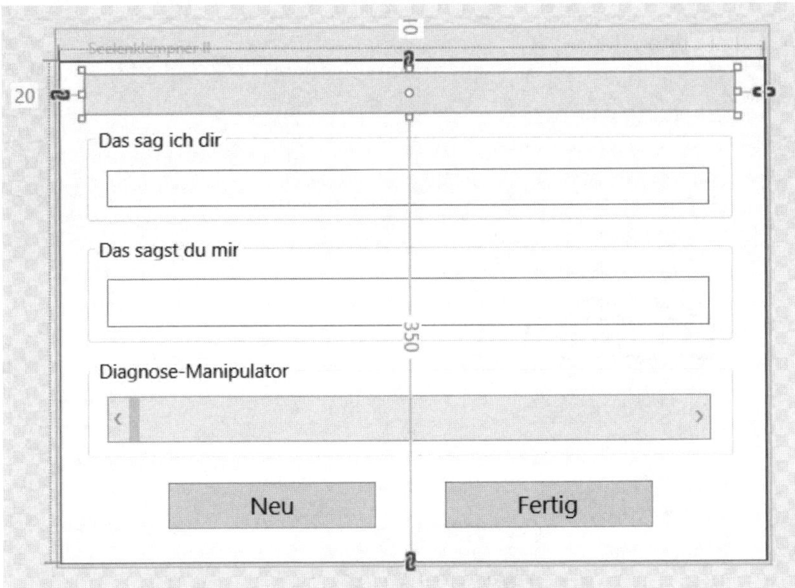

➢ Und nun braucht das Menü einige Einträge. Dazu wechselst du zum Eigenschaftenfenster. Suche dort unter **Allgemein** den Eintrag ITEMS und klicke hinter dem Wort AUFLISTUNG auf den Button mit den drei Pünktchen.

Und da ist er wieder: der Auflistungs-Editor. Den kennst du bereits vom Listenfeld und Kombinationsfeld.

➢ Klicke auf das kleine Dreieck hinter dem Eintrag BUTTON.

Wähle den Eintrag MENUITEM und klicke dann auf HINZUFÜGEN.

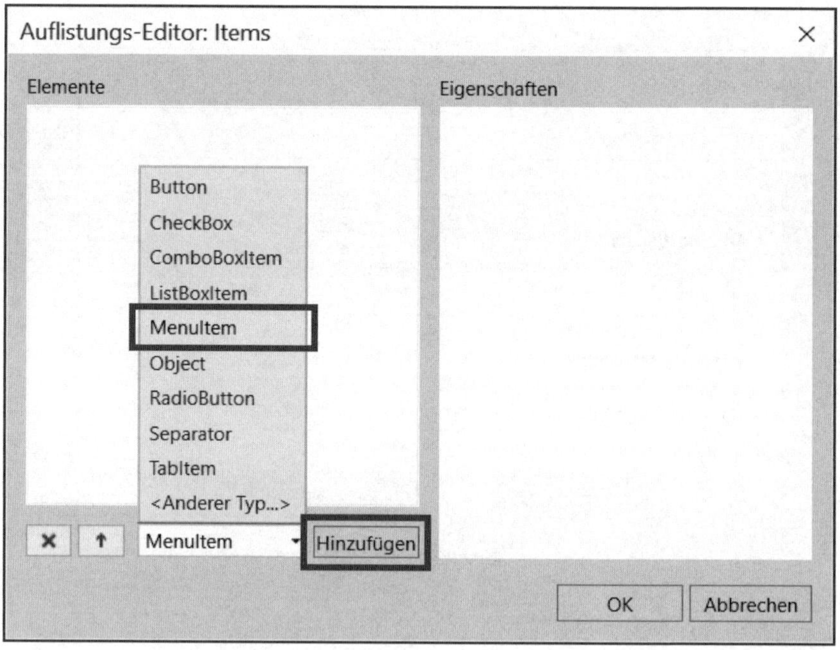

- Wechsle nun in den rechten Fensterbereich und suche unter ALLGEMEIN den Eintrag HEADER.

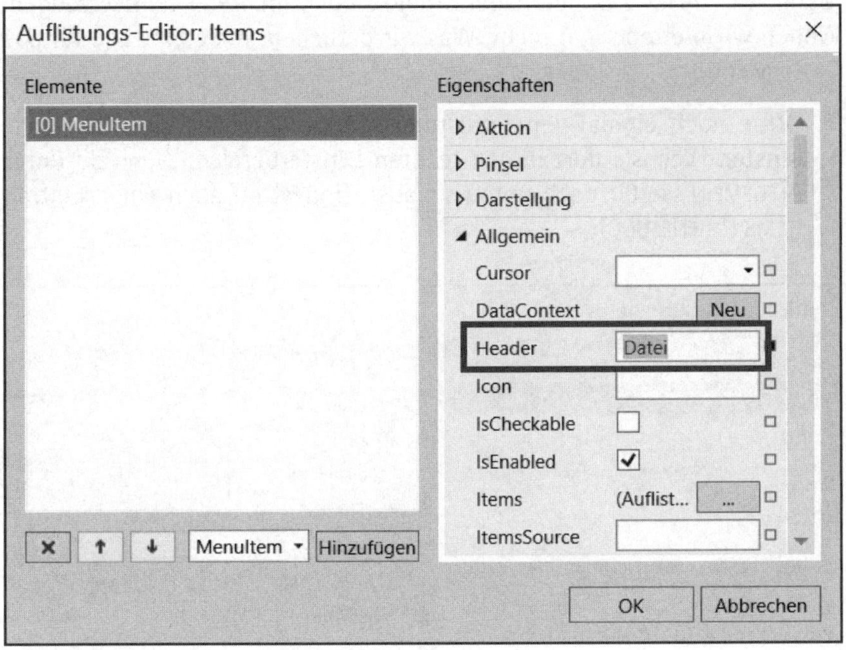

- Dahinter trägst du den Text `Datei` ein. Dann klickst du auf OK.

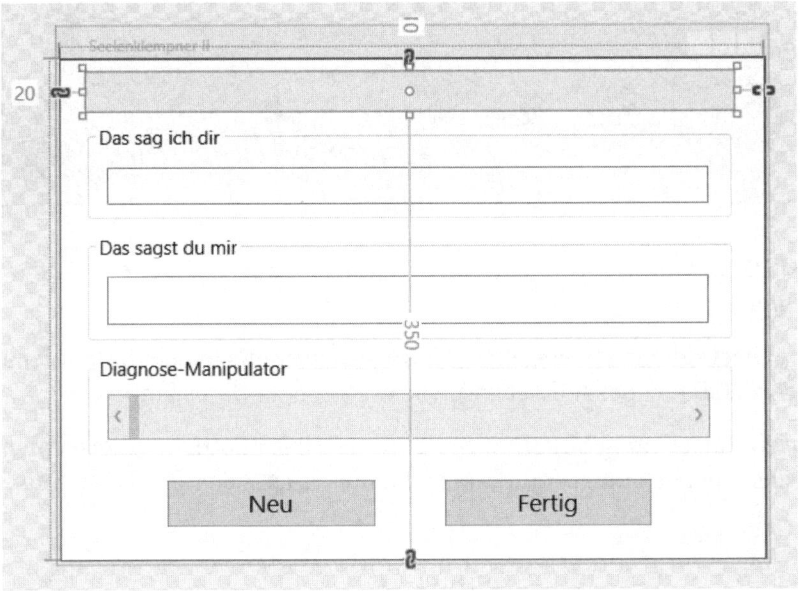

Nun steht in der Menüleiste der erste Eintrag DATEI.

Wie geht es jetzt weiter? Wir könnten nun gleich wie bei einem richtigen Menü, wie du es z.B. bei Visual Studio siehst, mehrere Items erzeugen. Wollen wir hier aber gar nicht. Was wir brauchen: neue Einträge für das DATEI-Menü.

≫ Öffne noch einmal den Auflistungs-Editor über das Eigenschaftenfenster. Wechsle dort in den rechten Fensterbereich. Wenn du unter ALLGEMEIN weiter nach unten schaust, findest du auch einen Eintrag ITEMS (AUFLISTUNG).

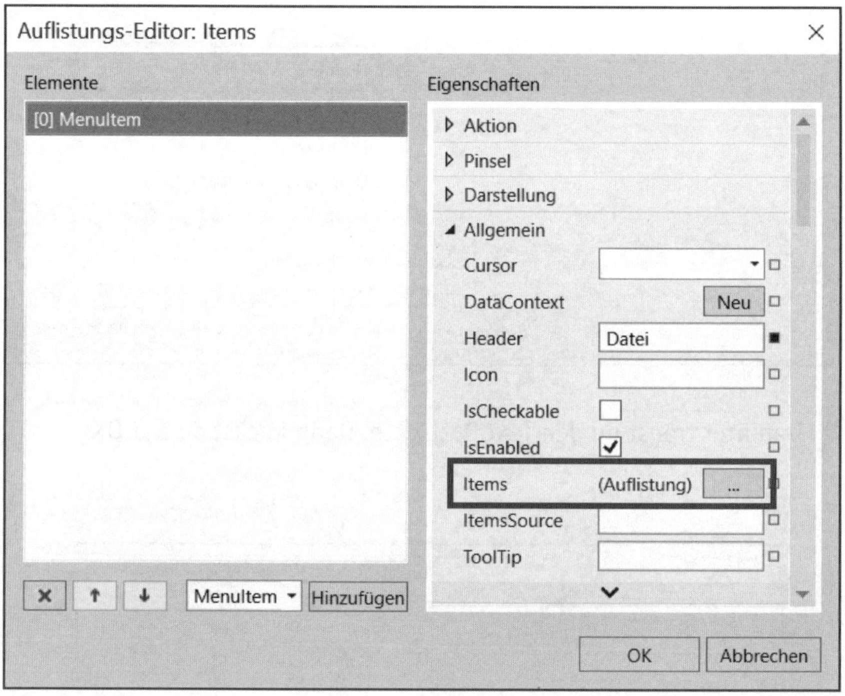

≫ Klicke darauf und ein neues Fenster tut sich auf: ein weiterer Auflistungs-Editor.

Hier kannst du nun die einzelnen Einträge sammeln, die dein DATEI-Menü haben soll. Dabei gehst du ebenso vor wie bei dem Datei-Eintrag.

≫ Wähle den Eintrag MENUITEM und klicke auf HINZUFÜGEN. Trage im rechten Fensterbereich unter ALLGEMEIN und hinter HEADER den Text `Öffnen` ein.

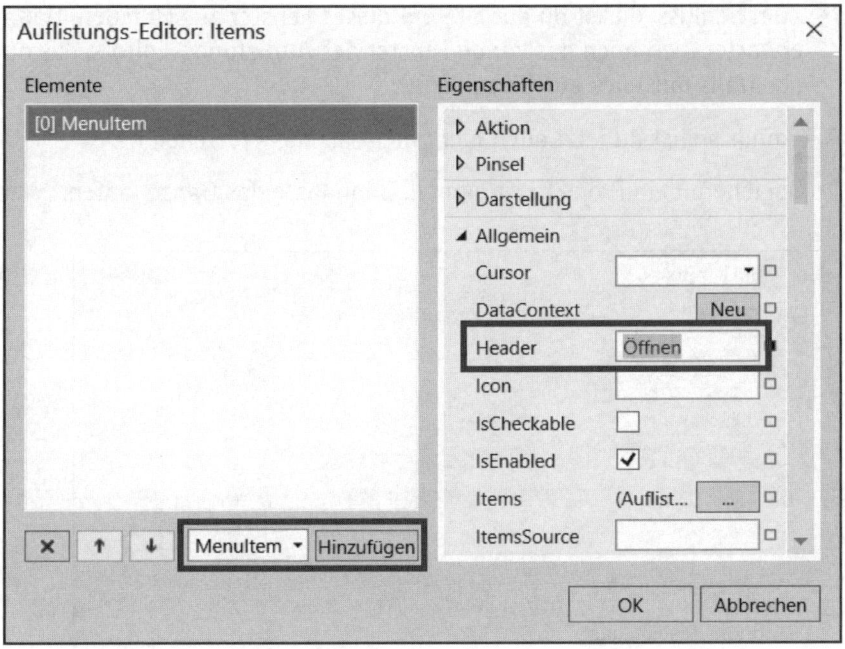

≫ Wiederhole das jetzt mehrmals für diese zusätzlichen Einträge: SPEICHERN, DRUCKEN, ENDE.

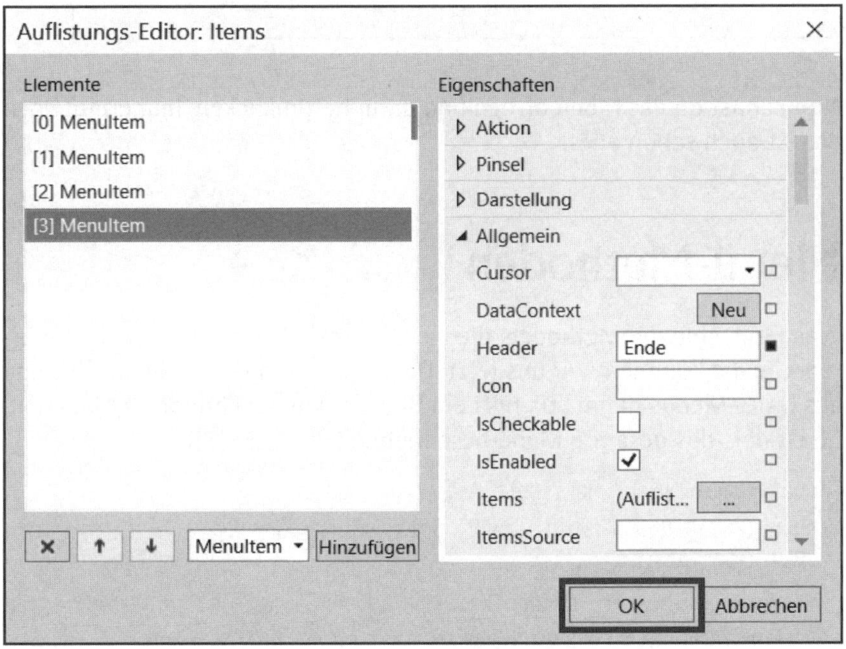

≫ Zum Schluss klickst du auf OK, um dieses Fenster zu schließen. Dann erwartet dich noch das vorige Fenster des Auflistungs-Editors, das du ebenfalls mit Klick auf OK schließt.

Allerdings siehst du jetzt auch nicht mehr als das Wörtchen DATEI.

≫ Speichere dein Projekt erst einmal. Dann lasse das Ganze laufen.

Nun kannst du das Menü öffnen und darin herumklicken. Immerhin. Doch das ist auch schon alles.

Menü-Methoden

Was fehlt, sind die Methoden, die auf das Anklicken der Optionen reagieren. Um die kümmern wir uns jetzt. Doch wie kommen wir an die Einträge des DATEI-Menüs heran? Da hilft ein Blick in den zugehörigen XAML-Text. So ist dort das gesamte Menü beschrieben (→ KLEMP7):

```
<Menu x:Name="menu" HorizontalAlignment="Left" _
Margin="20,10,0,355" Width="500" Grid.ColumnSpan="2">
  <MenuItem Header="Datei">
    <MenuItem Header="Öffnen"/>
    <MenuItem Header="Speichern"/>
    <MenuItem Header="Drucken"/>
```

```
    <MenuItem Header="Ende"/>
  </MenuItem>
</Menu>
```

≫ Klicke jetzt einmal im XAML-Bereich auf einen der Einträge unterhalb von `<MenuItem Header="Datei">`. Am besten gleich auf den ersten, nämlich ÖFFNEN.

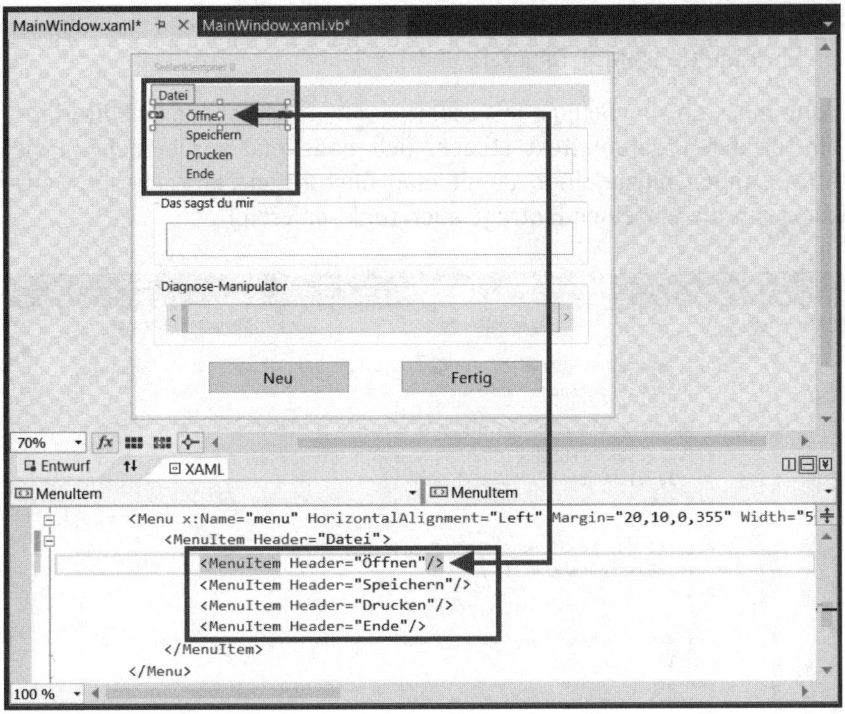

Und schon ist im Entwurfsbereich das Menü geöffnet und dort der betreffende Eintrag markiert.

≫ Und nun doppelklicke im Formular auf ÖFFNEN.

Und schon landest du im Editorfenster mitten in der Methode `MenuItem_Click`.

Wenn du willst, kannst du schon mal testweise eine Zeile einfügen wie

```
label.Content = "Öffnen"
```

Lässt du das Programm dann laufen und klickst auf den Eintrag ÖFFNEN, dann erscheint dieser Text im Anzeigefeld (anstelle des Diagnosetextes).

> Wiederhole die Markierungen und Doppelklicks jetzt für die übrigen Einträge (SPEICHERN, DRUCKEN, ENDE).

Dann müssten zum Schluss insgesamt vier neue Methoden im Editorfenster für den Programmtext stehen. (Ich habe mal vorübergehend vier Anweisungen hinzugefügt, damit man überprüfen kann, ob die Mausklicks auf die einzelnen Einträge auch funktionieren.)

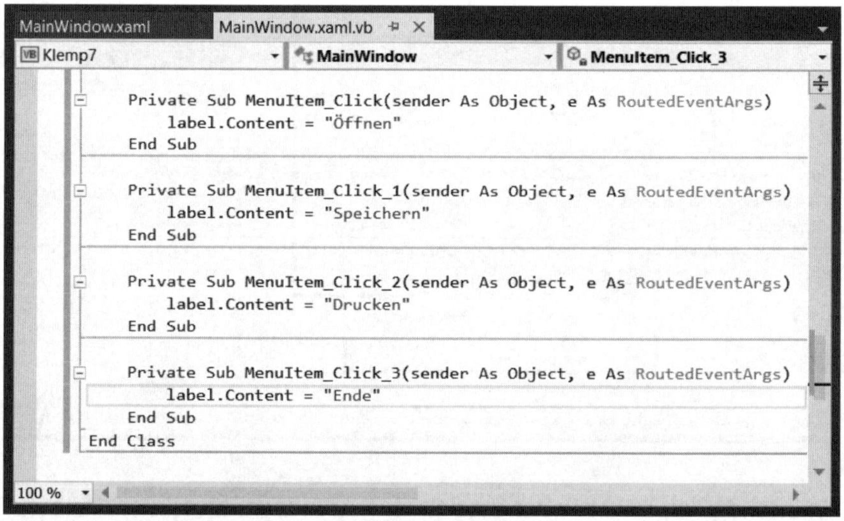

Wenn du dir jetzt mal den Text für das Menü anschaust, wirst du diese Änderung feststellen:

```
<Menu x:Name="menu" HorizontalAlignment="Left" Margin="20,10,0,355"
Width="500" Grid.ColumnSpan="2" FontSize="14.667">
  <MenuItem Header="Datei">
    <MenuItem Header="Öffnen" Click="MenuItem_Click"/>
    <MenuItem Header="Speichern" Click
    ="MenuItem_Click_1"/>
    <MenuItem Header="Drucken" Click=
    "MenuItem_Click_2"/>
```

```
    <MenuItem Header="Ende" Click="MenuItem_Click_3"/>
  </MenuItem>
</Menu>
```

Dialogfelder und Bibliotheken

Beginnen wir mit den beiden ersten Optionen. Was soll geschehen?

- Beim **Öffnen** soll sich erst ein Dialogfeld auftun, in dem wir uns eine Textdatei auswählen können. Anschließend soll diese Datei geladen werden.
- Auch beim **Speichern** soll es die Möglichkeit geben, in einem Dialogfeld einen Namen einzugeben. Anschließend soll die Datei gesichert werden.

Das mit den Dialogfeldern klingt nach viel Aufwand. Ist es aber nicht, wenn wir uns von Visual Basic verwöhnen lassen. Da gibt es nämlich zwei komplette Objekte, die uns die ganze Arbeit abnehmen: `OpenFileDialog` und `SaveFileDialog` – so heißen die beiden netten Helfer. Wir müssen sie bloß im Programm einsetzen. Wie man das macht?

Zuerst muss das Dialogfeld vereinbart und erzeugt werden, hier am Beispiel von `OpenFileDialog`:

```
Dim openFileDialog As New _
Microsoft.Win32.OpenFileDialog()
```

Die Dialogfeld-Klasse ist in einer Bibliothek namens `Microsoft.Win32` untergebracht. Und weil das Programm diese Bibliothek nicht automatisch kennt, muss vor `OpenFileDialog` ein so langer »Vorbau«.

> Visual Basic bietet zunächst einen nur kleinen, aber kompakten Grundwortschatz. Alles andere ist in **Bibliotheken** ausgelagert, also auch die ganzen Komponenten mit ihren Eigenschaften und Methoden.
>
> Beim Neuerstellen eines Projekts bindet Visual Basic eine ganze Reihe von Bibliotheken automatisch mit ein, und zwar die, die unmittelbar zur Erstellung eines Projekts benötigt werden.
>
> Daher kennt Visual Basic nicht den kompletten Wortschatz, der zur Verfügung steht. Bei einem unbekannten Element muss dann der Name der Bibliothek vorangestellt werden, aus der das Element stammt. Das trifft z.B. für `IO` und für `Microsoft.Win32` zu.

Es geht aber auch anders. Man muss dem Programm die Bibliothek nur bekannt machen. Genauer: Man gibt eine Anweisung zum Importieren. Dann ist die betreffende Bibliothek bereits verfügbar, wenn ein Objekt vom Typ `OpenFileDialog` vereinbart werden soll.

Dazu setzt du diese Zeile ganz an den Anfang des Quelltextes von MAINWINDOW.XAML.VB, also über die Zeile `Class MainWindow`:

```
Imports Microsoft.Win32
```

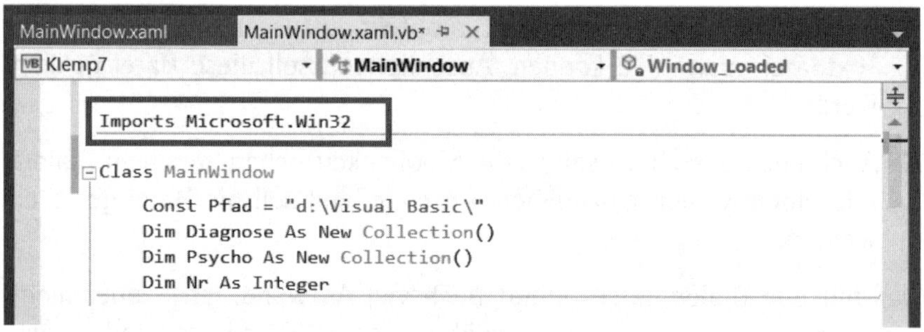

Nun kann die Vereinbarung und Erzeugung des Dialogfeldes so vereinfacht werden:

```
Dim openFileDialog As New OpenFileDialog()
```

Öffnen und Speichern

Diese und weitere Anweisungen packen wir nun in die passende Methode (→ KLEMP7):

```
Private Sub MenuItem_Click(sender As Object, _
e As RoutedEventArgs)
  Dim openFileDialog As New OpenFileDialog()
  openFileDialog.InitialDirectory = Pfad
  openFileDialog.Filter = "txt files (*.txt)|*.txt"
  openFileDialog.ShowDialog()
  Diagnose.Clear()
  LoadText(openFileDialog.FileName)
  scrollBar.Maximum = Diagnose.Count
End Sub
```

Ehe die Methode LoadText aufgerufen wird, gibt es einiges an Vorarbeit. Ausreichend wäre eigentlich schon diese Anweisung, mit der das Dialogfeld zum Öffnen aktiviert wird:

```
openFileDialog.ShowDialog()
```

Mit ShowDialog wird nicht nur eine Dialogbox angeboten, sondern auch der Dateiname aufgenommen, den du auswählst. Der ist dann in openFileDialog.FileName gespeichert und kann als Parameter an die Methode LoadText übergeben werden:

```
LoadText(openFileDialog.FileName)
```

Zuvor aber müssen wir die Diagnose-Sammlung leeren, sonst werden die neuen Daten zu bereits vorhandenen hinzugeladen:

```
Diagnose.Clear()
```

Mit der Clear-Methode machen wir alles wieder klar. Anschließend ist die Collection komplett leer – und kann frisch bestückt werden. (Wenn du möchtest, dass alte Daten erhalten bleiben, dann setze vor diese Zeile ein Kommentarzeichen.)

Nachdem die Datei geladen wurde, kann der Wert von scrollBar.Maximum angepasst werden:

```
scrollBar.Maximum = Diagnose.Count
```

Damit das Dialogfeld beim Öffnen nicht irgendein Verzeichnis anzeigt, sondern das, in dem die gesuchte Datei (wahrscheinlich) gespeichert ist, legen wir den richtigen Pfad fest::

```
openFileDialog.InitialDirectory = Pfad
```

Außerdem möchte ich, dass gleich zu Anfang die Auswahl des Dateityps festgelegt wird:

```
openFileDialog.Filter = "txt files (*.txt)|*.txt"
```

Damit werden im Dialogfeld ÖFFNEN nur Dateien mit der Kennung .TXT angezeigt.

Die gesamten Filterangaben werden in Anführungsstriche gefasst. Zuerst kommt immer ein Informationstext, dann folgt der eigentliche Filter – jeweils getrennt durch einen senkrechten Strich (|).

Du kannst den Bereich auch erweitern, z.B. auf alle Dateien mit beliebiger Kennung:

```
openFileDialog.Filter = _
"txt files (*.txt)|*.txt|All files (*.*)|*.*"
```

≫ Tippe die `Imports`-Anweisung (ganz oben) ein und ergänze die Methode `MenuItem_Click` um die obigen Zeilen. Dann starte das Programm und überprüfe, ob sich ein Dialogfeld öffnet und ob die gewünschte Datei auch geladen wird.

Die nächste Methode ist die zum Speichern unserer Eingabedaten. Da können wir viel von der Methode zum Öffnen übernehmen.

≫ Tippe den Quelltext für die Methode `MenuItem_Click_1` ein (→ KLEMP7):

```
Private Sub MenuItem_Click_1(sender As Object, _
e As RoutedEventArgs)
  Dim saveFileDialog As New SaveFileDialog()
  saveFileDialog.InitialDirectory = Pfad
  saveFileDialog.Filter = "txt files (*.txt)|*.txt"
  saveFileDialog.ShowDialog()
  SaveText(saveFileDialog.FileName)
End Sub
```

Zuerst wird das Dialogfeld zum Speichern erzeugt:

```
Dim saveFileDialog As New SaveFileDialog()
```

Wieder in vereinfachter Form – dank der `Imports`-Anweisung. Zusätzlich sollten wir auch hier Pfad und Filter einstellen. Dann wird der Dialog aktiviert:

```
saveFileDialog.ShowDialog()
```

Dann wird der Inhalt der Stringliste unter dem gewünschten Dateinamen gespeichert:

```
SaveText(saveFileDialog.FileName)
```

≫ Und nun kannst du das Ganze nochmals auf Festplatte sichern. Und dann lasse das Programm laufen.

Wenn du deine Eingaben gespeichert hast, kannst du sie auch als Diagnosetexte wieder öffnen. Dann bekommst du das als Antworten vorgesetzt, was du in der letzten Therapiesitzung von dir gegeben hast.

Sicherheitsabfrage ...

Zwei Einträge unseres DATEI-Menüs sind noch unbesetzt: der für das Drucken und der fürs Programmende. Das Drucken verkneife ich mir hier, es ist ziemlich kompliziert. Und wenn man eine Methode fertig hat, ist nicht garantiert, dass sie mit jedem Drucker funktioniert.

Bleibt noch der letzte Eintrag. Es sollte schon eine Möglichkeit geben, das Programm anders zu beenden als nur durch das Schließen des Formulars. Was den Profiprogrammierern recht ist, sollte auch uns billig sein. Eigentlich wäre es mit einer einfachen Close-Anweisung getan:

```
Private Sub MenuItem_Click_3(sender As Object, _
e As RoutedEventArgs)
  Close()
End Sub
```

Aber ein bisschen mehr Komfort sollten wir uns doch noch leisten: Es wäre nett, wenn uns das Programm vor seinem Ableben noch einmal fragen würde, ob wir noch etwas zu speichern haben.

Zuerst brauchen wir dazu eine Variable vom Typ Boolean:

```
Dim Sicher As Boolean
```

Beim Start bekommt Sicher den Wert False. Das bedeutet, dass die aktuellen Eingabedaten **noch nicht** gesichert wurden. Also kommt diese Anweisung in die Window_Loaded-Methode:

```
Sicher = False
```

Nach jedem Speichervorgang wird Sicher dann auf True gesetzt. Das geschieht im Try-Zweig der Prozedur SaveText. Und sollte das Speichern aus irgendeinem Grund nicht klappen, muss Sicher den Wert False haben. Das steht dann im Catch-Teil derselben Methode, die inzwischen diese Gestalt annimmt (→ KLEMP8):

```
Sub SaveText(ByVal Dateiname As String)
  Try
    Dim x As Integer
    Using Datei As IO.StreamWriter = _
    New IO.StreamWriter(Dateiname)
      For x = 1 To Psycho.Count
        Datei.WriteLine(Psycho.Item(x))
      Next
      Datei.Close()
    End Using
    Sicher = True
  Catch
    MsgBox("Daten lassen sich nicht speichern!")
    Sicher = False
  End Try
End Sub
```

Außerdem wird Sicher jedes Mal auf False gesetzt, wenn mit Klick auf FERTIG eine neue Eingabe bestätigt wurde. In button1_Click muss also auch noch eine solche Zuweisung stehen. Damit wächst auch diese Methode ein bisschen an (→ KLEMP8):

```
Private Sub button1_Click(sender As Object, _
e As RoutedEventArgs) Handles button1.Click
  Nr = Int(Diagnose.Count * Rnd()) + 1
  label.Content = Diagnose.Item(Nr)
  ' Komplettes Gespräch "aufzeichnen"
  Psycho.Add(textBox.Text)
  Psycho.Add(label.Content)
  Sicher = False
End Sub
```

Nun wimmelt es von Zuweisungen an die Variable Sicher. Einen Sinn hat der ganze Aufwand aber nur, wenn wir in die Click-Methode für den ENDE-Eintrag auch eine Möglichkeit zum Sichern einbauen (→ KLEMP8):

```
Private Sub MenuItem_Click_3(sender As Object, _
e As RoutedEventArgs)
  Dim result As MessageBoxResult
  If Not Sicher Then
    result = MessageBox.Show _
    ("Alle Eingaben (noch mal) speichern?", "", _
    MessageBoxButton.YesNoCancel, _
    MessageBoxImage.Question)
    If result = MessageBoxResult.Yes Then
      Dim saveFileDialog As New SaveFileDialog()
      saveFileDialog.ShowDialog()
      SaveText(saveFileDialog.FileName)
    End If
    If result <> MessageBoxResult.Cancel Then Close()
  End If
End Sub
```

Zuerst vereinbaren wir eine lokale Variable result. Mit der (einfachen) Methode MsgBox können wir hier nichts anfangen. Deshalb benutzen wir die komfortable Klasse MessageBox, mit ihrer Methode Show, die gleich vier Parameter benötigt:

```
MessageBox.Show (Text, Titel, Buttons, Modus)
```

Der erste Parameter ist der Text, der als Meldung erscheint. In unserem Beispiel heißt der »Alle Eingaben (noch mal) speichern?« Dann folgt der

Titel, den das Fenster haben soll. Weil zwischen den Anführungsstrichen nichts steht, gibt es hier auch keinen Titel. Man nennt zwei Anführungsstriche ("") ohne etwas dazwischen ja auch Leerkette.

Für die Schaltflächen in der Meldebox ist der nächste Parameter zuständig. Er besteht aus einer Zahl. Die kann auch als Summe zweier Zahlen gebildet werden. Dabei haben die Werte für die Buttons (MessageBoxButton) diese Bedeutung:

Wert	Schaltflächen
OK	OK
OKCancel	OK und Abbrechen
YesNo	Ja, Nein
YesNoCancel	Ja, Nein, Abbrechen
RetryCancel	Wiederholen, Abbrechen
AbortRetryIgnore	Beenden, Wiederholen, Ignorieren

Hinzu kommen für den letzten Parameter einige Bildsymbole (MessageBoxImage):

Wert	Symbol
None	(kein)
Error, Hand, Stop	Warnkreuz
Question	Fragezeichen
Exclamation, Warning	Ausrufezeichen
Information, Asterisk	Infozeichen (i)

Mit der Zuweisung

```
result = MessageBox.Show _
("Alle Eingaben (noch mal) speichern?", "", _
MessageBoxButton.YesNoCancel, _
MessageBoxImage.Question)
```

wird der Wert des angeklickten Knopfes an die Variable result übergeben. Wir benutzen hier die Schaltflächen JA, NEIN und ABBRECHEN. In Visual Basic gibt es dafür vordefinierte Konstanten mit den Namen Yes, No und Cancel. Und das soll passieren:

- Bei JA soll gespeichert und anschließend das Programm beendet werden.
- Bei NEIN soll das Programm ohne Speichern beendet werden.
- Bei ABBRECHEN läuft das Programm (ohne Speichern) weiter.

Die ganze Abfrage über MessageBox.Show erfolgt aber nur, wenn direkt zuvor nichts gespeichert wurde:

```
If Not Sicher
```

Eigentlich hast du so etwas erwartet wie:

```
If Sicher = False
```

Das habe ich hier auf Not Sicher verkürzt, weil Sicher vom Typ Boolean ist. Der Operator Not (englisch für »Nicht«) kehrt eine Bedingung oder den Wert einer Boolean-Variablen einfach in ihr Gegenteil um. Man spricht hier vom **Umkehroperator** oder NICHT-Operator.

Wenn du am Schluss gefragt wirst, »Alle Eingaben (noch mal) speichern?«, und auf JA klickst, bekommst du ein Dialogfeld, um dort den Namen auszuwählen oder einzugeben, unter dem deine Eingabedaten gespeichert werden sollen:

```
If result = MessageBoxResult.Yes Then
  Dim saveFileDialog As New SaveFileDialog()
  saveFileDialog.ShowDialog()
  SaveText(saveFileDialog.FileName)
End If
```

Sollte deine Wahl **nicht** auf ABBRECHEN fallen, so wird das Programm dann beendet:

```
If result <> MessageBoxResult.Cancel Then Close()
```

Die letzte Anweisung gilt also nur für die Wahl zwischen JA und NEIN – bei Klick auf ABBRECHEN läuft das Programm einfach weiter.

- Und nun fülle die Methode MenuItem_Click_3 mit dem obigen Quelltext (→ KLEMP8).
- Dann spendiere den Methoden Window_Loaded, button1_Click und SaveText ihre Sicher-Zuweisungen.

... und Schluss

Nun sind wir ja fast fertig, aber eben nicht ganz: Denn wenn sich jemand entschließt, das Programm nicht über den Menüeintrag ENDE, sondern über das Schließsymbol (X) zu verlassen, dann war das Ganze leider umsonst. Wir brauchen also dasselbe noch einmal für die Window_Closed-Methode.

Nun könnten wir einfach alles in der letzten MenuItem_Click-Methode mal eben markieren und rüberkopieren. Aber ein bisschen schlanker ist der Quelltext für die »Abschieds-Methode« doch. Denn ein bloßes Verdoppeln wäre hier unsinnig.

- Tippe für Window_Closed diesen Quelltext ein (→ KLEMP8):

```
Private Sub Window_Closed(sender As Object, _
e As EventArgs)
  Dim result As MessageBoxResult
  If Not Sicher Then
    result = MessageBox.Show _
    ("Alle Eingaben (noch mal) speichern?", "", _
    MessageBoxButton.YesNo, _
    MessageBoxImage.Question)
    If result = MessageBoxResult.Yes Then _
    SaveText(Pfad + "PsychoX.txt")
  End If
End Sub
```

Die Meldungsbox braucht hier einen Button weniger (ABBRECHEN ist überflüssig, weil anschließend das Programm auf jeden Fall beendet wird). Und gespeichert wird hier nur in der Standarddatei. Außerdem entfällt die Zeile mit dem Aufruf von Close, denn der erfolgt hier ja automatisch.

Nun gibt es jedoch noch ein kleines Problem: Wird der Menüeintrag ENDE gewählt und im Dialogfeld auf NEIN geklickt, fragt die Window_Closed-Methode trotzdem nochmals nach – du bekommst also zwei Dialogfelder hintereinander zu sehen. Das lässt sich ändern, indem du die Click-Methode für den ENDE-Eintrag so erweiterst:

```
If result <> MessageBoxResult.Cancel Then
  Sicher = True
  Close()
End If
```

≫ Ergänze die Methode `MenuItem_Click_3` entsprechend.

≫ Bevor du das Seelenklempner-Projekt auf Herz und Nieren testest, speichere alles noch mal. Nun kannst du experimentieren, so viel du willst. Und sicher wird dir dabei noch die eine oder andere Verbesserung einfallen.

Zusammenfassung

Eine ganze Menge an Neuem hatte dieses Kapitel zu bieten. Nicht, dass das Seelenklempner-Programm jetzt perfekt wäre. Aber zumindest für den Augenblick kannst du dich zurücklehnen und die Früchte deiner Arbeit genießen. Immerhin bist du nun schon ein richtiger Visual-Basic-Baumeister (mit bestandener Gesellenprüfung).

Auch in diesem Kapitel hat sich wieder einiges an Objekten, Methoden und Eigenschaften angesammelt:

`Menu`	Menüleiste, die sich um Einträge (Optionen) erweitern lässt
`MenuItem`	Menüeintrag in einem Menüsystem (der auch wieder Menüeinträge haben kann)
`MenuItem_Click`	Methode, die aktiviert wird, wenn man einen Menüeintrag anklickt
`OpenFileDialog`	Dialogfeld für das Öffnen einer Datei
`SaveFileDialog`	Dialogfeld für das Speichern einer Datei
`ShowDialog`	Methode, um ein Dialogfeld für die Anzeige von Dateinamen zu öffnen
`FileName`	Eigenschaft von `OpenFileDialog` und `SaveFileDialog`: enthält den kompletten Pfadnamen einer Datei
`InitialDirectory`	Eigenschaft von `OpenFileDialog` und `SaveFileDialog`: enthält das Verzeichnis, dessen Dateien angezeigt werden sollen

`Filter`	Eigenschaft von `OpenFileDialog` und `SaveFileDialog`: enthält Filterangeben, welche Dateitypen angezeigt werden sollen
`MessageBox`	Meldefenster mit eigenem Titel, verschiedenen Schaltflächen und Symbolen
`Show`	Methode, um ein Meldefenster anzuzeigen
`Collection`	Eine Sammlung bzw. Liste von Objekten (nur zur Erinnerung)
`Clear`	Methode, um den Inhalt einer `Collection` zu löschen

Und eine Importanweisung sowie ein weiterer Operator sind noch dazugekommen:

`Imports`	Bibliothek (Zusatz-Wortschatz) mit einbinden
`Not`	Bedingung umkehren (NICHT: Bedingung wird zum Gegenteil)

Ein paar Fragen ...

1. Was sind Bibliotheken?
2. Wie bindet man ein Menü ins Formular ein und wie erstellt man die Methoden für die Menüeinträge?

... aber keine Aufgabe

10

Einstieg in die Grafik

Bisher hast du viel Text gesehen. Obwohl wir uns doch ständig in Windows aufhalten, einer grafischen Oberfläche. Kann man denn in Visual Basic überhaupt zeichnen und malen? Und ob. Hier lernst du ein paar einfache Objekte kennen, um recht hübsche (einfache) Grafiken auf das Formular zu zaubern.

In diesem Kapitel lernst du

- einige der grafischen Möglichkeiten von Visual Basic kennen
- mit Objekten vom Typ `Line`, `Rectangle` und `Ellipse` umzugehen
- wie man die Zeichen- und Malfarbe ändert
- wie man auch Komponenten beim Programmlauf erzeugen kann

Von Punkten und Koordinaten

Wenn es um Grafik geht, müssen wir auch das Koordinatenkreuz erwähnen. Da denkst du gleich an deine Mathelehrer, wie die sich da vorn an der Tafel abgemüht haben oder abmühen, dir etwas von x-Achse und y-Achse zu erzählen. Deshalb sollte ich lieber nicht voraussetzen, dass du weißt, worum es geht.

Alles, was du auf deinem Display oder Monitor zu sehen bekommst, besteht aus vielen kleinen Pünktchen, auch **Pixel** genannt. Die Anzahl dieser Bildpunkte nennt man **Auflösung**. Heute übliche Auflösungen erreichen weit mehr als 2000 mal 1000 Pixel.

Damit man etwas von einer Grafik zu sehen bekommt, steckt in jedem Computer ein sogenannter Grafikchip. Dort befindet sich eine komplette Schaltung für Grafik mit bis zu mehreren Millionen Farben. Welche Auflösung du auf deinem Bildschirm zu sehen bekommst, hängt nicht nur vom Grafikchip ab. Der Bildschirm bzw. das Display muss natürlich auch in der Lage sein, eine hohe Auflösung darzustellen.

Wie ein unsichtbares Gitter ist die Anzeigefläche aufgeteilt. So weiß der Computer, wohin auf den Bildschirm er einen Punkt setzen soll, wenn er etwas darstellt. Jeder Punkt wird durch zwei Zahlen beschrieben. Die geben den Abstand von einem festen Ausgangspunkt an. Der liegt in Visual Basic (und auch für die meisten Grafikprogramme) in der linken oberen Ecke der Bildschirmfläche.

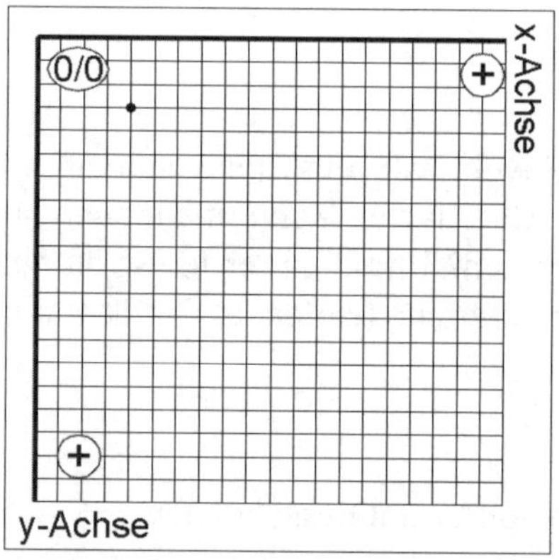

Dieser Punkt wird auch **Ursprung** genannt und hat die Koordinaten x = 0 und y = 0. Wenn man vom Ursprung aus auf dem Bildschirm nach rechts weiterzählt, bewegt man sich auf der **x-Achse**. Man könnte auch horizontale oder waagerechte Achse sagen. Aber weil die Mathematiker das Ding x-Achse genannt haben, sind auch die Computerleute (= Informatiker) dabei geblieben.

Geht man vom Ursprung aus nach unten, so wandert man die **y-Achse** entlang. Die hätte man auch vertikale oder senkrechte Achse nennen können, aber – du sagst es: Den Mathematikern passte y-Achse eben besser.

Auf einmal erinnerst du dich an den Matheunterricht. Da sah doch ein Koordinatenkreuz mit x und y ganz anders aus? Da war doch der sogenannte Ursprung genau in der Mitte, wo sich x-Achse und y-Achse gekreuzt haben (deshalb Koordinatenkreuz).

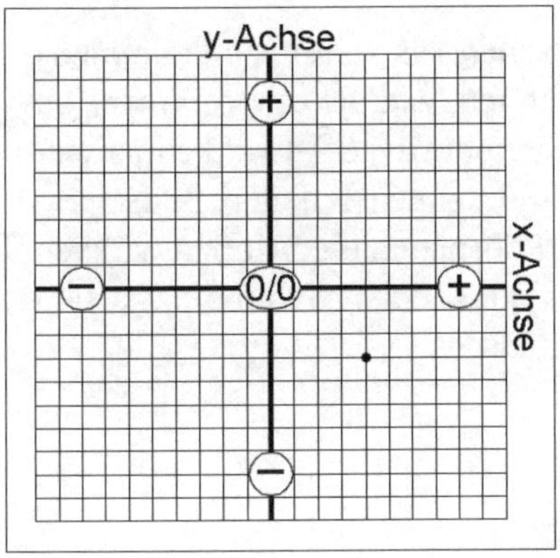

Tja, und hier haben es eben die Computerleute anders gemacht als die Mathematiker. Sie haben gesagt, wozu brauchen wir negative Zahlen? Und überhaupt kam es ihnen viel logischer vor, ein Bild dort anfangen zu lassen, wo wir auch mit dem Schreiben beginnen: links oben.

Wie beim Koordinatenkreuz aus dem Matheunterricht wird der x-Wert größer, wenn du nach rechts gehst. Im Gegensatz zum Matheunterricht wird der y-Wert aber nicht größer, wenn du nach oben, sondern wenn du nach unten gehst.

Übrig geblieben ist also vom Koordinatenkreuz eigentlich nur ein umgedrehtes »L« (manche sagen dazu auch Galgen).

Du hast recht, wenn du meinst, es gäbe auch eine **z-Achse**. Die ist für die Tiefe zuständig. Wo gibt es denn bei der Bildschirmanzeige eine Tiefe? Das gerade ist das Problem mit der z-Achse: Alle Bilder sind zweidimensional, haben also nur Breite (x) und Höhe (y). Überall, wo wir uns aufhalten oder bewegen, gibt es aber noch eine dritte Dimension, die Tiefe (z).

Damit wir Bilder erhalten, die so aussehen, als wären sie dreidimensional, gibt es Programme, die ausrechnen, wie die dritte Dimension in einem Bild auszusehen hat. Und die neuesten 3D-Grafikchips sorgen dafür, dass das möglichst gut und schnell auf den Bildschirm kommt. So sehen heute z.B. bei Autorennspielen die Straßen wirklich so aus, als gäbe es eine Tiefe, und bei jeder Lenkbewegung passt sich die Anzeige auf dem Bildschirm sofort an.

Das erste »Gebilde«

Jetzt bist du lange genug mit Theorie gequält worden, nun ist es wirklich Zeit für die Praxis! Also hier gleich das erste Grafikprogramm. Weil ich es als Vorläufer für das ansehe, was dich in diesem Kapitel erwartet, nenne ich das Projekt GRAFIK0.

- Erzeuge ein neues Projekt.
- Dann öffne die Toolbox und suche dort den Eintrag RECTANGLE. Klicke darauf und ziehe im Formular ein Rechteck auf.

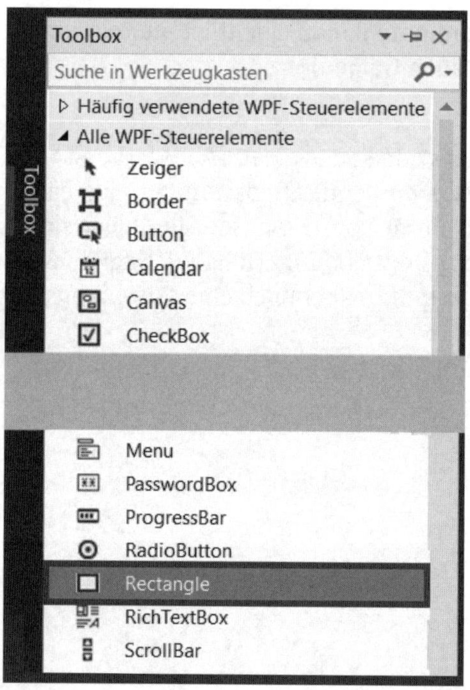

≫ Suche in der Toolbox den Eintrag ELLIPSE und klicke darauf. Ziehe im Formular eine Ellipse auf und passe sie möglichst exakt in das Rechteck ein.

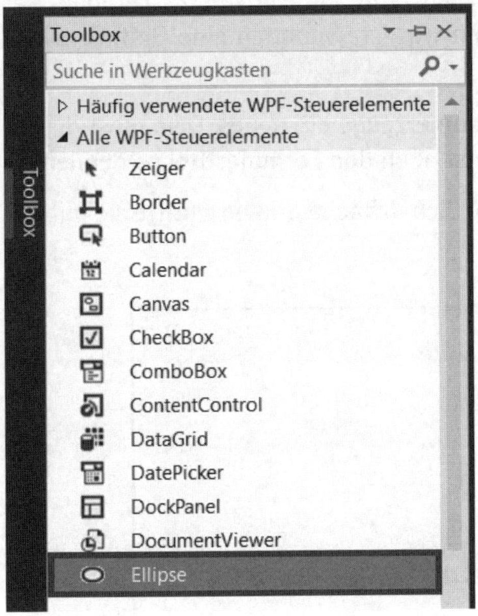

Das Ergebnis könnte dann so aussehen:

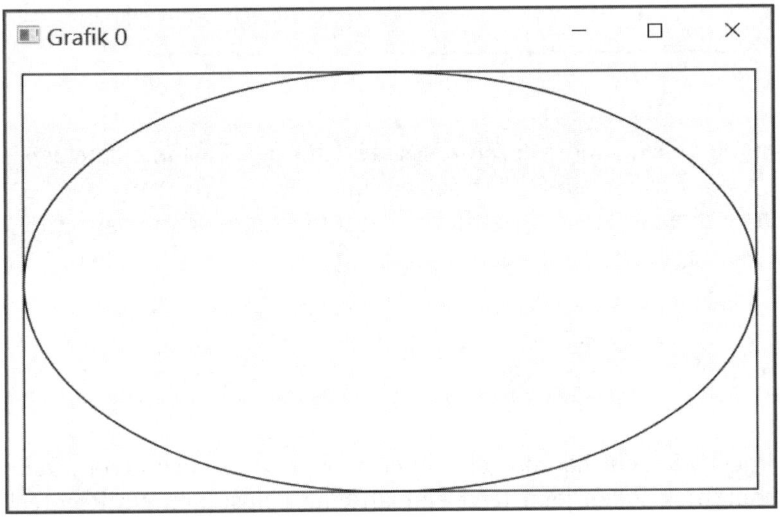

Die WPF-Bibliotheken bieten also zwei Klassen, mit denen man grafische Basis-Objekte erzeugen kann. Sie gehören nicht zu den Komponenten, sondern zur Gruppe der **Shapes**, was man hier freizügig als »geometrische Gebilde« übersetzen kann.

Diese Objekte sind nun im Programm von Anfang an da, einen Button brauchen wir hier nicht und ebenso keine button_Click-Methode. Das kann auch ein Nachteil sein, denn was ist, wenn ich eine Grafik erst auf Knopfdruck anzeigen will?

- Speichere dein Projekt und dann erzeuge ein neues. Dem gibst du den Namen Grafik1 (und du kannst auch den Formulartitel so nennen).
- Setze mitten ins Formular eine Schaltfläche und beschrifte sie mit Mal mal!

Wenn du willst, kannst du im XAML-Text für den Button die beiden Alignments **gleich auf** Center **setzen (und alle** Margin**-Werte auf 0), dann ist und bleibt die Schaltfläche garantiert in der Formularmitte:**

```
<Button x:Name="button" Content="Mal mal!"
HorizontalAlignment="Center" Height="40"
Margin="0,0,0,0" VerticalAlignment="Center"
Width="120"/>
```

Sieht irgendwie sehr harmlos aus. Aber da kommt ja noch etwas. Denn auf Knopfdruck sollen jetzt (erst einmal) eine Ellipse und ein Rechteck erscheinen. Da kann uns aber die Toolbox nicht weiterhelfen, denn die beiden grafischen Gebilde müssen **innerhalb** der Methode button_Click erzeugt und angezeigt werden.

➢ Doppelklicke auf die Schaltfläche und tippe diesen Quelltext ein (→ GRAFIK1):

```
Private Sub button_Click(sender As Object, _
e As RoutedEventArgs) Handles button.Click
  Dim Rechteck As New Rectangle()
  Rechteck.Height = Height - 70
  Rechteck.Width = Width - 40
  Rechteck.HorizontalAlignment = _
  HorizontalAlignment.Center
  Rechteck.VerticalAlignment = _
  VerticalAlignment.Center
  Rechteck.Stroke = Brushes.Black
  Raster.Children.Add(Rechteck)
End Sub
```

Zuerst wird ein Objekt namens Rechteck vereinbart und auch gleich erzeugt:

```
Dim Rechteck As New Rectangle()
```

Dann werden die Maße festgelegt, wobei ich Höhe und Breite des Formulars mitverwende, damit das Rechteck gut eingepasst wird:

```
Rechteck.Height = Height - 70
Rechteck.Width = Width - 40
```

Als Nächstes richte ich das Rechteck zentriert aus:

```
Rechteck.HorizontalAlignment = _
HorizontalAlignment.Center
Rechteck.VerticalAlignment = _
VerticalAlignment.Center
```

Und schließlich kommt das Wichtigste:

```
Raster.Children.Add(Rechteck)
```

Ohne diese letzte Zeile gibt es zwar ein Rechteck, sobald du auf den Button geklickt hast, es ist bloß nirgends zu sehen. Es muss erst ins Formular eingefügt werden. Genauer: Es wird ebenso wie schon der Button zum Kind der Komponente `Grid`, die den größten Teil des Formulars als (unsichtbares) Raster belegt.

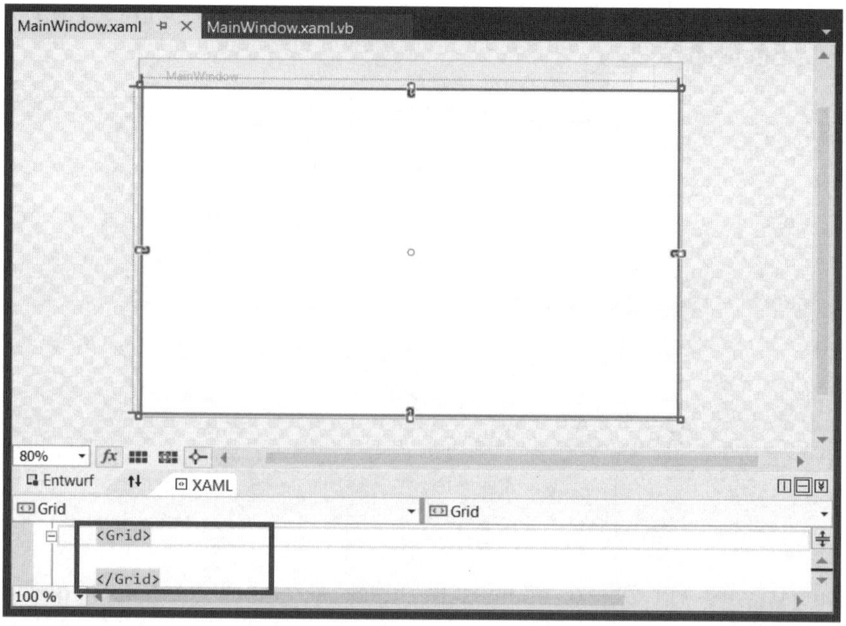

Ein solches Raster ist also der Bereich in einem Formular, der anderen Komponenten zur Verfügung steht. Ein Raster ist in der Regel (etwas) kleiner als das Formular selbst, u.a. weil die Titelleiste nicht mit einbezogen ist. Außerdem kann noch ein (schmaler) Rand dazukommen, der nicht von Komponenten belegt werden soll.

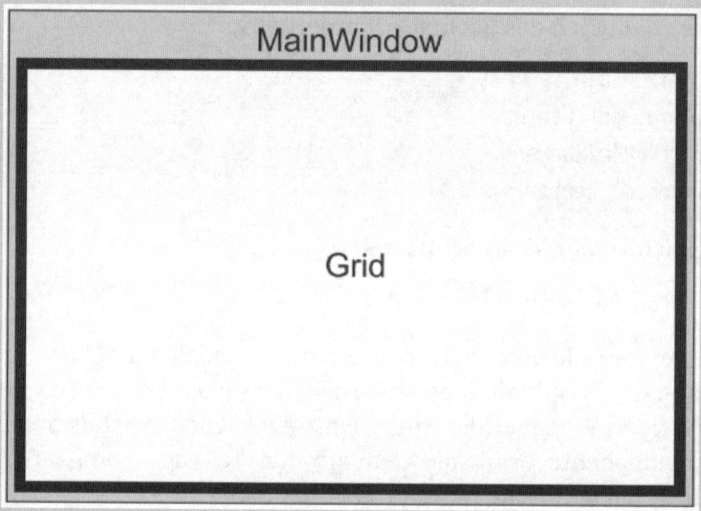

Lauffähig ist das Programm noch nicht, es ist noch eine kleine Zusatzarbeit nötig.

≫ Markiere das `Grid`-Element und gib im Eigenschaftenfenster für Namen den Text `Raster` ein.

Und im XAML-Bereich kannst du sehen, dass das Raster wirklich einen Namen hat.

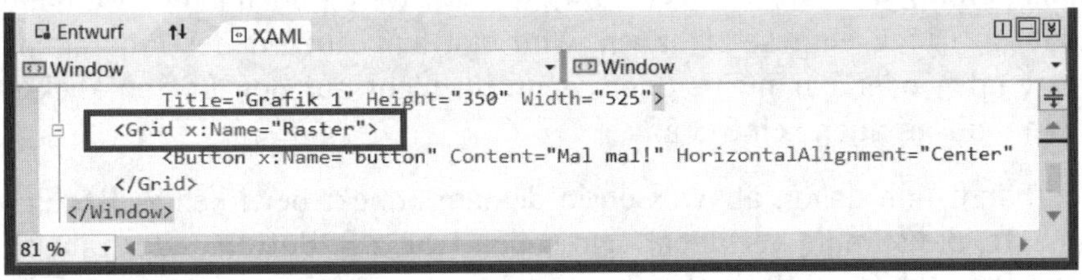

≫ Speichere alles und lasse das Programm laufen. Auf Knopfdruck erscheint ein Rechteck.

XAML oder Visual Basic?

Bei der Erzeugung eines Projekts wird für ein `Grid` im XAML-Text anfangs einfach nur ein (leerer) Rahmen vorgegeben:

```
<Grid>

</Grid>
```

Dazwischen werden dann die Komponenten eingefügt – als `Children`. Das erledigt Visual Studio automatisch, wenn wir im Entwurfsbereich z.B.

unseren Button aufziehen. Das haben wir bei unserer Null-Version des Grafik-Projekts auch mit dem Rechteck und der Ellipse gemacht. Und da sah der XAML-Text dann so aus (→ GRAFIK0):

```
<Grid>
  <Rectangle HorizontalAlignment="Center"
  Height="290" Margin="0,0,0,0" Stroke="Black"
  VerticalAlignment="Center" Width="490"/>
  <Ellipse HorizontalAlignment="Center"
  Height="290" Margin="0,0,0,0" Stroke="Black"
  VerticalAlignment="Center" Width="490"/>
</Grid>
```

Ein paar Wörter dürften dir vertraut vorkommen, wenn du die XAML-Beschreibung des Rectangle-Objekts mit dem Quelltext in Visual Basic vergleichst. Auffällig sind die Unterschiede. So muss ein Rechteck im Quelltext richtig vereinbart werden, dann kommen ja einige Zuweisungen, und schließlich landen wir wieder beim Einfügen ins Raster (Grid).

Der wesentliche Unterschied? Das, was im XAML-Text steht, wird vom Programm erledigt, **bevor** du das Formular zu sehen bekommst. Es ist also beim Programmstart bereits da. Das, was wir weiter oben in der Methode button_Click eingesetzt haben, wird erst zur **Laufzeit** des Programms erzeugt – oder gar nicht. Denn wenn du nicht auf den Button klickst, dann gibt es auch keine Grafik.

Es hängt nun davon ab, was du in deinem Projekt bewirken willst. Elemente, die ständig verfügbar sein sollen (wie z.B. Buttons oder Labels), werden vorher im Designfenster erstellt und gestaltet (ob nun im Entwurfsbereich oder im XAML-Bereich).

Werfen wir zuletzt einen Blick in den XAML-Bereich für das Projekt GRAFIK1:

```
<Grid x:Name="Raster">
  <Button x:Name="button" Content="Mal mal!"
  HorizontalAlignment="Center" Height="40"
  Margin="0,0,0,0" VerticalAlignment="Center"
  Width="120"/>
</Grid>
```

Das wird erst mal alles bleiben, was im XAML-Text für dieses Projekt steht.

Kehren wir nun zum Visual-Basic-Quelltext zurück und setzen wir dort noch die Ellipse ein.

> Ergänze die Methode button_Click um diese Zeilen (→ GRAFIK1):

```
Dim Oval As New Ellipse()
Oval.Height = Height - 70
Oval.Width = Width - 40
Oval.HorizontalAlignment = HorizontalAlignment.Center
Oval.VerticalAlignment = VerticalAlignment.Center
Oval.Stroke = Brushes.Black
Raster.Children.Add(Oval)
```

- Speichere alles nochmals und lasse das Programm laufen. Nun bekommst du ein Rechteck und eine Ellipse zu sehen.

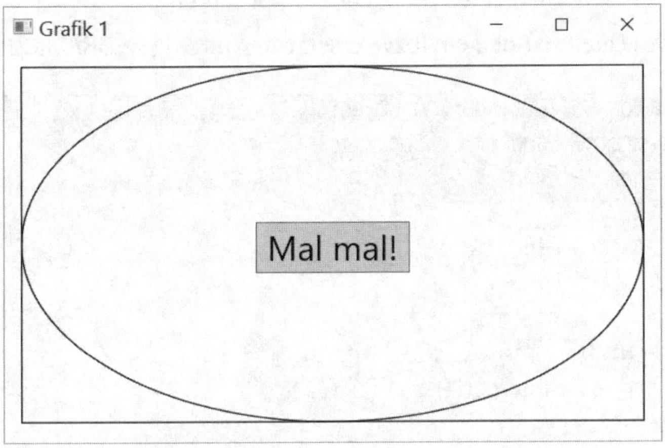

Sieht so aus, als hätte ich einfach nur die Wörter `Rechteck` und `Rectangle` durch `Oval` und `Ellipse` ausgetauscht? Ja stimmt, denn auch eine Ellipse übernimmt die Breite und Höhe eines (unsichtbaren) Rechteckbereichs, in die sie dann genau hineinpasst.

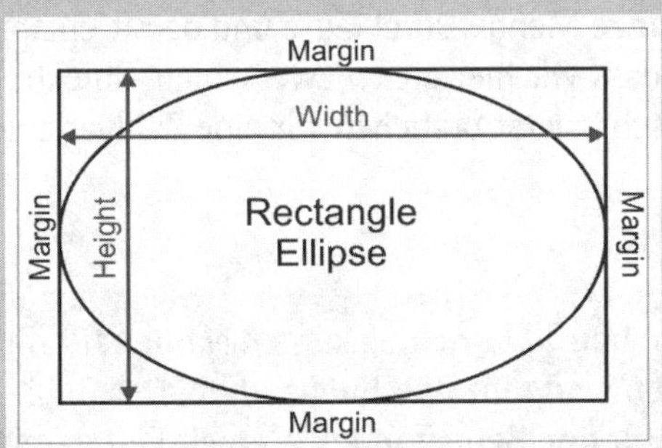

Wenn du mal weiter oben in den XAML-Text schaust, auch da steht eigentlich zweimal das Gleiche – bis auf ein Wort: Oben heißt es `Rectangle`, darunter `Ellipse`.

Jetzt wird's bunt

Ein grafisches Objekt habe ich bisher noch nicht erwähnt, es ist einfacher als ein Rechteck: die gerade Linie. (Die Mathematiker würden sagen: Strecke.)

Lass uns jetzt ein bisschen mit Objekten des Typs `Line` experimentieren. Dazu brauchen wir allerdings etwas mehr Farbe und nehmen auch den Zufall zur Hilfe. Für das neue Projekt eignet sich das alte, wir müssen bloß den Inhalt der `button_Click`-Methode ändern.

≫ Wenn du die alte Version behalten willst, erzeuge ein neues Objekt und verpasse ihm wieder einen Button in der Formularmitte.

≫ Dann gib diesen Quelltext neu ein (bzw. ersetze den alten) (→ GRAFIK2):

```
Private Sub button_Click(sender As Object, _
e As RoutedEventArgs) Handles button.Click
  Dim i As Integer
  For i = 0 To 88
    Dim Linie1 As New Line()
    Dim Linie2 As New Line()
    Linie1.X1 = 0 : Linie1.Y1 = i * 4
    Linie1.X2 = Width : Linie1.Y2 = Height - i * 4
    Linie1.Stroke = Farbe(Int(FMax * Rnd()))
    Linie2.X1 = i * 6 : Linie2.Y1 = 0
    Linie2.X2 = Width - i * 6 : Linie2.Y2 = Height
    Linie2.Stroke = Farbe(Int(FMax * Rnd()))
    Raster.Children.Add(Linie1)
    Raster.Children.Add(Linie2)
  Next
End Sub
```

Die `For`-Schleife verheißt eine ganze Menge Durchläufe und damit entsprechend viele Linien. Auffällig ist, dass wir hier gleich zwei Linien-Objekte im Einsatz haben. Aber der Reihe nach, zuerst brauchen wir eine Zählvariable:

```
Dim i As Integer
```

Bei Zählschleifen benutzt man häufig nur einen kurzen Namen für die Zählvariablen. Am beliebtesten sind einzelne Buchstaben. Der Buchstabe »i« steht als Abkürzung für den Begriff **Index**. Gemeint ist damit eine Messzahl z.B. für eine Nummerierung. Man könnte aber auch zum Beispiel wieder mal den Namen `Nr` oder einen anderen Buchstaben als »i« für die `For`-Schleife verwenden.

Und nun schauen wir uns mal das erste Anweisungspaar innerhalb der Schleife näher an:

```
Dim line As New Line()
Dim line1 As New Line()
```

Damit erzeugen wir pro Durchlauf zwei Linien, die jeweils andere Start- und Endpositionen erhalten. Hier die Zuweisungen für die erste Linie:

```
Linie1.X1 = 0 : Linie1.Y1 = i * 4
Linie1.X2 = Width : Linie1.Y2 = Height - i * 4
```

Jede Linie (bzw. Strecke) benötigt zwei Punkte, die jeweils aus zwei Koordinaten besteht: X1 und Y1 bezeichnen den Startpunkt, von dort aus zieht sich die Linie dann bis zum Endpunkt aus X2 und Y2.

Da sich die Werte bei jedem Durchlauf ändern, verläuft auch die nächste Linie immer anders als die vorige. Dazu kommen die Farben:

```
Linie1.Stroke = Farbe(Int(FMax * Rnd()))
```

Stroke bedeutet hier so viel wie »Pinselstrich«, damit ist gemeint, mit welcher Farbe die jeweilige Linie gezeichnet wird. Mit Rnd wird irgendein Zufallswert bis zu einem Maximum erzeugt, und Int macht alles zu einer ganzen Zahl. Und damit haben wir dann die Nummer einer Farbe aus einer Palette, in der die Linie erscheint.

Nun sind unter Windows über 16 Millionen Farben möglich, die Visual Basic natürlich unterstützt. Für die wichtigsten gibt es einen Namen, einige davon nehmen wir uns hier heraus und packen alle in ein Feld (unsere »Palette«):

```
Const FMax = 9
Dim Farbe() As Brush = New Brush() _
{Brushes.Black, Brushes.Gray, Brushes.White, Brushes.Cyan, Brus-
hes.Magenta, Brushes.Yellow, Brushes.Red, Brushes.Green, Brus-
hes.Blue}
```

Weil es neun Farbnamen sind, wird außerdem eine Ganzzahlkonstante auf diesen Wert festgelegt. Das Feld Farbe ist auch vom Typ Brush (wobei Visual Basic für die Konstanten die Mehrzahl Brushes verwendet).

Vereinbart wird das Variablenfeld (Array) `Farbe` erst einmal, ohne die Anzahl der Elemente anzugeben – deshalb die leeren (runden) Klammern. Mit dem anschließenden `New` wird dann Platz für mehrere Elemente geschaffen. Die wirklich genutzte Anzahl richtet sich nach dem, was in den **geschweiften** Klammern steht – hier sind es neun Elemente. Man nennt das auch die **Initialisierung** eines Feldes bzw. ihrer Elemente.

Die hier neue Art von Klammern erhältst du mit der [AltGr]-Taste: Sie stehen bei [7] und [0].

Damit sucht sich der Computer für das Zeichnen der Linien jedes Mal aufs Neue eine dieser Farben aus:

Konstante	Farbe	Konstante	Farbe	Konstante	Farbe
Black	Schwarz	Cyan	Türkis	Red	Rot
Gray	Grau	Magenta	Purpur	Green	Grün
White	Weiß	Yellow	Gelb	Blue	Blau

- Gib die Vereinbarungen der Farben im Editorfenster direkt unter der ersten Zeile (`Class MainWindow`) ein.
- Speichere alles noch einmal. Und nun steht einem Programmlauf nichts mehr im Wege. Klicke und schaue dir die bunten Linien an. (Du kannst auch einige Werte oder Formeln ändern und zuschauen, was mit den Linien passiert.)

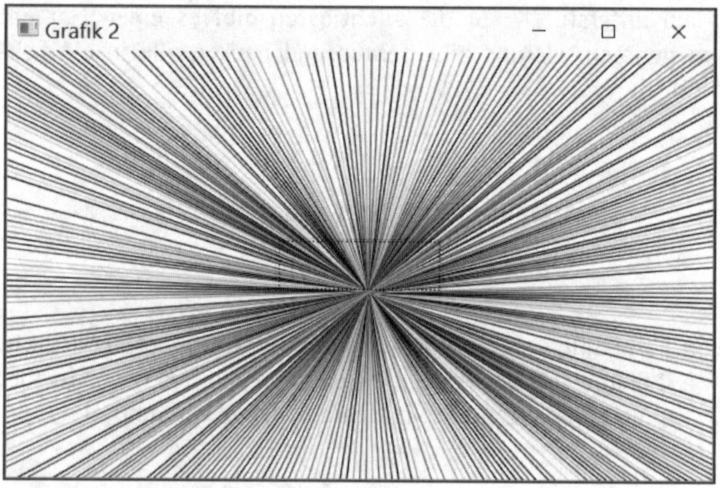

Am Monitor sieht's besser aus.

Dich stört, dass der Button verschwindet, weil er durch die Linien überdeckt wird? Dann füge einfach diese Zeile am Ende der Methode (direkt vor `End Sub`) hinzu:

```
Raster.SetZIndex(button, 1000)
```

Der Z-Index gibt an, an welcher Stelle ein Element in einem Formular oder Raster liegt. Das ist wie bei einem Stapel Papier. Beim Programmstart hat `button` den Z-Index 0, er liegt also im Stapel ganz unten. Die nachfolgenden Linien erhalten Werte ab 1 aufwärts. Wenn du anschließend dem Button einen sehr hohen Wert gibst, ist sichergestellt, dass du ihn auch wiedersiehst.

Eigene Methode?

Wenn ich mir den Quelltext für die bunten Linien so ansehe, dann sehe ich (fast) alles doppelt. Das hängt damit zusammen, dass es für mich einfacher war, das ganze Formular mit zwei Liniengruppen zu füllen. Würdest du alles, was mit `Linie2` zu tun hat, weglassen, würde das Programm natürlich auch laufen, aber das Ergebnis sähe nicht so schön aus, weil ein großer Teil der Formularfläche leer bleiben würde.

Dennoch stört mich die Verdopplung. Einen einfachen Weg, alles mit nur einer Liniengruppe zu lösen, habe ich nicht gefunden. Aber wie wäre es mit **einer** Methode, die einfach **zweimal** aufgerufen wird? Alles, was zum Erzeugen einer Linie nötig ist, packen wir in eine selbst erstellte Sub (→ GRAFIK2A):

```
Sub DrawLine(brush As Brush, x1 As Integer, _
y1 As Integer, x2 As Integer, y2 As Integer)
  Dim line As New Line()
  line.Stroke = brush
  line.X1 = x1 : line.Y1 = y1
  line.X2 = x2 : line.Y2 = y2
  Raster.Children.Add(line)
End Sub
```

Diese Methode übernimmt nun gleich fünf Parameter: zuerst die Zeichenfarbe, dann die Koordinaten von Start- und Endpunkt der Linie.

Was bleibt dann noch für `button-Click`? Schauen wir es uns an (→ GRAFIK2A):

```
Private Sub button_Click(sender As Object, _
e As RoutedEventArgs) Handles button.Click
  Dim i As Integer
  For i = 0 To 88
    DrawLine(Farbe(Int(FMax * Rnd())), _
    0, i * 4, Width, Height - i * 4)
    DrawLine(Farbe(Int(FMax * Rnd())), _
    i * 6, 0, Width - i * 6, Height)
  Next
End Sub
```

Nun ist diese Methode ziemlich schlank geworden. Am Ergebnis eines Programmlaufs ändert das nichts. Aber wenn du dir vorstellst, du hättest ein Programm mit zahlreichen Zeilen, also Hunderten oder Tausenden von Zeilen Quelltext, ist es auf jeden Fall mehr als eine Überlegung wert, ob man nicht möglichst oft selbst vereinbarte Methoden einsetzt, auch um den ganzen Quelltext lesbarer zu machen. Gelegenheiten dazu wird es in diesem Buch noch einige geben.

Eckig und rund

Auch für das nächste Programm kannst du das vorhergehende (GRAFIK2) weiterverwenden. Geändert werden muss nur der Inhalt von button_Click.

≫ Gib folgenden Quelltext neu ein bzw. ändere den alten um (→ GRAFIK3):

```
Private Sub button_Click(sender As Object, _
e As RoutedEventArgs) Handles button.Click
  Dim i As Integer
  For i = 0 To 44
    Dim Rechteck As New Rectangle()
    Rechteck.Width = Width - i * 8 - 24
    Rechteck.Height = Height - i * 6 - 48
    Rechteck.Stroke = Farbe(Int(FMax * Rnd()))
    Raster.Children.Add(Rechteck)
  Next
End Sub
```

Hier verschachteln sich die Rechtecke, weil bei jedem Durchlauf der For-Schleife die Ecken und Maße entsprechend geändert werden. Mit Width und Height haben wir die Maße des jeweiligen Rechtecks.

≫ Um genauer zu verstehen, was da vor sich geht, probiere einfach mal aus, was geschieht, wenn du einige Werte änderst.

Und damit du gar nicht erst zum Ausruhen kommst, gleich die nächste Version. Wieder betrifft es nur die Methode für den Knopfdruck.

≫ Tippe diesen Quelltext neu ein oder passe den vorigen entsprechend an (→ GRAFIK4):

```
Private Sub button_Click(sender As Object, _
e As RoutedEventArgs) Handles button.Click
  Dim i As Integer
  For i = 0 To 44
    Dim Oval As New Ellipse()
    Oval.Width = Width - i * 8 - 24
    Oval.Height = Height - i * 6 - 48
    Oval.Stroke = Farbe(Int(FMax * Rnd()))
    Raster.Children.Add(Oval)
  Next
End Sub
```

Und wieder steuert die Zählvariable `i` nacheinander einen Wert zwischen 0 und 44 an. Dabei wird die jeweilige Ellipse immer kleiner.

≫ Probieren ist auch hier angesagt: Ändere einfach ein paar Werte. Versuche auch mal zu erreichen, dass die Ellipsen die ganze Anzeigefläche im Formular füllen.

Wie kriegt man einen dickeren Rand für ein Rechteck oder eine Ellipse? Oder wie zeichnet man eine dickere Linie? Mit der Eigenschaft StrokeThickness, z.B.:

```
Rechteck.StrokeThickness = 2
Linie.StrokeThickness = 5
```

Standard ist der Wert 1.

Farbtupfer

Die gezeigten grafischen Objekte lassen sich nicht nur farbig zeichnen, sondern natürlich auch bunt ausmalen. Schauen wir uns das am Beispiel von Kreisen einmal an.

Dazu ist kein neuer Typ nötig: Ein Kreis ist ein Ellipse-Objekt, bei dem die Werte für Width und Height gleich groß sind. Ebenso wie ein Quadrat ein Rectangle-Objekt mit gleich großen Werten für Width und Height ist.

Hier sollte die Schaltfläche dem bunten Schauspiel möglichst wenig im Weg sein, deshalb machen wir sie etwas schlanker und verlegen sie nach ganz unten an den Rand des Formulars. Auch eine andere Beschriftung könnte dem Button nicht schaden.

In der Methode button_Click wird es jetzt richtig voll. Denn hier muss einiges geregelt werden, bevor es viele kleine bunte Kreise »regnet« (→ GRAFIK5):

```
Private Sub button_Click(sender As Object, e As RoutedEventArgs)
Handles button.Click
  Dim i As Integer
  Dim x, y, Dicke As Double
  ' Schwarzer Hintergrund
  Raster.Background = Brushes.Black
  For i = 1 To 500
    Dim Oval As New Ellipse()
    ' Zufalls-Position und -Größe
    x = Width * Rnd()
    y = Height * Rnd()
    Dicke = 20 * Rnd()
```

```
      Oval.Margin = New Thickness(x, y, 0, 0)
      Oval.Width = Dicke
      Oval.Height = Dicke
      ' grauer Rand, bunte Fläche
      Oval.Stroke = Brushes.Gray
      Oval.Fill = Farbe(Int(FMax * Rnd()))
      ' Ausrichtung oben-links
      Oval.HorizontalAlignment = _
      HorizontalAlignment.Left
      Oval.VerticalAlignment = _
      VerticalAlignment.Top
      Raster.Children.Add(Oval)
    Next
  End Sub
```

Hier werden ein paar mehr Variablen gebraucht, alle vom Typ `Double`:

```
Dim x, y, Dicke As Double
```

> Du erinnerst dich? `Single` und `Double` sind Dezimalzahlen, auch »Kommazahlen« genannt. Dabei können die einen weniger, die anderen mehr (= doppelt so viele) Stellen hinter dem Dezimalpunkt haben.

Bevor es dann losgeht mit den Kreisen, machen wir den »Hintergrundhimmel« schwarz, damit die »Sterne« oder Kreise richtig funkeln können:

```
Raster.Background = Brushes.Black
```

Die `For`-Schleife bleibt uns weiterhin erhalten. In ihr werden 500 Mal drei neue Zufallswerte für x, y und `Dicke` erzeugt, die dann Position und Durchmesser der Kreise bestimmen, die gezeichnet werden:

```
Dim Oval As New Ellipse()
x = Width * Rnd()
y = Height * Rnd()
Dicke = 20 * Rnd()
Oval.Margin = New Thickness(x, y, 0, 0)
Oval.Width = Dicke
Oval.Height = Dicke
```

Was ist mit `Margin`? Das kennst du schon, weil es uns bereits im XAML-Text begegnet ist. Damit lässt sich der (unsichtbare) Rand um ein grafisches Objekt herum festlegen, also bei einem Button ebenso wie bei einer

Ellipse bzw. einem Kreis. Womit die oder der dann auch eine bestimmte Position einnimmt.

Und wenn die Ausrichtung auf links oben eingestellt ist, liegt die Position unserer Kreise dann in einer bestimmten Entfernung von der linken oberen Ecke des Rasters (Grid). Weil man Margin nicht einfach eine einzelne Zahl übergeben kann, hilft uns die Funktion Thickness:

```
Oval.Margin = New Thickness(x, y, 0, 0)
```

Wenn der Rand überall der gleiche sein soll, kann man auch mal nur einen Wert an Thickness übergeben, z.B.:

```
Oval.Margin = New Thickness(i * Dicke)
```

Als Nächstes kommen die Farben. Stroke kennst du schon, damit wird die Farbe festgelegt, mit der der Objektrand gezeichnet wird. Fill ist neu, damit wird die Farbe festgelegt, mit der das Objekt gefüllt wird:

```
Oval.Stroke = Brushes.Gray
Oval.Fill = Farbe(Int(FMax * Rnd()))
```

Bei mir war in den letzten Projekt-Beispielen die Ausrichtung per Voreinstellung zentriert. Was nicht heißt, dass das immer so sein muss. Doch hier müssen wir uns festlegen:

```
Oval.HorizontalAlignment = HorizontalAlignment.Left
Oval.VerticalAlignment = VerticalAlignment.Top
```

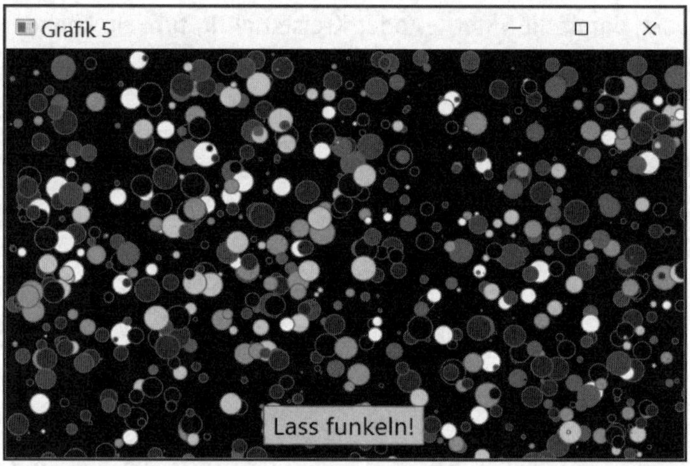

- Passe die Schaltfläche im Formular sowie den Quelltext für die Methode button_Click entsprechend an.
- Dann speichere das Programm, starte es und lasse es funkeln.

Noch ein Button?

Zuletzt möchte ich noch auf etwas kommen, das mit Grafik nur insoweit zu tun hat, als dass auch Komponenten irgendwie grafische Elemente sind. In diesem Kapitel haben wir Objekte eingesetzt, die erst während der Laufzeit des Programms in das Formular (bzw. ins Raster auf dem Formular) eingefügt wurden. Ob das auch mit Komponenten geht?

Nehmen wir an, du willst ein Projekt haben, in dem auf Knopfdruck ein zweiter Button erscheint. Da könnten wir es doch mal genauso versuchen wie bei den grafischen Objekten in den obigen Beispielen. Beginnen wir mit der Vereinbarung und Erzeugung, die dann so aussehen könnte:

```
Dim Knopf As New Button()
```

Dann kommen die ganzen Zuweisungen, was wir ja sonst über das Eigenschaftenfenster erledigt haben. Das sind hier allerdings nicht wenige. Der Button muss eine Aufschrift haben und eine bestimmte Schriftgröße:

```
Knopf.Content = "Hier bin ich"
Knopf.FontSize = button.FontSize
```

Für `FontSize` kannst du auch eine Zahl eingeben. Ich habe mich dafür entschieden, dass der neue Button die Schriftgröße seines »Zwillings« bekommen soll. Und so geht es dann für die Maße weiter:

```
Knopf.Width = button.Width
Knopf.Height = button.Height
```

Anders bei der Position, da möchte ich den neuen direkt unter den alten Button setzen:

```
Knopf.Margin = New Thickness(0, 160, 0, 0)
```

Schließlich sorge ich noch für die richtige Ausrichtung, und dann kann eingefügt werden:

```
Raster.Children.Add(Knopf)
```

> Und nun erzeuge ein neues Projekt, packe alles zusammen und in die `button_Click`-Methode hinein (TWINBTN1):

```
Private Sub button_Click(sender As Object, _
e As RoutedEventArgs) Handles button.Click
  Dim Knopf As New Button()
  Knopf.Content = "Hier bin ich"
  Knopf.FontSize = button.FontSize
  Knopf.Width = button.Width
```

```
    Knopf.Height = button.Height
    Knopf.Margin = New Thickness(0, 160, 0, 0)
    Knopf.HorizontalAlignment = _
    HorizontalAlignment.Center
    Knopf.VerticalAlignment = _
    VerticalAlignment.Top
    Raster.Children.Add(Knopf)
End Sub
```

≫ Speichere alles und probiere es aus.

Klappt es? Natürlich. Und du weißt nun, wie man Komponenten während der Laufzeit des Programms erzeugt. Das alles geht natürlich auch für all die Komponenten, die wir in früheren Projekten verwendet haben. (Wenn du willst, kannst du versuchen, das eine oder andere Programm umzustricken. Denke aber daran, dass so manche Vereinbarung dann in Windows_Loaded gehört.)

Zusammenfassung

Ziemlich bunt ging es hier zu. Aber das war nur die einfachere grafische Seite von WPF und Visual Basic. Dabei sind eine ganze Reihe neuer Elemente aufgetaucht:

Grid	Raster, das Komponenten und andere Objekte als »Children« aufnimmt
Rectangle	Rechteck (Shape-Objekt), auch Quadrat
Ellipse	Ellipse (Shape-Objekt), auch Kreis
Line	Gerade Linie (Shape-Objekt)
Stroke	Farbe für eine Linie oder den Rand eines grafischen Objekts
StrokeThickness	Strichstärke für eine Linie oder den Rand eines grafischen Objekts
Fill	Farbe für den Inhalt eines grafischen Objekts
Brush	Klasse für Zeichen- und Malfarben
Height	Höhe eines Objekts
Width	Breite eines Objekts
Margin	Randbereiche eines Objekts

`Thickness`	Klasse für die »Dicke« von Rändern
`New`	Erzeugen eines neuen Objekts
`SetZIndex`	Methode, um die Z-Position (den Z-Index) eines Objekts auf dem Formular festzulegen

Ein paar Fragen ...

1. Wo liegt der Ursprung des Koordinatensystems auf dem Display oder Monitor?
2. Was ist der Unterschied, wenn ein Objekt in der XAML-Datei oder im Visual-Basic-Quelltext erzeugt wird?

... und ein paar Aufgaben

1. Ersetze im Projekt GRAFIK5 die bunten Kreise durch bunte Quadrate.
2. Erstelle ein neues Projekt, in dem auf Knopfdruck ein Rechteck, eine Ellipse und zwei gekreuzte Linien angezeigt werden. Benutze dafür drei eigene Methoden (wie in GRAFIK2A).
3. Verwende im letzten Projekt eine `Boolean`-Variable, damit nicht auf Knopfdruck immer wieder ein Button (auf derselben Stelle) erzeugt werden kann.

11

Animationen

Nun hast du es in den ersten zehn Kapiteln mit Visual Basic doch recht weit gebracht. Dabei tauchte immer mal wieder ein Wort auf: Objekt. Irgendwie ist offenbar vieles, was da herumschwirrt, ein Objekt.

Einige Objekte strotzen nur so von Eigenschaften, wie man im Eigenschaftenfenster sehen kann. Und sie haben auch einiges an Methoden zu bieten. Da wächst der Ansporn, mal selber so etwas herzustellen. Du willst also ein eigenes Objekt haben? Na gut, basteln wir uns so ein Ding zusammen. Und packen wir etwas Grafisches hinein, das sich natürlich auch bewegen darf.

In diesem Kapitel lernst du

- wie man grafische Objekte animieren kann
- was eine Klasse ist und wie man sie vereinbart
- die Zugriffsmodi `Private` und `Public` kennen
- was ein Konstruktor ist
- den Unterschied zwischen Funktionen und Prozeduren kennen

Erst mal ein Kreis

Na ja, wenn man sich das Angebot von Visual Basic so anschaut, dann muss man sich schon fragen: Was soll man da noch selber machen – außer die Komponenten ins Formular zu setzen und ein paar Zeilen Quelltext zu schreiben?

Wir können ja mal klein anfangen, damit wir die Denkweise verstehen, die hinter dem Programmieren von Objekten, der sogenannten **objektorientierten Programmierung** steckt. Dazu nehmen wir uns ein einfaches grafisches Gebilde: den Kreis. Der soll im Formular auf Knopfdruck erscheinen, sich bewegen und wieder verschwinden.

Zuerst brauchen wir dazu ein Fenster mit drei Schaltflächen, die unten am Bildrand liegen sollten:

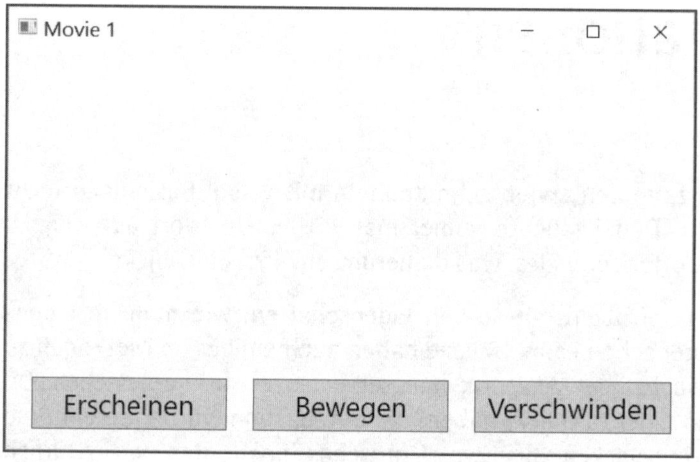

≫ **Erzeuge also ein neues Projekt und gib ihm den Namen** `Movie1`.

Und los geht's mit der `Window_Loaded`**-Methode, wo wir das Grafik-Objekt erzeugen und die Startposition und die Maße des Kreises festlegen (→ MOVIE1):**

```
Private Sub Window_Loaded(sender As Object, _
e As RoutedEventArgs)
  Kreis.Width = Height / 2
  Kreis.Height = Height / 2
  Kreis.Margin = New Thickness(20, 30, 0, 0)
  Kreis.Stroke = Brushes.Black
  Kreis.Fill = Brushes.Red
  Kreis.HorizontalAlignment = HorizontalAlignment.Left
```

```
  Kreis.VerticalAlignment = VerticalAlignment.Top
  Kreis.Visibility = Visibility.Hidden
  Raster.Children.Add(Kreis)
End Sub
```

In den vergangenen Grafik-Projekten wurde das Objekt innerhalb der Methode button_Click erzeugt, hier geschieht dies bereits, bevor das Formular auf der Bildfläche erscheint. Allerdings ist der Kreis (mit schwarzem Rand und roter Füllung) bis jetzt noch nicht sichtbar.

Dafür sorgt die Eigenschaft Visibility: Hidden heißt frei übersetzt unsichtbar. Das Gegenstück ist Visible.

Was in dieser Methode fehlt, ist die Vereinbarung und Erzeugung des Objekts Kreis. Die muss **global** sein, gehört also direkt unter die erste Quelltext-Zeile (Class MainWindow):

```
Dim Kreis As New Ellipse()
```

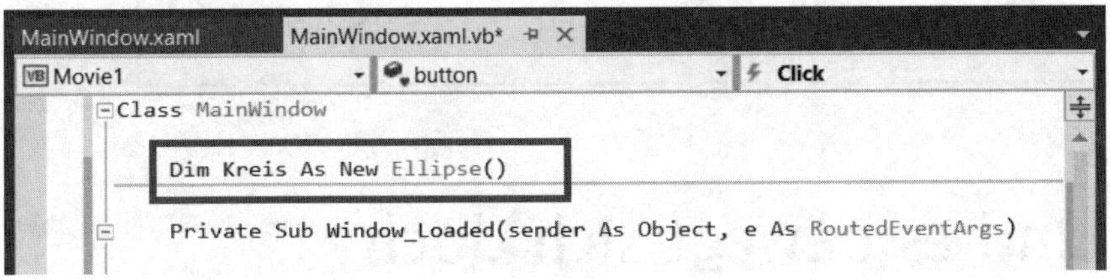

Denn sonst ist Kreis nur innerhalb der Methode Window_Loaded bekannt. So aber weiß jede künftige Methode Bescheid, die wir noch definieren. Womit wir auch schon zu den drei Schaltflächen kommen, die das Erscheinen, Bewegen und Verschwinden des Kreises auslösen sollen.

Beginnen wir mit der Methode für die linke Schaltfläche button_Click, die den Kreis sichtbar machen soll (→ MOVIE1):

```
Private Sub button_Click(sender As Object, _
e As RoutedEventArgs) Handles button.Click
  Kreis.Visibility = Visibility.Visible
End Sub
```

Hier genügt nur eine einzige Zeile. Das Gleiche gilt für die Methode, die den rechten Button bedient:

```
Private Sub button2_Click(sender As Object, _
e As RoutedEventArgs) Handles button2.Click
  Kreis.Visibility = Visibility.Hidden
End Sub
```

≫ Tippe den Quelltext für die drei Methoden sowie die globale Vereinbarung schon mal ein.

≫ Dann speichere alles und lasse das Programm zur Probe laufen. Klicke dabei abwechselnd auf ERSCHEINEN und VERSCHWINDEN.

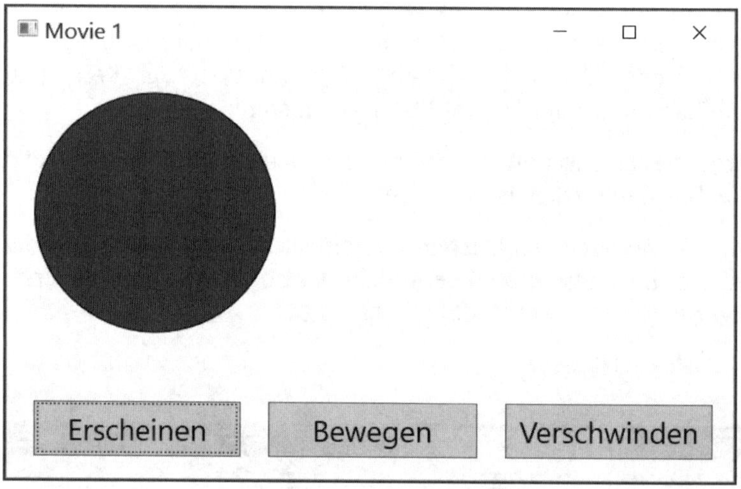

Und es bewegt sich doch

Dieser Kreis soll sich nun mit Klick auf den gleichnamigen Button (von links) nach rechts bewegen. Dazu muss der Kreis horizontal verschoben werden. Könnte man das nicht einfach mit einer For-Schleife erledigen, in der der linke Margin-Wert verändert wird? Zum Beispiel so:

```
For i = 20 To Width - Kreis.Width - 40
  Kreis.Margin = New Thickness(i, 30, 0, 0)
Next
```

Das klappt im Prinzip, geschieht aber so schnell, dass du nur einen Kreis zu sehen bekommst, der von links nach rechts springt. Doch das ist nicht das, was wir wollen. Um das Ganze etwas auszubremsen, müsste das Programm nach jedem Schub kurz pausieren. Dazu kann man verschiedene Hilfsobjekte einsetzen, z.B. einen Timer. Das klingt nicht so, als wäre das mit ein paar Zeilen erledigt.

Doch die WPF-Bibliotheken haben etwas zu bieten, das wir uns hier einmal näher anschauen sollten. Am besten gleich alles auf einmal. Aber vorher müssen wir dazu die passende Bibliothek auch importieren:

```
Imports System.Windows.Media.Animation
```

Diese Anweisung gehört ganz oben noch über die erste Zeile!

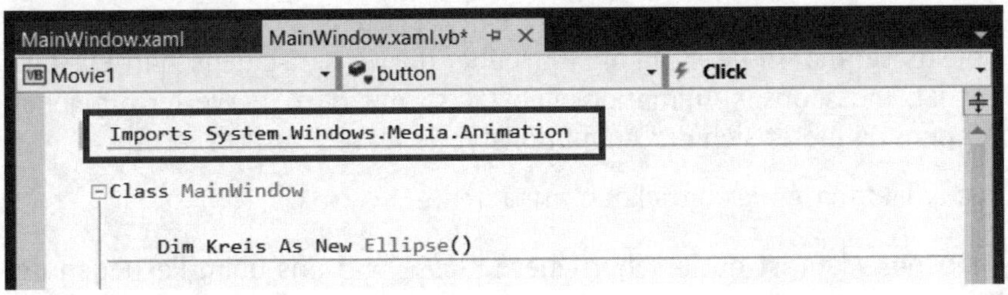

Und das bekommt die Methode für den mittleren Button jetzt zu tun (→ MOVIE1):

```
Private Sub button1_Click(sender As Object, _
e As RoutedEventArgs) Handles button1.Click
  Dim animation As New ThicknessAnimation()
  animation.From = New Thickness(20, 30, 0, 0)
  animation.To = _
  New Thickness(Width - Kreis.Width - 40, 30, 0, 0)
  animation.Duration = _
  New Duration(TimeSpan.FromSeconds(2))
  Kreis.BeginAnimation _
  (Ellipse.MarginProperty, animation)
End Sub
```

- Ergänze den Quelltext auch für diese Methode. Und vergiss die `Imports`-Zeile nicht.
- Dann speichere das Programm, lasse einen Kreis erscheinen, sich bewegen und verschwinden.

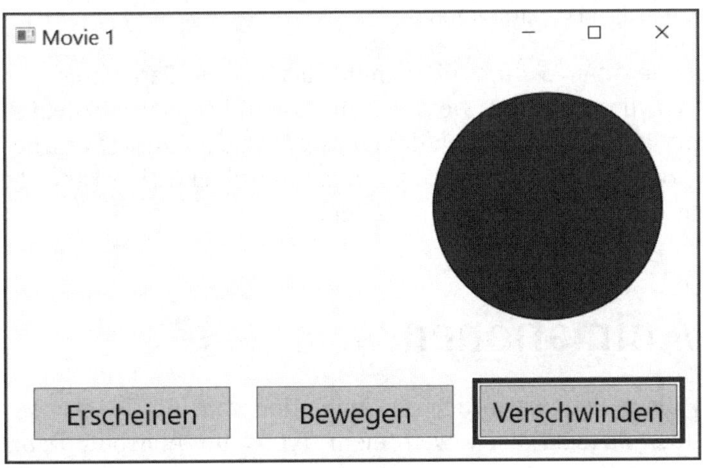

Und jetzt willst du natürlich wissen, was die Anweisungen in der Methode button1_Click zu bedeuten haben. Für eine Animation braucht man ein Animationsobjekt. In unserem Falle eines, bei dem sich die Position eines Objekts verändern lässt. Da die (nur) über die Margin-Eigenschaft einstellbar ist, muss unser Animationsobjekt also mit Margin-Werten umgehen können. Da bietet sich der Animationstyp ThicknessAnimation an:

```
Dim animation As New ThicknessAnimation()
```

Thickness kennst du ja schon, diese Klasse war uns beim Festlegen der Margin-Werte nützlich.

Nun haben wir ein Animationsobjekt, das wir mit einigen Werten füttern müssen, ehe wir es in Bewegung setzen. Mit From setzen wir die Anfangswerte:

```
animation.From = New Thickness(20, 30, 0, 0)
```

Von dort soll die Animation starten. Dann kommt der Zielwert, der mit To bestimmt wird:

```
animation.To = _
New Thickness(Width - Kreis.Width - 40, 30, 0, 0)
```

Außerdem brauchen wir einen Wert für die Dauer der Animation. Die wird mit Duration festgelegt:

```
animation.Duration = _
New Duration(TimeSpan.FromSeconds(2))
```

TimeSpan ist eine Klasse, die mit Zeitintervallen bzw. Zeitspannen umgehen kann. Und die Methode FromSeconds gibt die Zeit in Sekunden an.

Nun muss der Kreis noch wissen, dass er sich in Bewegung setzen soll:

```
Kreis.BeginAnimation _
(Ellipse.MarginProperty, animation)
```

Die Methode BeginAnimation übernimmt als ersten Parameter den Eigenschaftstyp, der animiert werden soll. MarginProperty bedeutet, dass etwas mit den Margin-Werten der Ellipse (bzw. des Kreises) geschehen soll. Der zweite Parameter ist das Animationsobjekt. Nun kann die Animation mit den gegebenen Daten starten.

Mehr Animationen?

In unserem Falle genügt eigentlich die Animation vom Typ Thickness-Animation, aber da sind noch weit mehr Typen im Angebot. Dabei bezeichnet der Zusatz zu dem »Nachwort« Animation den Datentyp, den die Eigenschaften From und To übernehmen.

ThicknessAnimation bekommt eine Sammlung von 4 Zahlwerten. Für manche Animation reicht aber auch der Typ DoubleAnimation. Schauen wir uns an einem Beispiel an, wie man den einsetzen kann (→ MOVIE1A):

```
Private Sub button1_Click(sender As Object, _
e As RoutedEventArgs) Handles button1.Click
  Dim animation As New DoubleAnimation()
  animation.From = Height / 2 + 20
  animation.To = Width - 50
  animation.Duration = _
  New Duration(TimeSpan.FromSeconds(2))
  Kreis.BeginAnimation _
  (Ellipse.WidthProperty, animation)
End Sub
```

Hier bekommen From und To jeweils nur eine einfache Zahl (vom Typ Double). Natürlich lässt sich damit dann keine Verschiebung mithilfe von Margin mehr animieren, sondern hier kommt eine andere Property zum Zuge: Mit WidthProperty soll die Animation die Breite des Objekts verändern.

≫ Erstelle ein neues Projekt und tippe dort den Quelltext ein (du kannst auch ein Rechteck benutzen, wenn du willst). Dann lasse das Programm laufen.

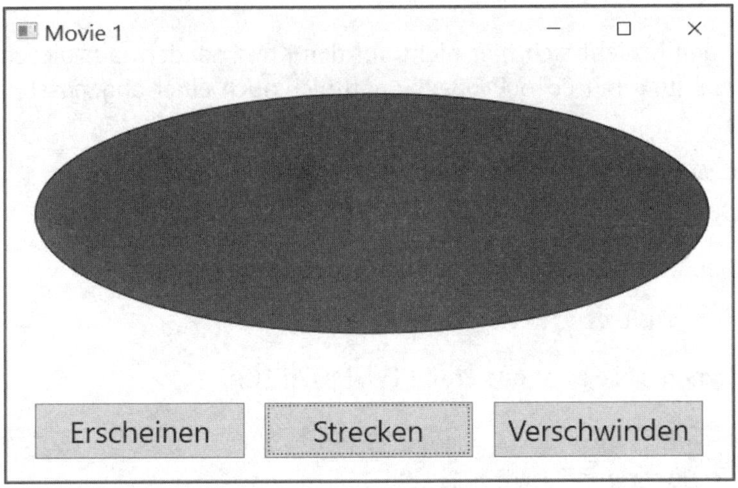

Unnötig zu erwähnen, dass sich mit HeightProperty die Höhe eines Objekts verändern lässt?

Ebenfalls mit DoubleAnimation lässt sich ein Objekt aus- und wieder einblenden, wie die folgende Methode zeigt (→ MOVIE1B):

```
Private Sub button1_Click(sender As Object, _
e As RoutedEventArgs) Handles button1.Click
  Dim animation As New DoubleAnimation()
  animation.From = 1.0
  animation.To = 0.0
  animation.AutoReverse = True
  animation.Duration = _
  New Duration(TimeSpan.FromSeconds(5))
  Kreis.BeginAnimation _
  (Ellipse.OpacityProperty, animation)
End Sub
```

Hier bewegt sich alles zwischen den Werten 1 und 0. Und es geht dabei um die OpacityProperty, die Transparenz: 1 bedeutet, dass ein Objekt völlig undurchsichtig ist, 0 heißt: Das Objekt ist unsichtbar. Mit Klick auf den mittleren Button wird der Kreis zuerst unsichtbar und erscheint dann wieder. Dafür sorgt die Eigenschaft AutoReverse.

Wo wir gerade beim Aussehen eines Objekts sind: Wie wäre es mit einer Farbveränderung? Dafür gibt es den Typ ColorAnimation. Allerdings sieht der Quelltext dafür ein bisschen kompliziert aus, wir brauchen einen anderen »Pinseltyp« als Brush:

```
Dim brush As New SolidColorBrush()
```

Die Animation bezieht sich hier nicht auf den Kreis, sondern auf diesen neuen Pinsel (und mit ColorProperty natürlich auch einer angepassten Property):

```
brush.BeginAnimation _
(SolidColorBrush.ColorProperty, animation)
```

Und anschließend wird der Kreis mit der neuen Farbe gefüllt:

```
Kreis.Fill = brush
```

Was zusammen diese Methode ergibt (→ MOVIE1C):

```
Private Sub button1_Click(sender As Object, _
e As RoutedEventArgs) Handles button1.Click
  Dim brush As New SolidColorBrush()
  Dim animation As New ColorAnimation()
  animation.From = Colors.Red
```

```
    animation.To = Colors.Blue
    animation.AutoReverse = True
    animation.Duration = _
    New Duration(TimeSpan.FromSeconds(5))
    brush.BeginAnimation _
    (SolidColorBrush.ColorProperty, animation)
    Kreis.Fill = brush
End Sub
```

Womit du jetzt einige Möglichkeiten gesehen hast, um die Eigenschaften eines Objekts zu animieren. Die eine oder andere wirst du sicher bei späteren Projekten brauchen können.

Eine neue Klasse

Wir kommen jetzt wieder zu unserem Projekt, in dem es um die Bewegung eines Objekts ging. Alles zusammen eigentlich doch etwas, das man zu einer Einheit zusammenfassen kann: Dazu gehören dann Position und Größe des Kreises ebenso wie die Verfahren zum Erscheinen, Bewegen und Verschwinden.

Das könnten die Eigenschaften und die Methoden eines **neuen** Objekts sein. Was hindert uns daran, eine Klasse für ein solches Objekt – unser eigenes – zu erschaffen? Doch wie soll das Ganze aussehen? Versuchen wir's zunächst mal mit diesem Gerüst:

```
Class MoveCircle
  ' Eigenschaften
  Private Oval As New Ellipse()
  Private x, y, Dicke As Integer
  ' Methoden
  Public Sub New()
  End Sub
  Public Sub Show()
  End Sub
  Public Sub Move()
  End Sub
  Public Sub Hide()
  End Sub
End Class
```

Alles, was ein Kreis braucht?

Damit wird alles zu einer **Klasse** MoveCircle. In einem sehr frühen Kapitel habe ich schon mal darüber geschrieben, was eine Klasse ist. Schon zu lange her? Na, dann noch mal:

Wie im richtigen Leben auch kann es in Visual Basic mehrere Objekte eines Typs geben. Ein solcher **Objekttyp** wird in Visual Basic **Klasse** genannt. Denke nur mal an die vielen Schaltflächen: Das sind alles Objekte, die wir von der Klasse Button abgeleitet haben. Bei einem Objekt spricht man auch von der **Instanz** einer Klasse. Du warst und bist eine Instanz der Klasse Mensch, klar. Inzwischen aber bist du auch zu einer Instanz der Klasse Programmierer geworden. (Oder anders ausgedrückt: ein Objekt vom Typ Programmierer.)

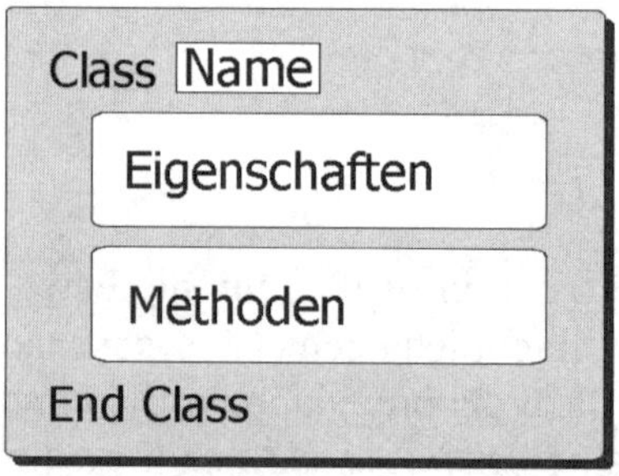

Eingeleitet wird jede Klassenvereinbarung mit Class. Dann folgt der Name der Klasse. Am Ende wird alles mit End Class abgeschlossen.

Die Zeilen dazwischen umfassen dann die Namen sämtlicher **Eigenschaften** und **Methoden**, über die die Klasse verfügen soll. Das sind bei unserer Klasse Kreis diese Elemente:

Name	Bedeutung
x	Eigenschaft: Rand links (entspricht hier dem ersten Margin-Wert)
y	Eigenschaft: Rand oben (entspricht hier dem zweiten Margin-Wert)
Dicke	Eigenschaft: Durchmesser (= Breite und Höhe) (entspricht hier Width und Height)
New	Methode: Kreis wird initialisiert (Konstruktor)
Show	Methode: Kreis wird angezeigt
Move	Methode: Kreis wird über Rasterfläche bewegt
Hide	Methode: Kreis wird unsichtbar

Das `Private` begleitet uns ja schon von Anfang an, weil es von Visual Basic automatisch vor jede `Sub`-Vereinbarung gesetzt wird, die wir durch Mausklick auf eine Komponente erzeugt haben. Weil wir in eigenen Klassenvereinbarungen aber nun auch mit diesem Wörtchen hantieren, und dazu noch mit `Public` ein weiteres »Fremdwort« benutzen, ist es an der Zeit, mal zu erklären, was diese beiden eigentlich bedeuten:

Mit `Public` vereinbart stehen Klassen, Eigenschaften und Methoden jedem anderen Objekt zur Verfügung. Man sagt: Der Zugriffsmodus ist öffentlich.

Ganz anders sieht es bei Methoden und Eigenschaften aus, die unter `Private` vereinbart sind: Auf ein privates Element können nur Methoden der Klasse zugreifen, in der es vereinbart ist. Man sagt: Der Zugriffsmodus ist privat.

Das bedeutet für unsere neue Klasse `MoveCircle`, dass die Methoden anderer Objekte wie z.B. einer Schaltfläche im aktuellen Formular nichts mit `x` oder `y` oder `Dicke` anfangen können. Wozu auch? Es genügt doch, wenn ein Objekt vom Typ `MoveCircle` diese Elemente **selbst** bearbeitet.

Doch damit unser Projekt überhaupt funktionieren kann, müssen Methoden von `MainWindow` natürlich auf einige Methoden eines `MoveCircle`-Objekts zugreifen können. Und ausschließlich die werden dann als öffentlich (= `Public`) vereinbart.

Eigenschaften, Methoden und ein Konstruktor

Die Bedeutung der drei Eigenschaften dürfte eigentlich klar sein. Damit wird der Kreis eindeutig beschrieben – wenn `x`, `y` und `Dicke` entsprechende Werte haben. Wir werden sehen, ob das schon alles an Eigenschaften ist oder noch etwas hinzukommt.

An Methoden hast du wahrscheinlich nur drei erwartet, doch da ist noch eine andere, die den Namen `New` trägt. Das ist die Methode, die die Eigenschaftswerte initialisiert. Der Kreis ist erst mal nichts, denn die Werte für `x`, `y` und `Dicke` sind bestenfalls Nullen.

Ein komisches Ding, so ein Kreis, der bei `x=0` und `y=0` anfängt und einen Durchmesser von 0 hat! Selbst mit einem Mikroskop ist der nicht zu erkennen. Die Methode `New` sorgt dafür, dass aus dem Kreis ein sichtbarer

Kreis werden kann. Außerdem muss er noch gezeichnet werden und braucht eine Unterlage (mit der er verschoben werden kann). Daher benötigt er auch ein paar Parameter, und zwar mindestens diese:

```
xx As Integer, yy As Integer, dd As Integer
```

Dabei mache ich es mir bequem, denke mir nicht extra neue Namen aus, sondern verdopple einfach den Anfangsbuchstaben.

Du kannst dir wohl denken, dass die Eigenschaften `x`, `y` und `Dicke` gleich zu Anfang die Werte dieser Parameter erhalten müssen. Das ist Aufgabe der Methode `New`, die auch **Konstruktor** genannt wird. So ganz neu ist dir der Name dieser Methode nicht, und so wird es dich auch nicht wundern, dass sie ein bisschen mehr »auf der Pfanne« hat als nur das, was wir »innen drin« vereinbart haben:

Der Konstruktor hat allgemein die Aufgabe, einem Objekt bei seiner Entstehung zu helfen. Dabei tut er also auch einiges, was nicht zwischen `Sub` und `End Sub` steht. Er sorgt dafür, dass das ganze Objekt z.B. vom Typ `MoveCircle` genügend Speicherplatz bekommt und nachher auch funktionstüchtig ist.

Wohin gehört die `Class`-Vereinbarung? Entweder komplett **über** die Klassen-Vereinbarung von `MainWindow` oder komplett **darunter**. Auf keinen Fall hinein, denn es handelt sich ja um eine eigene `Class`-Struktur, die neben der von `MainWindow` existiert.

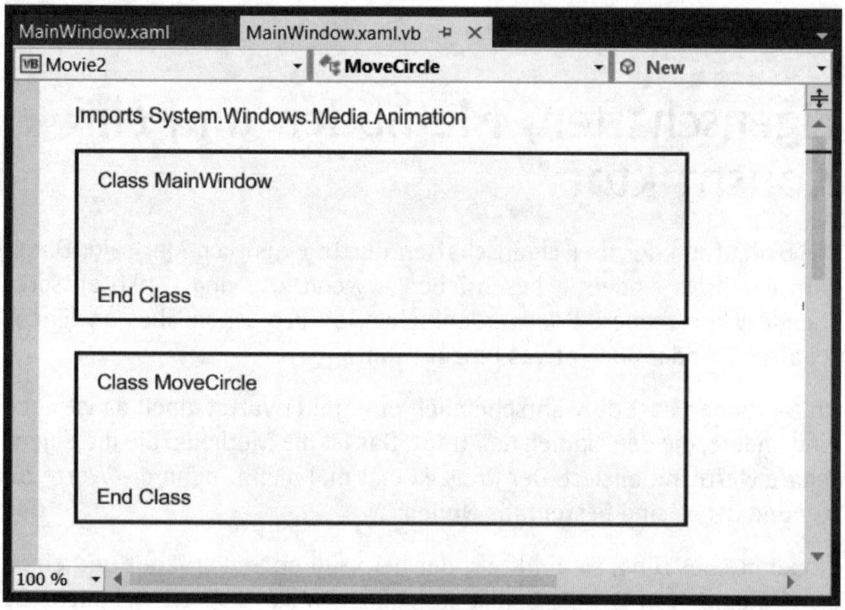

⋙ Tippe erst einmal das obige Gerüst in den Quelltext ein und speichere dann das ganze Projekt.

Nun wollen wir uns mit dem Füllen der einzelnen Methoden beschäftigen. Was gehört in die New-Methode? Doch alles das, was bis jetzt noch in Window_Loaded steht.

⋙ Markiere also die gesamten Anweisungen in der Window_Loaded-Methode und schneide sie aus. Dann füge sie in die Zeilen zwischen Public Sub New **und** End Sub **ein.**

Anschließend gibt es noch einiges nachzubessern, sodass dieser Konstruktor schließlich komplett so aussieht (→ MOVIE2):

```
Public Sub New(rr As Grid, xx As Integer, _
yy As Integer, dd As Integer, ss As Integer)
  Raster = rr : x = xx : y = yy
  Dicke = dd : Strecke = ss
  Oval.Width = Dicke : Oval.Height = Dicke
  Oval.Margin = New Thickness(x, y, 0, 0)
  Oval.Stroke = Brushes.Black
  Oval.Fill = Brushes.Red
  Oval.HorizontalAlignment = HorizontalAlignment.Left
  Oval.VerticalAlignment = VerticalAlignment.Top
  Oval.Visibility = Visibility.Hidden
  Raster.Children.Add(Oval)
End Sub
```

Da sind doch noch zwei Parameter hinzugekommen? Der erste ist nötig, damit wir am Schluss den Kreis (bzw. das Oval) ins Raster einfügen können. Deshalb übernimmt New als ersten Wert das aktuelle Grid-Objekt aus dem Formular. Dann kommen die ganzen Zuweisungen an die Eigenschaften:

```
Raster = rr : x = xx : y = yy
Dicke = dd : Strecke = ss
```

Die Eigenschaft Strecke gibt an, bis zu welcher Stelle sich das Objekt bewegen soll.

Anschließend folgt all das, was du schon von weiter oben kennst: Der Kreis bekommt seine Daten und wird ins Raster eingefügt.

⋙ Passe den Quelltext der New-Methode an.

Ähnlich wie eben verfahren wir bei den anderen Methoden von MoveCircle: einfach die Inhalte der drei button_Click-Methoden ausschneiden und in Show, Move und Hide einfügen.

Das ergibt bei mir dann dieses Bild (→ MOVIE2):

```
Public Sub Show()
  Oval.Visibility = Visibility.Visible
End Sub

Public Sub Move()
  Dim animation As New ThicknessAnimation()
  animation.From = New Thickness(x, y, 0, 0)
  animation.To = _
  New Thickness(Strecke - Dicke, y, 0, 0)
  animation.Duration = _
  New Duration(TimeSpan.FromSeconds(2))
  Oval.BeginAnimation _
  (Ellipse.MarginProperty, animation)
End Sub

Public Sub Hide()
  Oval.Visibility = Visibility.Hidden
End Sub
```

➢ Transportiere die Anweisungen von den `Click`-Methoden allesamt in die Methoden der neuen Klasse.

Erscheinen, Bewegen, Verschwinden

Nun sind die Methoden der `MainWindow`-Klasse völlig verwaist. Damit ist das Programm aber doch ziemlich witzlos geworden. Denn bei einem Mausklick auf eine der drei Schaltflächen passiert rein gar nichts mehr.

Also muss unser Objekt auch erzeugt und seine Methoden aufgerufen werden. Zuerst kommt hier eine einfache Vereinbarung, die noch über allen Methoden steht (→ MOVIE2):

```
Dim Kreis As MoveCircle
```

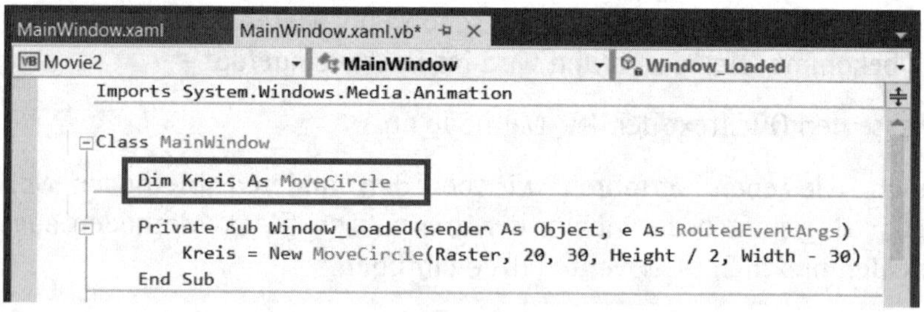

Mit Kreis haben wir also eine Instanz von MoveCircle. Und damit die funktionstüchtig ist, muss der Konstruktor (New) für die richtige Initialisierung sorgen:

```
Private Sub Window_Loaded(sender As Object, _
e As RoutedEventArgs)
  Kreis = New MoveCircle(Raster, 20, 30, _
  Height / 2, Width - 30)
End Sub
```

Jetzt hat das Objekt seinen angemessenen Platz im Arbeitsspeicher deines Computers.

> Nun verstehst du auch genauer, was dieses New bedeutet hat, wenn es in früheren Projekten zum Einsatz kam.
>
> Und wie du siehst, wird ein Konstruktor nicht einfach so aufgerufen, sondern muss einem Objekt direkt zugewiesen werden.

Es fehlen nun nur noch die Anweisungen für das Erscheinen, Bewegen und Verschwinden des Kreises (→ MOVIE2):

```
Private Sub button_Click(sender As Object, _
e As RoutedEventArgs) Handles button.Click
  Kreis.Show()
End Sub

Private Sub button1_Click(sender As Object, _
e As RoutedEventArgs) Handles button1.Click
  Kreis.Move()
End Sub

Private Sub button2_Click(sender As Object, _
e As RoutedEventArgs) Handles button2.Click
  Kreis.Hide()
End Sub
```

≫ Ergänze die drei button_Click-Methoden um die drei Kreis-Anweisungen.

Auch bei unserem selbst vereinbarten Objekt verwenden wir den Punkt (.) als **Zugriffsoperator**. Er stellt eine Verbindung zwischen einer Klasse bzw. einem Objekt und einer Eigenschaft oder Methode her. Damit sagen wir unserem Objekt Kreis, welche seiner Methoden es aktivieren soll.

> Speichere alles und probiere dann das Programm aus. (Ändere auch mal in der Methode Window_Loaded ein paar Parameterwerte beim Aufruf des Kreis-Konstruktors New.)

Funktion oder Prozedur

Nun komme ich zu einer Sache, die ich vielleicht schon früher mal hätte klären sollen. Ich habe bis jetzt sehr häufig nur von Methoden gesprochen. Dabei gibt es wichtige Unterschiede: Methode ist nicht gleich Methode. Ein Beispiel ist der Konstruktor. Das ist aber nicht alles. Denn es gibt außerdem auch »normale« Prozeduren und Funktionen.

Einige Prozeduren hast du selbst in früheren Projekten vereinbart (zuletzt z.B. DrawLine). Und auch hier wird es noch ein paar »Selbstgemachte« geben. Doch zuerst schauen wir uns mal ein dir bereits bekanntes Pärchen an, das sich um Zufälligkeiten kümmert:

```
Randomize()         ' Prozedur
Zufall = Rnd()      ' Funktion
```

Während die **Prozedur** Randomize einfach nur etwas tut und sich dann zur Ruhe setzen darf, muss die **Funktion** Rnd nach getaner Arbeit einen Wert zurückgeben (z.B. an eine Variable mit dem Namen Zufall).

Um dir das mit den Prozeduren und Funktionen klarzumachen, habe ich die Mühe nicht gescheut, zur Vereinbarung von MoveCircle noch zwei Methoden hinzuzufügen, die den Flächeninhalt und Umfang des Kreises berechnen.

> Tippe den folgenden Quelltext innerhalb der Zeilen Class MoveCircle und End Class ein (→ MOVIE2A):

```
Public Function Flaeche() As Single
  Return Math.PI * (Dicke / 2) * (Dicke / 2)
End Function
```

```
Public Function Umfang() As Single
  Return Math.PI * Dicke
End Function
```

Eingeleitet wird eine Funktion nicht mit Sub, sondern mit Function. Damit die Funktion auch weiß, welchen Typ sie zurückgeben soll, steht am Ende der ersten Zeile der Zusatz As Single (für Zeichenketten müsste dort dann As String stehen).

Return sorgt dafür, dass am Schluss der Methode auch ein Wert vorhanden ist. Das kann hier auch eine einfache Zahl oder eben das Ergebnis einer Formel sein. Bei einer Prozedur gibt es diese Schlussanweisung nicht, es wird also nichts zurückgegeben.

Mit Math.PI bietet Visual Basic eine Konstante an, die den Wert der gleichnamigen Zahl π zurückgibt. (Sie stammt aus der Klasse Math, die über weitere zahlreiche mathematische Konstanten und Methoden verfügt.)

Eine Return-Anweisung innerhalb des Funktionsblocks ist **unbedingt nötig**, da die Funktion sonst einen undefinierten (sinnlosen) Wert zurückgeben würde!

Diese beiden Methoden übernehmen als Mitglieder von MoveCircle keine Parameter, weil sie freien Zugriff auf die benötigte Eigenschaft Dicke haben. Würde man diese Funktionen **außerhalb** der Klasse Kreis definieren, dann müssten sie so aussehen und würden damit auch einen Parameter benötigen:

```
Public Function Flaeche (Dicke As Integer) _
As Single
  Return Math.PI * (Dicke / 2) * (Dicke / 2)
End Function

Public Function Umfang (Dicke As Integer) _
As Single
  Return Math.PI * Dicke
End Function
```

Um die Formeln auch sichtbar zu machen, fügt man am besten dem Formular zwei Labels hinzu und erweitert die erste button_Click-Methode so (→ MOVIE2A):

```
Private Sub button_Click(sender As Object, _
e As RoutedEventArgs) Handles button.Click
  Kreis.Show()
  label.Content = "Fläche = " + CStr(Kreis.Flaeche())
  label1.Content = "Umfang = " + CStr(Kreis.Umfang())
End Sub
```

Zusammenfassung

Das war's für dieses Kapitel. Du hast deine erste eigene Klasse vereinbart und ein eigenes Objekt geschaffen. Wie Gott solltest du dich allerdings nicht fühlen (denn die Entstehung von Objekten der Klasse Mensch ist doch um einiges aufwendiger).

Schauen wir mal, was du Neues von Visual Basic weißt:

`Class` `End Class`	Einleitung und Abschluss einer Klassenvereinbarung
`Sub` `End Sub`	Einleitung und Abschluss einer Methode (Prozedur)
`Function` `End Function`	Einleitung und Abschluss einer Methode (Funktion)
`Return`	Anweisung für den Rückgabewert einer Funktion (`Function`)
`New`	Konstruktor einer Klasse
`Private`	Zugriffsmodus z.B. für Variablen und Methoden: Damit gelten sie nur eingeschränkt in einem bestimmten Bereich (»Privatsphäre«).
`Public`	Zugriffsmodus z.B. für Variablen und Methoden: Damit gelten sie überall in einem Programm (»Öffentlichkeit«).
. (Punkt)	Namen von Klassen/Objekten und von Eigenschaften/Methoden (Zugriffsoperator) verbinden
`Imports`	Anweisung zum Importieren von Bibliotheken (nur zur Erinnerung)
`Math`	Klasse für »Mathematisches«
`Pi`	Eigenschaft der `Math`-Klasse: Kreiszahl

Und hier noch mal im Überblick, was es nun an verschiedenen Methoden-Typen gibt:

Funktion	Vereinbarung mit Function, gibt immer einen Wert zurück, wird zugewiesen
Prozedur	Vereinbarung mit Sub, gibt keinen Wert zurück, wird aufgerufen
Konstruktor	Vereinbarung mit Sub New, initialisiert ein Objekt, wird zugewiesen

Ansonsten gibt es eine ganze Menge neuer Wörter z.B. für die Animation von Objekten:

Media.Animation	Bibliothek mit zahlreichen Animationsklassen, für zahlreiche Animationsmöglichkeiten
ColorAnimation	Klasse für Animation von Farbeigenschaften
DoubleAnimation	Klasse für Animation von Eigenschaften, die aus einzelnen Zahlwerten bestehen
ThicknessAnimation	Klasse für Animation von Margin-Eigenschaften
BeginAnimation	Methode, um eine Animation zu starten
ColorProperty	Eigenschaftstyp der Animation: Farbe des Pinsels, mit dem das Objekt gemalt wird
MarginProperty	Eigenschaftstyp der Animation: Position des Objekts bzw. Abstand zum Rand des Rasters
HeightProperty WidthProperty	Eigenschaftstyp der Animation: Breite oder Höhe des Objekts
OpacityProperty	Eigenschaftstyp der Animation: Transparenz des Objekts
TimeSpan	Klasse für Zeitspannen
Duration	Dauer einer Animation
From To	Start- und Zielwerte für eine Animation
AutoReverse	Animation kehrt automatisch in Anfangszustand zurück

Und schließlich ist da noch eine Eigenschaft von Komponenten und anderen Objekten aufgetaucht:

`Visibility`	Sichtbarkeit eines (grafischen) Objekts
`Visible`	Objekt ist sichtbar
`Hidden`	Objekt ist unsichtbar

Zwei Fragen ...

1. Wie funktioniert die Animation eines Objekts? Geht das auch bei Komponenten?
2. Was ist der Unterschied zwischen einer Klassenvereinbarung und einer Objektvereinbarung?

... und zwei Aufgaben

1. Mache aus der Kreis-Klasse `MoveCircle` eine Klasse `MoveSquare` und lasse ein farbiges Quadrat über den Bildschirm wandern.
2. Erzeuge ein Projekt mit einem Button. Lass diesen größer (oder kleiner) werden und blende ihn langsam aus.

12

Kapselung und Vererbung

Was ist eigentlich das Wesentliche eines Objekts? Du benutzt es, und dabei muss es dich nicht interessieren, dass Daten und Code unter einem Dach vereint sind. Daten und Code?

Bei den **Daten** handelt es sich z.B. um Werte, die die Eigenschaften eines Objekts ausmachen. Das können Zahlen, Zeichenketten, Bilder oder auch Dateien sein, die ein Objekt benutzt.

Und unter dem etwas unanständig klingenden Wort **Code** versteht man alles, was an Vereinbarungen und Anweisungen in einem Quelltext steht. Deshalb kann man statt von Quelltext auch von Quellcode reden.

In diesem Kapitel lernst du

- was OOP ist
- was Kapselung bedeutet
- wie man eine andere Klasse beerbt
- wie man eigene Klassen in einer neuen Datei unterbringt
- den Zugriffsmodus `Protected` kennen

Alles unter einem Hut

Möglichst einfach ausgedrückt kann man sagen, dass alles, was zusammengehört, sozusagen in eine Schachtel eingepackt wird. Das nennt man **Kapselung** (englisch encapsulation). Und was dabei herauskommt, ist eine **Klasse**.

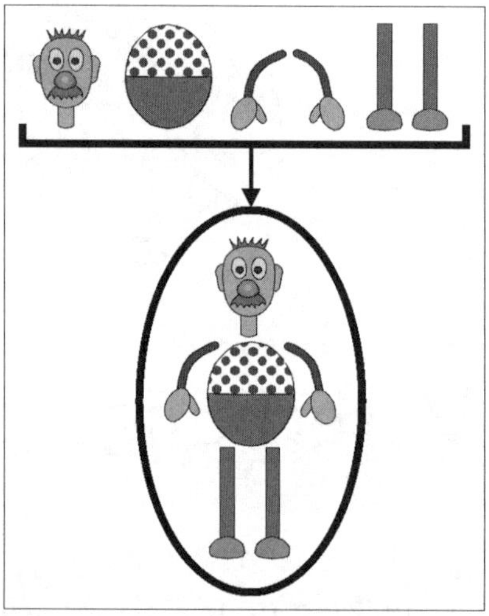

Kapselung

Und daraus lassen sich dann beliebig viele Objekte erstellen. Jedes Objekt hat seine eigenen Daten. Und um diese zu bearbeiten, benutzt das Objekt die Methoden, die es bei der Erstellung von seiner Klasse erhalten hat. Dabei ist jedes Objekt unabhängig von den anderen.

Die Instanz einer Klasse besitzt alle Eigenschaften der Klasse und kann über ihre Methoden frei verfügen. Mit welchen Daten diese Eigenschaften gefüllt und wann und wie die Methoden benutzt werden, entscheidet das Objekt.

Wichtig ist bei Klasse und Objekt die folgende Unterscheidung. Bei einer Klasse werden alle ihre Methoden so definiert (als Prozedur oder Funktion):

```
Sub MethodenName(Parameter As Typ)
Function MethodenName(Parameter As Typ) As Typ
```

Wurde ein Objekt als Instanz dieser Klasse vereinbart, kann man eine Methode nur so benutzen:

```
ObjektName.MethodenName(Parameter)
```

Voraussetzung ist diese Vereinbarung:

```
Dim Objekt As Klasse
```

Und ganz wichtig ist die Initialisierung:

```
Objekt = New Klasse(Parameter)
```

Wobei sich dies auch in einer Zeile erledigen lässt:

```
Dim Objekt As Klasse = New Klasse(Parameter)
```

Nun kann das Objekt nach Belieben eingesetzt werden.

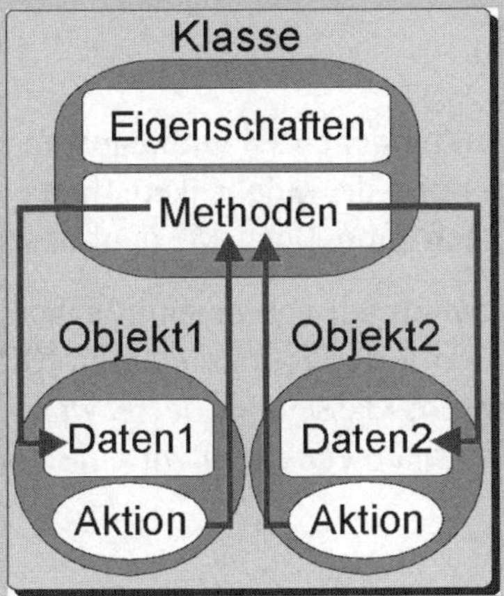

Mit Objekten arbeitest du schon seit dem ersten Kapitel. Grundlage war immer das Formular, ein Objekt vom Typ `MainWindow`. Darauf haben sich dann jede Menge Schaltflächen als Instanzen der Klasse `Button` und viele weitere Komponenten getummelt.

Das Schöne daran: Man klickt auf einen Eintrag in der Toolbox, setzt das Objekt ins Formular und landet mit Doppelklick in einer Methode, die sich z.B. auf Knopfdruck aktivieren lässt.

Doch schon bei einigen grafischen Objekten ebenso wie bei unserem selbst gebastelten Objekt vom Typ `MoveCircle` aus den letzten beiden Kapiteln hatten wir diesen Komfort nicht. Da war von Anfang an Handarbeit im Editorfenster angesagt. Aber immerhin: Unser eigenes Geschöpf konnte sich sehen lassen, über das Formular huschen und wieder verschwinden. (Allerdings hat es sich bei Methoden von bereits vorhandenen Klassen bedient.)

Wie du im letzten Kapitel bereits gesehen hast, kannst du dir nicht nur eine Klasse selbst erstellen. Im Prinzip könntest du das sogar unabhängig von Visual Basic tun, also keinerlei bereits vorhandene Elemente mitbenutzen. Du musst dazu nur die Spielregeln von Visual Basic beachten. Bei sehr komplexen Objekten kann es aber eine Menge Arbeit und Probleme bedeuten, alles selbst zu programmieren.

Sieht man sich ein bisschen unter den Objekten um, die Visual Basic zu bieten hat, dann fragt man sich, ob man sich da nicht ein bisschen mehr ausleihen kann. Warum nicht? Immerhin haben wir doch die ganze Zeit mit solchen »Leihgaben« gearbeitet. Bloß müsste man wissen, wie man vorhandene Klassen anzapft.

Es gibt was zu erben

Irgendwie scheinen einige oder sogar alle Komponenten miteinander verwandt zu sein. Offenbar gibt es in Visual Basic die Möglichkeit, dass eine neue Klasse eine schon vorhandene beerben kann. Doch wie geht das?

Es kann uns einiges an Arbeit ersparen, wenn wir von einem Mechanismus Gebrauch machen, den die objektorientierte Programmierung (OOP) anbietet. Schön könnte es sein, wenn unsere Klasse alles hätte, was z.B. die vorhandene WPF-Klasse `Label` hat. Deshalb erweitern wir eine Klassenvereinbarung so:

```
Class MeinLabel : Inherits Label
  ' Vereinbarungen
End Class
```

Es wäre also auch möglich, z.B. von unserem Kreis eine neue Kugel-Klasse abzuleiten (→ MOVIE2C):

```
Public Class MoveSphere : Inherits MoveCircle
  ' Vereinbarungen
End Class
```

Damit haben wir neben der Kapselung eine weitere wichtige Eigenschaft der objektorientierten Programmierung (OOP). Durch **Vererbung** (englisch inheritance) ist es möglich, neue Klassen zu erstellen und dabei bereits vorhandene zu nutzen, indem man deren Eigenschaften und Methoden übernimmt.

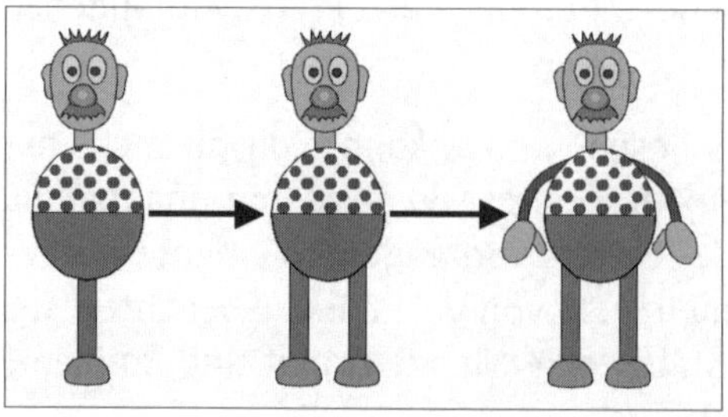

Vererbung

Man kann hier also von einem verwandtschaftlichen Verhältnis sprechen: Die neue Klasse ist das Kind, das von einer Mutter (oder einem Vater) gute wie schlechte Eigenschaften und Gewohnheiten erbt. (So ähnlich wie du von deinen Eltern einiges oder eine ganze Menge abbekommen hast.)

Alles, was nun in der neuen Vereinbarung zwischen `Class` und `End Class` an Neuem steckt, sind nur Eigenheiten der **neuen** Klasse. Die alte hat damit nichts zu tun.

Noch mal: Was ist **OOP**?

Das ist die Abkürzung für »objektorientierte Programmierung« (bzw. englisch »Object Oriented Programming«).

Objekte haben **Eigenschaften** und **Methoden**, um mit diesen Eigenschaften umzugehen. Statt Eigenschaften könnte man auch Daten sagen. Dann dienen die Methoden dazu, die Daten zu bearbeiten.

Um alle Merkmale von gleichartigen Objekten zusammenzufassen, gibt es **Klassen**. In denen ist alles zusammengepackt, was ein Objekt ausmachen kann. Das nennt man **Kapselung**.

Damit man nicht immerzu Klassen neu erfinden muss, kann man bereits vorhandene benutzen: Man baut deren Eigenschaften und Methoden einfach in eine neue Klasse ein. Das nennt man **Vererbung**.

Dann erweitert man die neue Klasse um beliebige Eigenschaften und Methoden. Das alles lässt sich natürlich wiederum an neue Klassen vererben und so fort. Dadurch entsteht eine (große) Familie an Klassen und Objekten. Man spricht von **Klassenhierarchie**.

Ein neues Baby?

Mit der Erbschaft wirst du leider noch etwas warten müssen – denn wir bleiben erst noch einmal bei der »normalen« Klassenvereinbarung. Lass uns jetzt ein (kleines) Objekt erschaffen, das keinerlei Eigenschaften oder Methoden anderer Objekte verwendet. Hier ist das vorläufige Vereinbarungsgerüst einer solchen Klasse:

```
Class InterCalc
  Private Kapital, Prozent, Zinsen As Single
End Class
```

Es soll hier um (die einfache) Zinsrechnung gehen. Auf Englisch heißt das »Interest Calculation«. Und das habe ich für den Namen der neuen Klasse auf `InterCalc` gekürzt.

Ein Objekt dieses Typs soll die Werte für Kapital, Zinssatz und Zinsen übernehmen und daraus einen anderen Wert berechnen können. Zunächst gibt es nur die drei Eigenschaften Kapital, Prozent und Zinsen. Was noch fehlt, sind die Methoden für die Zinsrechnung.

Ein Objekt dieses Typs würde mit seinen Zinsformeln wohl unabhängig genug funktionieren. Aber es gibt für Visual Basic einen guten Grund, unsere neue Klasse trotzdem **automatisch** von einer anderen Klasse abzuleiten:

Gemeint ist die Klasse Object, die sozusagen die Urmutter aller Klassen in Visual Basic ist. In ihr sind die Grundlagen vereinbart, die alle anderen Klassen bis hin zu Komponenten wie z.B. Button auch bieten. Das betrifft unter anderem Prozesse für die Erzeugung und die Verwaltung eines Objekts durch Visual Basic.

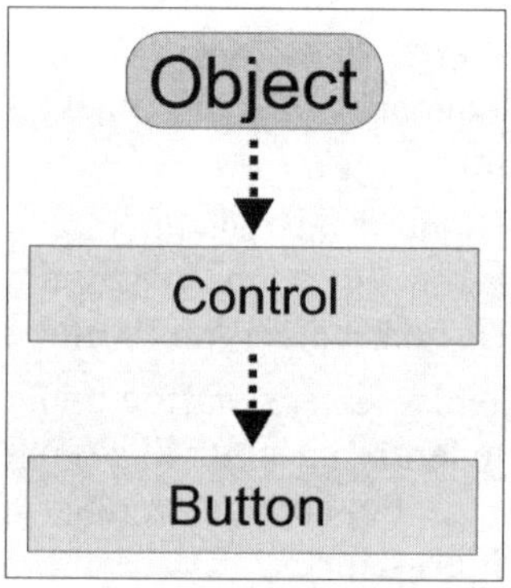

Wahrscheinlich ist dir aufgefallen, dass Visual Studio dir beim gemütlichen Eintippen eines Objektnamens mit einem kleinen Menü zur Seite steht, das alle verfügbaren Eigenschaften und Methoden auflistet. Wenn du neugierig genug bist und dir diese Liste mal genauer anschaust, wirst du feststellen, dass dort einige Methoden aufgeführt sind, die wir selbst nicht für InterCalc (oder im letzten Kapitel für MoveCircle) vereinbart hätten.

Doch kommen wir jetzt zu den Methoden von InterCalc: Wir brauchen drei Set-Methoden, die jeweils einen String übernehmen (z.B. von einem Textfeld). Den wandeln sie dann in eine Dezimalzahl um und weisen diese der jeweiligen Eigenschaft Kapital, Prozent oder Zinsen zu. Dazu kommen drei Get-Methoden, die aus zwei Eigenschaften den Wert der dritten berechnen – nach den üblichen Formeln der Zinsrechnung.

≫ Und nun bist du dran: Erzeuge ein neues Projekt (und nenne es z.B. Mathe4).

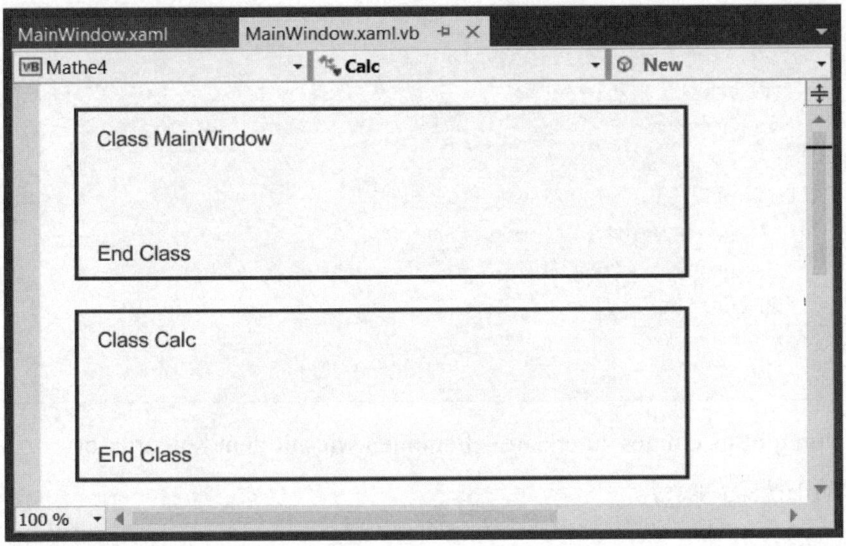

≫ Die komplette Vereinbarung der neuen Klasse setzt du jetzt direkt über oder unter die der `MainWindow`-Klasse (→ MATHE4).

```
Class InterCalc
  Private Kapital, Prozent, Zinsen As Single

  Public Sub New()
  End Sub

  Public Sub SetKapital (ByVal Txt As String)
    Kapital = CSng(Txt)
  End Sub

  Public Sub SetProzent (ByVal Txt As String)
    Prozent = CSng(Txt)
  End Sub

  Public Sub SetZinsen (ByVal Txt As String)
    Zinsen = CSng(Txt)
  End Sub

  Public Function GetKapital() As String
    Kapital = Zinsen * 100 / Prozent
    Return CStr(Kapital)
  End Function
```

```
    Public Function GetProzent() As String
      Prozent = Zinsen * 100 / Kapital
      Return CStr(Prozent)
    End Function

    Public Function GetZinsen() As String
      Zinsen = Kapital * Prozent / 100
      Return CStr(Zinsen)
    End Function

End Class
```

Nun gibt es einiges zu erklären. Beginnen wir mit dem Konstruktor:

```
Public Sub New()
End Sub
```

Wie du siehst, steht hier zwischen Sub und End Sub keine einzige Anweisung. Das macht aber nichts, denn wie wir wissen, erledigt ein Konstruktor einige wichtige Aufgaben, die wir ihm nicht extra auftragen müssen. (Solltest du später mal deine Klasse erweitern, kannst du dort natürlich wenn nötig noch eigene Anweisungen unterbringen.)

Weiter geht es mit den Set-Methoden. Diese Prozeduren übernehmen alle einen String als Parameter und sorgen nur über CSng dafür, dass der in eine Dezimalzahl umgewandelt und an Kapital, Prozent bzw. Zinsen weitergereicht wird:

```
Kapital = CSng(Txt)
Prozent = CSng(Txt)
Zinsen  = CSng(Txt)
```

Die Rechenarbeit übernehmen die drei Get-Methoden. Zuerst wird jeweils mithilfe der anderen beiden Größen der Wert von Kapital, Prozent bzw. Zinsen berechnet:

```
Kapital = Zinsen * 100 / Prozent
Prozent = Zinsen * 100 / Kapital
Zinsen  = Kapital * Prozent / 100
```

Anschließend sorgt die Anweisung Return dafür, dass die Funktionen einen sinnvollen Rückgabewert erhalten:

```
Return CStr(Kapital)
Return CStr(Prozent)
Return CStr(Zinsen)
```

Der Typ-Umwandler `CStr` sorgt jeweils dafür, dass auch der passende String herauskommt. Der lässt sich dann z.B. in einer Anzeigefläche oder einem Eingabefeld weiterverwenden.

Ein Zinsobjekt mit lauter Nullen

Das Programm wäre so bereits lauffähig. Aber was bringt uns das? Um unsere neue Klasse zu testen, brauchen wir ein Objekt. Das vereinbaren wir wie gewöhnlich ganz oben direkt unter `Class MainWindow`:

```
Dim Geld As InterCalc
Dim Modus As Integer
```

Ich habe hier noch eine weitere Variable hinzugeschmuggelt, die wir später benötigen.

Das Erzeugen des Objekts geschieht dann (wieder) in der Methode `Window_Loaded` (die du über das Eigenschaftenfenster für das Formular erstellen musst):

```
Private Sub Window_Loaded(sender As Object, _
e As RoutedEventArgs)
  Geld = New InterCalc()
End Sub
```

Um nun aber auch etwas für die Berechnung eingeben und um vom Ergebnis etwas sehen zu können, brauchen wir jetzt jede Menge Komponenten. Das Formular könnte schließlich so aussehen:

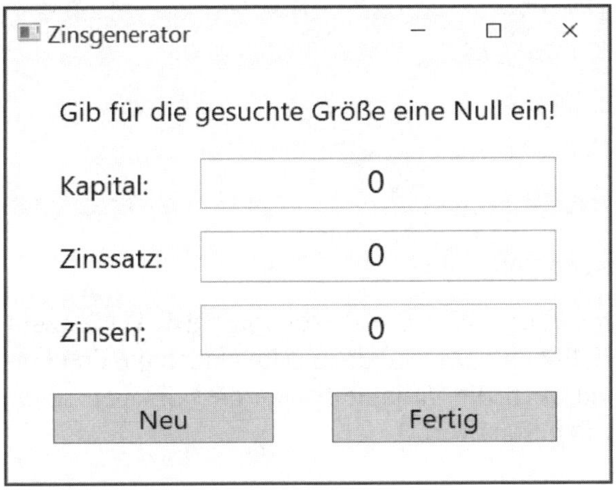

≫ Füge in das Formular vier Anzeigeflächen, drei Eingabefelder und zusätzlich zwei Schaltflächen ein. Orientiere dich an der Abbildung und der Tabelle, wie das Ganze aussehen soll.

Komponente	Content/Text/Title
label	Kapital:
label1	Zinssatz:
label2	Zinsen:
label3	Gib für die gesuchte Größe eine Null ein!
textBox	leer oder 0
textBox1	leer oder 0
textBox2	leer oder 0
button	Neu
button1	Fertig
(Formular)	Zinsgenerator

Beim Programmstart sollten alle Werte für Kapital, Zinssatz und Zinsen erst einmal auf 0 gesetzt sein. Später muss ja das Feld, dessen Inhalt berechnet werden soll, eine 0 haben (und anzeigen).

Dazu erweitern wir die MainWindow-Klasse um diese selbst definierte Methode (→ MATHE4):

```
Private Sub SetZero()
  Geld.SetKapital("0")
  Geld.SetProzent("0")
  Geld.SetZinsen("0")
  textBox.Text = "0"
  textBox1.Text = "0"
  textBox2.Text = "0"
  Modus = 0
End Sub
```

≫ Ergänze den Quelltext entsprechend.

Eigentlich nichts Außergewöhnliches: Die Werte von Kapital, Prozent und Zinsen werden »genullt« und passend dazu zeigen auch die drei Eingabefelder eine Null. Und auch die Variable Modus, die wir oben schon vereinbart haben, erhält den Startwert 0.

Kapital, Prozent und Zinsen

Dass die ganzen Nullen in einer Extra-Methode sitzen, hat seinen Grund: Wir brauchen SetZero nicht nur einmal.

Beginnen wir jetzt mit der vollständigen Window_Loaded-Methode (→ MATHE4):

```
Private Sub Window_Loaded(sender As Object, _
e As RoutedEventArgs)
  Geld = New InterCalc()
  SetZero()
End Sub
```

Und fügen wir gleich die button_Click-Methode für die linke Schaltfläche (NEU) hinzu:

```
Private Sub button_Click(sender As Object, _
e As RoutedEventArgs) Handles button.Click
  SetZero()
  label.Content = _
  "Nur die gesuchte Größe darf 0 sein!"
End Sub
```

Der Anweisungsblock in button_Click gerät angenehm kurz – dank der SetZero-Vereinbarung. Die Methode für die FERTIG-Schaltfläche dagegen muss nun den Löwenanteil übernehmen (→ MATHE4):

```
Private Sub button1_Click(sender As Object, _
e As RoutedEventArgs) Handles button1.Click
  label.Content = "Das ist das Ergebnis:"
  Geld.SetKapital(textBox.Text)
  If textBox.Text = "0" Then Modus += 1
  Geld.SetProzent(textBox1.Text)
  If textBox1.Text = "0" Then Modus += 10
  Geld.SetZinsen(textBox2.Text)
  If textBox2.Text = "0" Then Modus += 100
  Select Case Modus
    Case 1 : textBox.Text = Geld.GetKapital()
    Case 10 : textBox1.Text = Geld.GetProzent()
    Case 100 : textBox2.Text = Geld.GetZinsen()
  Case Else
```

```
    label.Content = "Keine oder zu viele Nullen!"
  End Select
  Modus = 0
End Sub
```

Hier siehst du nun endlich, welche Rolle die Variable Modus spielt:

```
If textBox.Text  = "0" Then Modus += 1
If textBox1.Text = "0" Then Modus += 10
If textBox2.Text = "0" Then Modus += 100
```

Je nach Fall wird aus der Null eine Eins, eine Zehn oder eine 100. Und nur diese drei Werte sind auch bei der folgenden Case-Abfrage gültig.

> Hier habe ich mich der Möglichkeit bedient, die Visual Basic für »Faule« bietet: Statt z.B.
>
> Modus = Modus + 100 kann man also auch schreiben Modus += 100.
>
> Und du vermutest richtig, dass dies auch beispielsweise für Modus -= 100 anstelle von Modus = Modus - 100 funktioniert. (Probiere selbst aus, was bei »*« und »/« passiert!)

Je nachdem, wo die Null stand, werden Kapital, Zinssatz oder Zinsen berechnet und dann sofort an das entsprechende Eingabefeld weitergeleitet:

```
textBox.Text  = Geld.GetKapital()  ' Modus =   1
textBox1.Text = Geld.GetProzent()  ' Modus =  10
textBox2.Text = Geld.GetZinsen()   ' Modus = 100
```

Sollte aber irgendwo eine zweite (oder dritte) Null auftauchen, erhält Modus einen »falschen« Wert und das Objekt Geld bleibt untätig. Denn dann ist nicht eindeutig, was berechnet werden soll.

Deshalb gibt es bei dieser Case-Struktur noch einen Else-Zweig :

```
Case Else
  label.Content = "Keine oder zu viele Nullen!"
```

Der entspricht dem Else-Zweig bei der If-Struktur: Wenn **alle** anderen Case-Möglichkeiten nicht infrage kommen, wird der Anweisungsblock ausgeführt, der im Else-Zweig steht.

Am Schluss wird Modus wieder auf null gesetzt. (Das sieht zwar im ersten Moment wie »doppelt gemoppelt« aus, ist aber nötig, falls der Button NEU vor einer Neueingabe **nicht** angeklickt wird!)

- Erzeuge die beiden `button_Click`-Methoden und ergänze sie um den obigen Quelltext.
- Speichere alles noch mal. Und dann kannst du dein Programm laufen lassen.

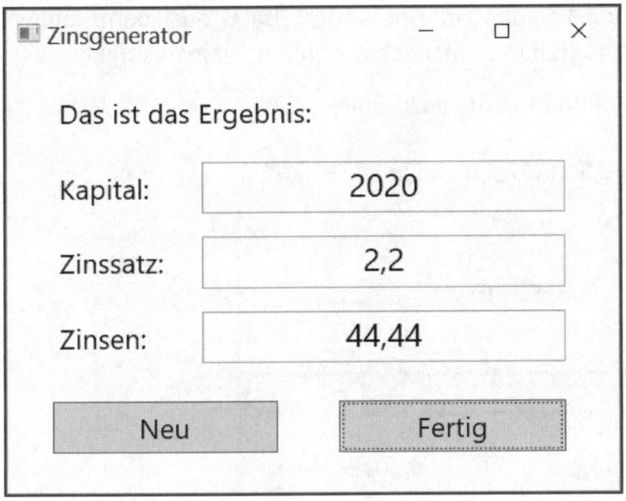

Dabei gilt diese Regel:

Willst du eine bestimmte Größe berechnen lassen, dann lasse dort eine 0 stehen. Gib nur für die anderen beiden einen Wert ein.

Beispiel: Nach Eingabe von 2000 (Euro) für KAPITAL und 2,5 für den ZINSSATZ erhältst du nach einem Klick auf FERTIG 50 Euro Zinsen. (Vorausgesetzt, bei ZINSEN stand vorher eine Null!)

Bei mehreren Nullen wird nichts berechnet, bei Klick auf NEU wird alles auf den Startwert Null zurückgesetzt.

Eine Datei für neue Klassen

Beim Erstellen eigener Klassen kann schon einiges zusammenkommen. Unser Beispiel ist dagegen eher (sehr) mickrig. Aber die Klasse `InterCalc` ist in jedem Projekt einsetzbar – wenn man sie gebrauchen kann.

Und so manche eigene Sammlung eignet sich nicht nur für ein bestimmtes, sondern eine ganze Reihe von (künftigen) Projekten. Deshalb wäre es unpraktisch, jedem Projekt den Quelltext mit der kompletten Definition aller Klassen aufzubürden, die man benötigt.

Zumal wir ja z.B. an der `Imports`-Anweisung sehen, dass auch Visual Basic seinen Wortschatz in Bibliotheken unterteilt hat und nur immer das im Quelltext steht, was vom Programmierer unmittelbar erstellt wurde. Alles andere lässt sich also auch irgendwo außerhalb unterbringen.

Am Beispiel unserer `InterCalc`-Klasse wollen wir ausprobieren, ob wir auch diese Definition komplett in eine andere Datei auslagern können, damit unser Hauptprogramm immer schön schlank bleiben kann.

> Klicke auf PROJEKT und KLASSE HINZUFÜGEN.

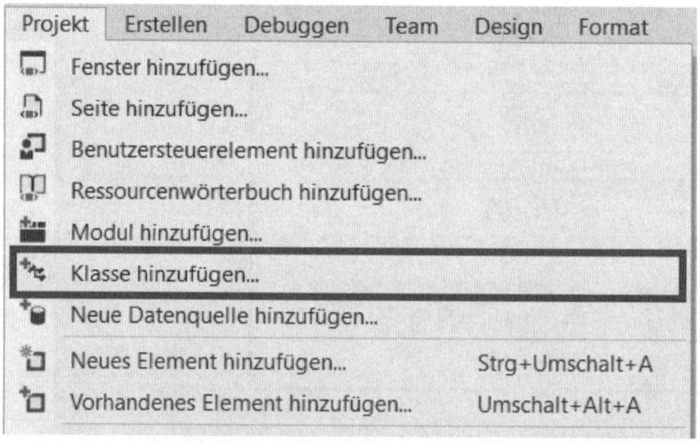

> Suche im Dialogfeld für NEUES ELEMENT HINZUFÜGEN das Symbol für KLASSE und bestätige mit Klick auf HINZUFÜGEN. (Den Namen der Datei kannst du so stehen lassen.)

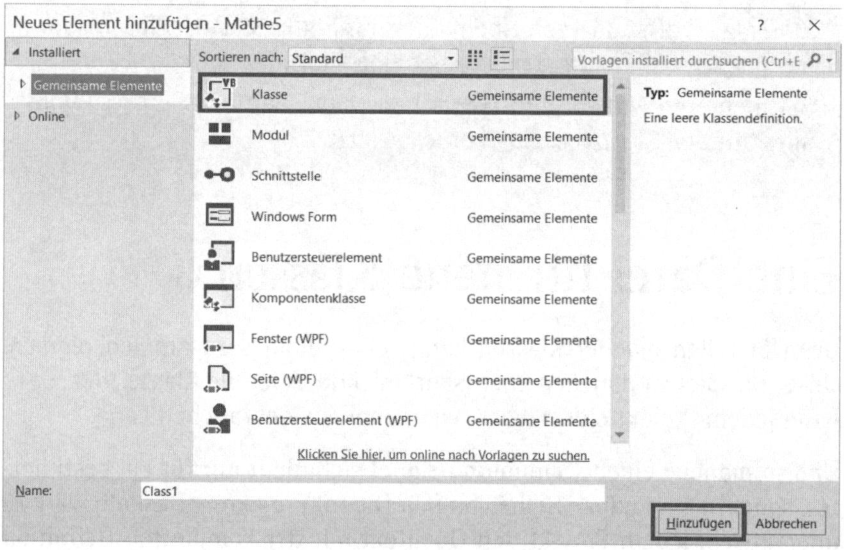

Kurz darauf hast du einen neuen Quelltext, genauer gesagt: das Skelett einer Klassenvereinbarung mit dem Namen `Class1`.

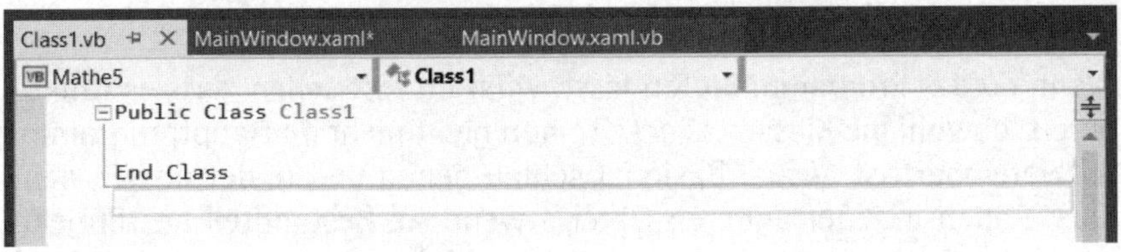

> Wechsle nun in das Editorfenster mit dem Quelltext deines aktuellen Projekts (MAINWINDOW.XAML.VB). Markiere dort die gesamte Vereinbarung von `InterCalc` und schneide sie aus (über [Strg]+[X] oder BEARBEITEN und AUSSCHNEIDEN).

> Und nun geht es zurück ins Fenster von CLASS1.VB. Dort fügst du den ausgeschnittenen Text wieder ein (über [Strg]+[V] oder BEARBEITEN und EINFÜGEN).

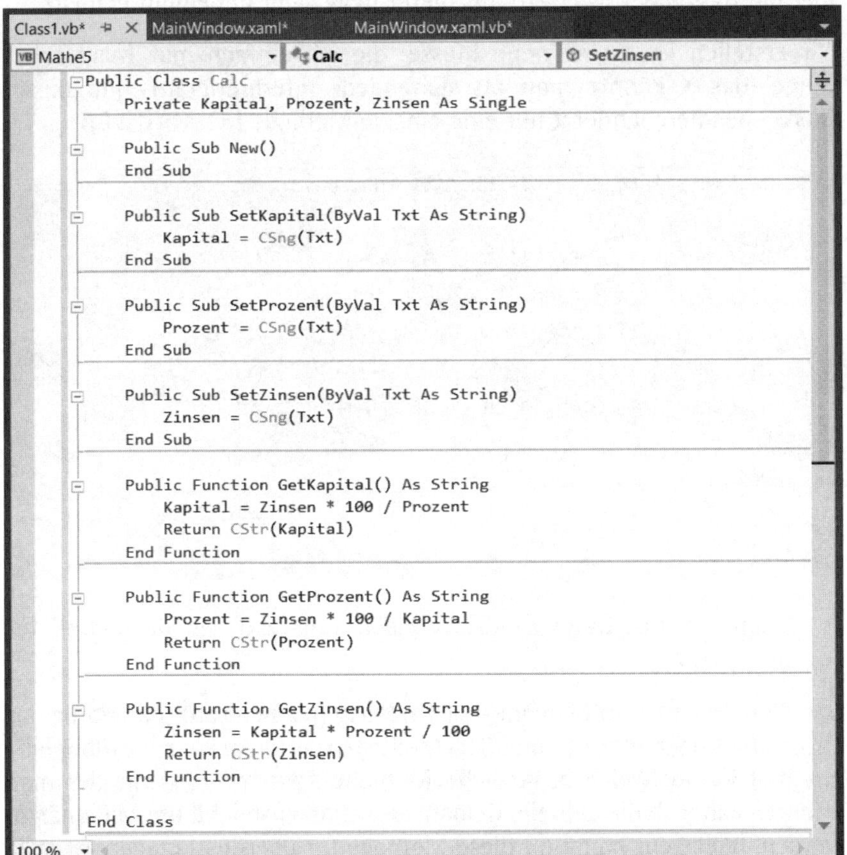

> Sorge dafür, dass die Zeilen mit `Class` und `End Class` jeweils nur einmal vorhanden sind. Das `Public` solltest du besser lassen, denn weil die neue Klasse überall nutzbar sein soll, ist sie damit eindeutig als öffentlich gekennzeichnet (→ MATHE5).

Wenn du das Programm laufen lässt, wirst du feststellen, dass es funktioniert, obwohl die Klasse `InterCalc` nun nicht mehr im Hauptprogrammteil vereinbart ist. Visual Basic ist schlau genug und findet unsere neue Klasse auch in einer anderen Datei – wenn sie Bestandteil des Projekts ist. (Sobald du dein Projekt das nächste Mal speicherst, wird die Datei CLASS1.VB mit in den betreffenden Projektordner übernommen.)

Erbfolge

Kommen wir nun endlich doch zum Thema Erbschaft. Das betrifft dich zu Hause sicher noch lange nicht, aber hier gibt es schon etwas zu erben, während die Elternklasse lebt. Doch auch wenn es um Geld geht, gibt es aber nur das, was `InterCalc` uns bietet (was nicht unbedingt viel ist).

Wir erstellen jetzt eine neue Klasse; die ich einfach mal `InterCalcX` nenne (das X könnte man als »Extended« interpretieren), und dieser Klasse spendiere ich jetzt nur eine einzige Methode (→ MATHE6):

```
Public Class InterCalcX : Inherits InterCalc

  Public Function TestMillion() As String
    If (Kapital + Zinsen) > 1000000 Then
      Return "Willkommen im Club der Millionäre!"
    Else
      Return "Es reicht noch nicht zum Millionär!"
    End If
  End Function

End Class
```

> Ergänze in der Datei CLASS1.VB den Quelltext um die Zeilen für `InterCalcX`.

Das Wort `Inherits` mit nachgestelltem Klassennamen sorgt nun dafür, das `InterCalcX` über alle `Set`- und `Get`-Methoden verfügen kann. Darüber hinaus gibt es noch eine zusätzliche Methode `TestMillion`, mit der man erfahren kann, ob die aktuelle Geldanlage schon ausreicht, um Millionär zu werden. (Vielleicht hältst du diese Methode für überflüssig, aber sie ist ja nur dazu da, dass `InterCalcX` etwas mehr zu bieten hat als `InterCalc`).

≫ Speichere alles, dann versuche, das Programm zu starten.

Und schon gibt's mal wieder eine Fehlermeldung und damit ein Problem.

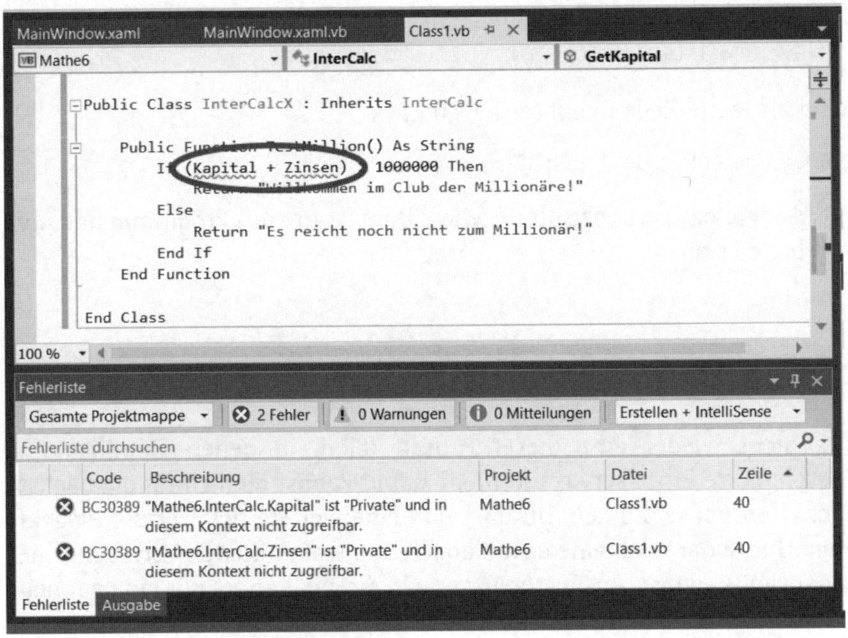

Auf die Eigenschaften `Kapital` und `Zinsen` kann man von der neuen Klasse aus nicht zugreifen. Wieso das, ich denke, das gehört doch alles zur Erbschaft? Tut es auch, aber weil alle Eigenschaften in `InterCalc` als `Private` vereinbart wurden, kann man von außen eben nicht heran, auch dann nicht, wenn das alles zum Erbe gehört. Es liegt fest verschlossen in einem Kästchen, zu dem man keinen Schlüssel hat.

Den kriegt man aber durch das Wörtchen `Protected`. Dazu musst du nur den Quelltext weiter oben in der Klassenvereinbarung von `InterCalc` ein bisschen ändern.

≫ Passe die Vereinbarung der Eigenschaften in der Klasse `InterCalc` so an (→ MATHE6):

```
Protected Kapital, Prozent, Zinsen As Single
```

Ein mit `Protected` vereinbartes Element ist zunächst für »Außenstehende« privat. Also können nur Methoden derselben Klasse damit etwas anfangen. Während aber bei einer `Private`-Vereinbarung auch abgeleiteten Klassen der Zugriff verboten ist, dürfen `Protected`-Elemente dort benutzt werden. `Protected` ist also ein »Zwischending« – dieser Zugriffsmodus hat etwas von `Private` und etwas von `Public`.

Und jetzt dürfte das Ganze funktionieren. Damit du aber etwas davon zu sehen kriegst, sind diese kleinen Änderungen im Hauptprogramm (`MainWindow`) nötig:

```
Dim Geld As InterCalcX  'ganz oben
Geld = New InterCalcX()  'in Window_Loaded
```

und als letzte Zeile in `button1_Click`:

```
label.Content = Geld.TestMillion()
```

➢ Ändere bzw. ergänze diese Zeilen. Dann starte das Programm und probiere es aus.

Zusammenfassung

Ist nicht wieder eine dieser Pausen fällig, in denen Getränke und geschmierte Brote serviert werden? Damit kannst du dich für die nächste Schaffensphase stärken. Du hast nun eine weitere neue Klasse erschaffen. Und sogar noch eine davon abgeleitet, womit du den Vererbungsmechanismus kennst. Ansonsten hast du in diesem Kapitel nur ein paar neue Wörter kennengelernt:

`Object`	Die Basisklasse (fast) aller Objekte in Visual Basic
`Inherits`	Verbindung mit einer »Mutter-Klasse«, um diese zu beerben
`Protected`	Zugriffsmodus z.B. für Variablen und Methoden: Damit gelten sie nur innerhalb einer Klassenhierarchie, also außer für die Mutter-Klasse für alle abgeleiteten Klassen (»Geschützt«).

Außerdem sind noch ein paar Kleinigkeiten in Sachen Kontrollstrukturen und Operatoren angefallen:

`Case`	FALLS eine Variable einen entsprechenden Wert hat (zur Wiederholung)
`Case Else`	FALLS eine Variable **keinen** entsprechenden `Case`-Wert hat
`+= ; -=`	Kurzform von Addition/Subtraktion und anschließender Zuweisung

Ein paar Fragen ...

1. Was bedeutet Kapselung?
2. Erkläre den Begriff Vererbung.

... und eine Aufgabe

1. Erweitere die Klassenvereinbarung für `InterCalc` so, dass in den `Set`-Methoden die Übergaben von Strings abgefangen werden, die sich nicht in eine Zahl umwandeln lassen.

13

Jetzt wird geOOPt

Um noch tiefer in die Denkweise einzudringen, die hinter der sogenannten **objektorientierten Programmierung (OOP)** steckt, werden wir hier eine kleine Klassenfamilie gründen, die auch mit beweglichen Bildern umgehen kann.

In diesem Kapitel lernst du

- die Komponente `Image` kennen
- etwas über den Einsatz eines Timers
- wie man ein Ereignis mit einer Methode verknüpfen kann
- wie man Strings zerlegen kann
- etwas über `Me`, `MyBase` und `Shadows`
- wie man eine Figur auftauchen und sich bewegen lässt

Mehr als ein Kreis

Zuerst möchte ich das Kreis-Projekt aus dem vorletzten Kapitel wieder aufgreifen und es etwas universeller machen, denn es muss ja nicht unbedingt ein Kreis (oder ein Rechteck) sein, was da auftaucht und sich bewegt. Wie wäre es mal mit einem (beliebigen) Bild?

Dazu sind natürlich ein paar Änderungen nötig. Während dem Formular seine Komponenten ebenso wie die `button_Click`-Methoden erhalten bleiben, wird die Klasse `MoveCircle` nun zur Baustelle.

Das erste ist eine Umbenennung in `MoveImage`, womit wir jetzt kein grafisches Element wie Ellipse mehr benötigen, sondern wir bedienen uns einer komfortablen Komponente namens `Image`.

- Erzeuge ein neues Projekt mit dem Namen `Movie3`.
- Falls du kein neues Projekt anfangen willst oder die Dateien aus MOVIE2 übernehmen willst, musst du dort die Klasse direkt bearbeiten.

> Die Komponente IMAGE gibt es auch in der Toolbox. Wir aber können damit hier nichts anfangen, denn wir brauchen ein solches Element direkt für unsere neue Klasse – als »Mutter«.

Rein äußerlich ist eine solche Bildfläche oder Bildbox kaum von einer Anzeigefläche zu unterscheiden. Während ein Label aber für die Anzeige von Text gedacht ist, lässt sich mit einer `Image`-Komponente ein Bild darstellen, was wir ja auch wollen.

Wir sollten die gesamte Klassenvereinbarung gleich in einer neuen Quelltextdatei unterbringen.

- Dazu klickst du auf PROJEKT und KLASSE HINZUFÜGEN und bestätigst im Dialogfeld deine Wahl mit Mausklick auf HINZUFÜGEN.

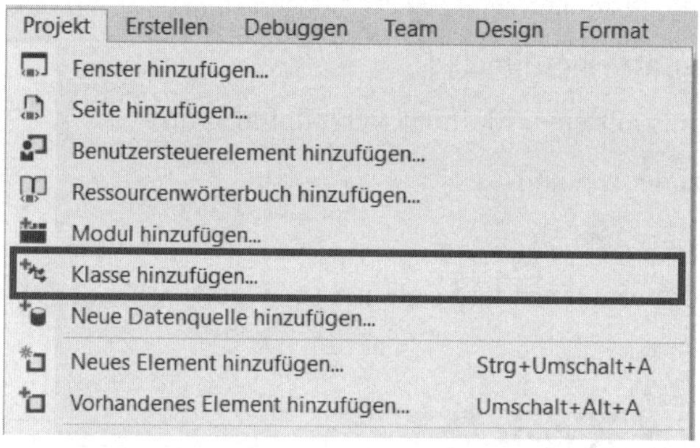

- Als Erstes änderst du den Namen `Class1` in `MoveImage` um. Außerdem leite die Klasse gleich von `Image` ab. So nutzen wir die Eigenschaften und Methoden dieser Klasse am besten, die ja dadurch zur Mutter unserer Klasse `MoveImage` wird.

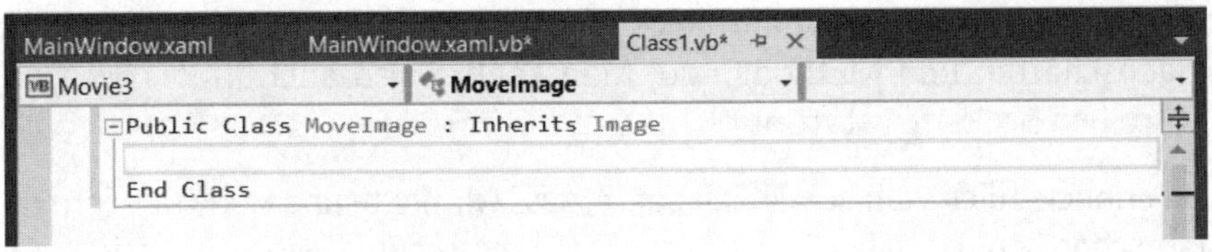

Was benötigen wir nun für unsere neue Klasse? Beginnen wir mit den Vereinbarungen der Eigenschaften bzw. Variablen:

```
Protected x, y, Dicke, Strecke As Integer
Private Raster As Grid
```

In der ersten Zeile habe ich alles als Protected vereinbart, so ist die Klasse für eine weitere Erbschaft gut vorbereitet. Die Vereinbarung eines Extra-Elements vom Typ Image (wie Ellipse in MoveCircle) ist hier nicht nötig.

Der Konstruktor bzw. die New-Methode kann direkt aus der Klasse MoveCircle übernommen werden – mit ein paar kleinen Anpassungen (→ MOVIE3, CLASS1.VB):

```
Public Sub New(rr As Grid, xx As Integer, _
yy As Integer, dd As Integer, ss As Integer)
  Raster = rr : x = xx : y = yy
  Dicke = dd : Strecke = ss
  ' Startwerte für das Bild
  Me.Width = Dicke : Me.Height = Dicke
  Me.Margin = New Thickness(x, y, 0, 0)
  Me.HorizontalAlignment = HorizontalAlignment.Left
  Me.VerticalAlignment = VerticalAlignment.Top
  Me.Visibility = Visibility.Hidden
  ' ins Raster einfügen
  Raster.Children.Add(Me)
End Sub
```

≫ Tippe das alles erst einmal ein.

Schauen wir uns den Konstruktor jetzt näher an. Auch hier werden die wesentlichen Eigenschaften festgelegt. Nun ist es aber keine Ellipse mehr, sondern eine Anzeigefläche. Da brauchen wir nur die Maße, die Position und die Ausrichtung. Keine Farbe für Rand und Füllung, denn in die zurzeit noch freie Fläche kommt ja später ein Bild.

Dass dort als Objekt nicht mehr Oval steht, dürfte klar sein. Doch was bedeutet Me? Ein Objekt haben wir hier nicht, dessen Namen wir statt Oval einsetzen könnten, sondern mit all den Eigenschaften ist die Klasse selbst gemeint. Denn MoveImage hat ja alles geerbt, was Image hat.

Mit Me greift man innerhalb eines Objekts bzw. einer Klasse auf eigene Eigenschaften und Methoden zu. Man könnte also auch in MainWindow schreiben Me.Width statt nur Width.

Du erinnerst dich wahrscheinlich daran, dass wir Breite und Höhe des Formulars schon benutzt haben, z.B. um den Durchmesser des Kreises zu bestimmen:

```
Kreis.Width  = Height / 2  ' statt Me.Height /2
Kreis.Height = Height / 2  ' statt Me.Height /2
```

Das Me kann man oft auch weglassen, bei der Definition unserer eigenen Klasse möchte ich es hinzufügen, weil dadurch der Quelltext eindeutiger ist. An dieser Stelle aber können wir auf das Me keinesfalls verzichten:

```
Raster.Children.Add(Me)
```

Bild aus Datei

Die Methoden Show, Move und Hide lassen sich fast unverändert von der MoveCircle-Klasse übernehmen – bis auf Oval, das wieder durch Me ersetzt werden sollte.

» Ergänze den Quelltext der neuen Klasse um diese Methodenvereinbarungen (→ MOVIE3, CLASS1.VB).

```
Public Sub Show()
  Me.Visibility = Visibility.Visible
End Sub

Public Sub Move()
  Dim animation As New ThicknessAnimation()
  animation.From = New Thickness(x, y, 0, 0)
  animation.To = New Thickness _
  (Strecke - Dicke, y, 0, 0)
  animation.Duration = _
  New Duration(TimeSpan.FromSeconds(2))
  Me.BeginAnimation _
  (Ellipse.MarginProperty, animation)
End Sub

Public Sub Hide()
  Me.Visibility = Visibility.Hidden
End Sub
```

Wichtig ist, dass die Importanweisung für die Animationsklasse jetzt in die Datei CLASS1.VB gehört!

≫ Mache im Quelltext ganz weit oben diese zur ersten Zeile:

```
Imports System.Windows.Media.Animation
```

Womit die Klasse MoveImage bereits funktionsfähig wäre. Doch würden wir sie so benutzen, dann bekämen wir von einem Erscheinen und Bewegen nichts zu sehen. Denn uns fehlt ja das Wichtigste: das Bild.

Deshalb benötigen wir hier eine weitere Methode, die dafür sorgt, dass ein passendes Bild aus einer Datei geladen wird (→ MOVIE3, CLASS1.VB):

```
Public Sub Load(Datei As String)
  Try
    Me.Source = New BitmapImage(New Uri(Datei))
  Catch
  End Try
End Sub
```

Die Try-Catch-Struktur halte ich deshalb für nötig, weil es ja auch mal sein kann, dass ein Bild gar nicht vorhanden oder defekt ist. Dann würde das Programm hängen bleiben. Wenn du willst, kannst du selbst zwischen Catch und End Try etwas einfügen, was geschehen soll, wenn kein Bild zur Verfügung steht.

Wichtig ist diese eine Zeile, die wir jetzt ein bisschen zerlegen müssen, um sie zu verstehen:

```
Me.Source = New BitmapImage(New Uri(Datei))
```

Mit Source ist die Quelle gemeint, von der das Image-Objekt das Bild abholen kann oder soll. Die lässt sich natürlich über den Pfad und den Dateinamen finden. Deshalb ist der Parameter Datei als String vereinbart.

Den kann man nun aber nicht einfach an Source übergeben, sondern vorher sind einige Umwandlungen nötig. Das erledigt die Methode Uri.

Unter **Uri** oder **URI** versteht man einen String, der zur Identifizierung einer Ressource dient (englisch »Uniform Resource Identifier«). Man kann Ressourcen hier auch mit Zutaten übersetzen. Programm-Ressourcen sind zum Beispiel Bilder.

Hier kann aber nicht nur das Verzeichnis und der Name einer Datei eingesetzt werden, sondern auch eine Internet-Adresse. Damit wäre es möglich, Bilder direkt aus dem Internet einzusetzen.

Das, was die Methode Uri liefert, ist unserer Klasse noch nicht eindeutig genug, denn damit ist der Dateityp noch nicht klar. Deshalb erzeugen wir direkt ein Objekt vom Typ BitmapImage, dessen Konstruktor das Uri-Ergebnis übernimmt. So wird dafür gesorgt, dass eine Bilddatei geladen wird und das Bild daraus in unserem Image-Objekt ankommt.

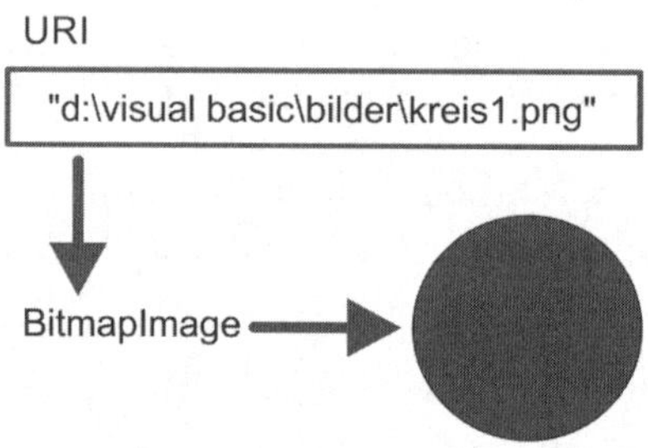

≫ Trage auch die Vereinbarung der Load-Methode nach. Dann speichere erst mal alles.

MoveImage statt MoveCircle

Was uns jetzt noch fehlt, ist die Verwendung der neuen Klasse im Hauptprogramm. Beginnen wir mit der Vereinbarung der Pfad-Konstanten und des Bild-Objekts:

```
Const Pfad = "d:\visual basic\bilder\"
Dim Bild As MoveImage
```

Es folgt der Aufruf des Konstruktors in der Window_Loaded-Methode (→ MOVIE3, MAINWINDOW.XAML.VB):

```
Private Sub Window_Loaded(sender As Object, _
e As RoutedEventArgs)
  Bild = New MoveImage _
 (Raster, 20, 30, Height / 2, Width - 30)
  Bild.Load(Pfad + "kreis1.png")
End Sub
```

≫ Ergänze den Quelltext und speichere alles. Passe gegebenenfalls oben den Pfad an, falls du andere Verzeichnisse benutzt als ich.

Alle button_Click-Methoden sehen genauso aus wie vom Projekt mit MoveCircle bekannt:

```
Private Sub button_Click(sender As Object, _
e As RoutedEventArgs) Handles button.Click
  Bild.Show()
End Sub

Private Sub button1_Click(sender As Object, _
e As RoutedEventArgs) Handles button1.Click
  Bild.Move()
End Sub

Private Sub button2_Click(sender As Object, _
e As RoutedEventArgs) Handles button2.Click
  Bild.Hide()
End Sub
```

Ausprobieren kannst du das Programm nun leider noch nicht, denn du brauchst ja noch ein Bild. Das kannst du selber erstellen oder dir aus dem Internet holen oder eines der Bilder im gleichnamigen Ordner von der Download-Adresse für die anderen Projekte in diesem Buch.

> Erzeuge in dem Verzeichnis, in das du deine Projekte speicherst, einen zusätzlichen Ordner BILDER und kopiere das passende Bild dort hinein.

Nicht alle Bilder sind gleich, auch wenn sie gleich aussehen. Den Typ einer Bilddatei erkennst du an der Kennung hinter dem Dateinamen:

BMP	Abkürzung von »Bitmap« inzwischen nur noch wenig verbreitetes Dateiformat, kann viele Millionen verschiedene Farben haben, lässt sich verlustfrei komprimieren, benötigt aber (sehr) viel Speicherplatz.
GIF	Abkürzung von »Graphics Interchange Format« im Internet verbreitet, kann nur 256 Farben haben, aber die Dateigröße ist (sehr) klein.

JPG	eigentlich JPEG, Abkürzung von »Joint Photographic Experts Group« sehr vielseitig einsetzbar, kann viele Millionen verschiedene Farben haben, fast beliebig komprimierbar (auch verlustfrei).
PNG	Abkürzung von »Portable Network Graphics« im Internet verbreitet, kann viele Millionen verschiedene Farben haben, verlustfrei komprimierbar, unterstützt auch Transparenz.

Ich empfehle das PNG-Format, denn da lässt sich eine sogenannte transparente Farbe festlegen, wodurch Teile des Bildes dann durchsichtig werden. Das ist besonders nützlich, wenn z.B. eine Figur über einen Hintergrund wandern soll.

Für unser erstes Projekt auf diesem Gebiet ist das aber (noch) nicht wichtig, genauso gut ist hier JPG. Auf andere Formate würde ich verzichten.

≫ Nun lasse das Programm laufen.

Verglichen mit dem aus Kapitel 11 sieht das doch irgendwie gleich aus – es sei denn, du benutzt ein ganz anderes Bild. Bei mir ist nur ein Kreis zu sehen, der sich über die Formularfläche schiebt.

Doch du hast nun die freie Bildwahl. So kannst du statt eines Kreises auch mal eine Kugel (→ KUGEL1.PNG) anzeigen – oder ein beliebiges Bild deiner Wahl.

Figur statt nur Bild

Nur ein anderes Bild, das genügt uns nicht. Also gönnen wir uns keine Ruhe und erweitern das Projekt um eine neue Klasse, die zuerst noch ganz harmlos aussieht:

```
Public Class Movie : Inherits MoveImage
End Class
```

Der neue Name soll darauf hinweisen, dass es hier um mehr Beweglichkeit geht – wie du noch sehen wirst.

Mit einer einfachen Vereinbarung ist es diesmal aber nicht getan. Es gibt einen Hinweis auf einen Fehler, der besagt, dass die neue Klasse auf jeden Fall eine `Sub New` besitzen muss. Erbt sie die denn nicht von ihrer Mutter? Ja, und der geerbte Konstruktor ist sogar `Public` vereinbart.

Das genügt aber offenbar nicht, denn es gilt folgende Regel: Eine New-Methode kann nur dann als Erbschaft direkt weiterverwendet werden, wenn sie **keine Parameter** hat. Ansonsten braucht auch die Kind-Klasse einen eigenen Konstruktor. Nun gut, erweitern wir die Vereinbarung so:

```
Public Class Movie : Inherits MoveImage
  Public Sub New(rr As Grid, xx As Integer, _
  yy As Integer, dd As Integer, ss As Integer)
  End Sub
End Class
```

Doch Visual Studio hat noch immer etwas zu meckern: Es fehlt innerhalb der neuen Methode New ein Aufruf der alten, das heißt: Die Mutter-Methode muss aktiviert werden. Dann versuchen wir es jetzt so (→ MOVIE4, CLASS1.VB):

```
Public Class Movie : Inherits MoveImage
  Public Sub New(rr As Grid, xx As Integer, _
  yy As Integer, dd As Integer, ss As Integer)
    MyBase.New(rr, xx, yy, dd, ss)
  End Sub
End Class
```

Wie gut, dass wir vorhin weiter oben die Eigenschaften in MoveImage schon als Protected vereinbart haben, sonst würden wir eine erneute Fehlermeldung ernten. Jetzt aber ist offensichtlich alles in Ordnung.

Allerdings ist da wieder mal ein neues Wort hinzugekommen:

```
MyBase.New(rr, xx, yy, dd, ss)
```

Damit Visual Basic erkennen kann, dass ausdrücklich eine Methode der Mutter-Klasse aufgerufen wird, benutzt man hier MyBase – statt Me für die eigenen Methoden.

Um die neue Klasse, die ja noch nichts anderes kann als ihre Mutter, auszuprobieren, muss im Hauptprogramm nun die Variable Bild als Typ Movie statt als MoveImage vereinbart werden. Ansonsten bleibt alles beim Alten. Nicht ganz, denn wir benutzen jetzt mal ein anderes Bild. Hier zuerst die neue Vereinbarung:

```
Dim Figur As Movie
```

Und in Window_Loaded erzeugen wir dann eine Instanz unserer neuen Klasse, das Objekt Figur (→ MOVIE4, MAINWINDOW.XAML.VB):

```
Private Sub Window_Loaded(sender As Object, _
e As RoutedEventArgs)
  Figur = New Movie _
  (Raster, 20, 0, Height / 2, Width - 30)
  Figur.Load(Pfad + "figur01.png")
End Sub
```

Voraussetzung ist natürlich, dass es eine Bilddatei mit dem Namen FIGUR01.PNG gibt. Unter den zum Download angebotenen Dateien zum Buch befinden sich einige Bilder, darunter auch dieses: eine Figur, die einfach dasteht und dir das Gesicht zuwendet. Doch wenn du gerne malst und zeichnest und mit einem Grafikprogramm umgehen kannst, dann schaffe dir doch einfach deine eigene Figur. Oder hole dir eine aus dem Internet.

Weil eine Figur in der Regel deutlich weniger Breite als Höhe hat, schlage ich für die `New`-Methode der `Movie`-Klasse diese Ergänzung vor:

```
Public Sub New(rr As Grid, xx As Integer, _
yy As Integer, dd As Integer, ss As Integer)
  MyBase.New(rr, xx, yy, dd, ss)
  Me.Width = Dicke : Me.Height = 1.5 * Dicke
End Sub
```

Bei mir wird das Bild der Figur nämlich ziemlich klein, es ist ja in einem unsichtbaren Quadrat untergebracht, und sähe mit Umrahmung eigentlich so aus:

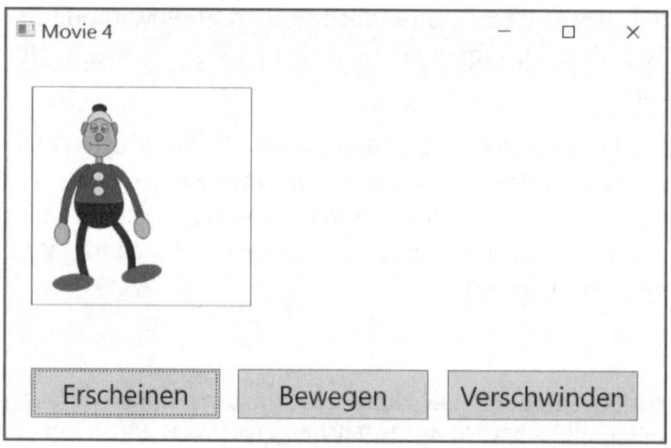

Deshalb habe ich die Breite übernommen und die Höhe dann etwas gestreckt. Eine andere Möglichkeit wäre es, anstelle von `Dicke` zwei neue Eigenschaften für Breite und Höhe zu vereinbaren (was ich jetzt aber nicht tun werde).

≫ Passe nun den Quelltext entsprechend an und lasse das Programm dann laufen.

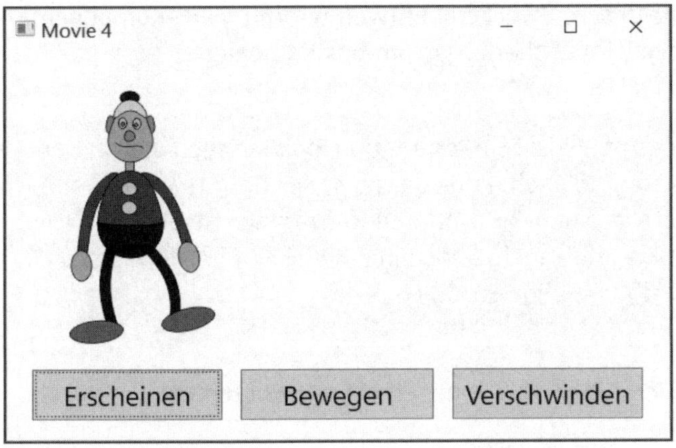

Wenn du hintereinander auf ERSCHEINEN, BEWEGEN und VERSCHWINDEN klickst, tut dir die Figur den Gefallen. Na ja, bei der Bewegung wirkt es irgendwie so, als würden wir das Ganze z.B. aus einem fahrenden Bus heraus beobachten.

Die Zeit tickt

Da fehlt also noch einiges, bis man von Bewegen im Sinne von Gehen sprechen kann. Wir müssen an der entsprechenden Methode also noch etwas feilen. Was genau soll denn passieren?

Während das Image im Formular von links nach rechts verschoben wird, soll sich das Bild innerhalb des `Image`-Objekts ändern. Dafür genügen zwei sich abwechselnde Positionen.

Werden die schnell hintereinander gezeigt, dann entsteht der Eindruck einer Bewegung: Die Figur scheint zu laufen. Doch wie kriegen wir das hin? Mit einem Animationsobjekt ist das offenbar nicht so einfach zu machen.

Was wäre denn mit einem Timer, der in bestimmten Zeitabständen eine Methode aufruft, die dann mal das eine, mal das andere Bild zeigt? Suchen wir uns also einen Timer. Es gibt da eine Normalausführung mit diesem Namen, für unsere Zwecke aber (weil wir mit WPF-Komponenten arbeiten) ist der Typ `DispatcherTimer` am besten geeignet.

> Im Grunde genommen ist ein Animationsobjekt auch ein `Timer`-Objekt, denn es sorgt ja auch dafür, dass eine bestimmte Veränderung einer Eigenschaft in einem bestimmten Zeitrahmen stattfindet. (Die Animationsklassen sind auch über eine Reihe von Zwischenstufen von einer `Timer`-Klasse abgeleitet.)

Geben wir der neuen Klasse `Movie` gleich ein neues Element:

```
Protected Zeit As DispatcherTimer
```

Wichtig ist, dass zusätzlich die nötige Bibliothek eingebunden wird:

```
Imports System.Windows.Threading
```

Im Konstruktor der neuen Klasse werden nun nicht mehr nur die geerbte `New`-Methode aufgerufen und die Bild-Maße angepasst, sondern es wird auch ein Zeit-Objekt erzeugt (→ MOVIE4, CLASS1.VB):

```
Public Sub New(rr As Grid, xx As Integer, _
yy As Integer, dd As Integer, ss As Integer)
  MyBase.New(rr, xx, yy, dd, ss)
  Me.Width = Dicke : Me.Height = 1.5 * Dicke
  ' Zeitgeber und Methode verknüpfen
  Zeit = New DispatcherTimer()
  AddHandler Zeit.Tick, AddressOf timer_Tick
End Sub
```

≫ Tippe den Text für den erweiterten Konstruktor der `Movie`-Klasse ein. Und vergiss die `Imports`-Anweisung nicht.

Die letzte Zeile gibt Rätsel auf. Wozu soll die gut sein? `Zeit.Tick` ist ein Ereignis, man kann sagen wie das Ticken einer Uhr. Und du erinnerst dich, dass wir schon Ereignissen Methoden zugeordnet haben, die dann bei diesem Ereignis aktiviert werden.

Und genau das tut die letzte Anweisung, frei übersetzt: »Verknüpfe das Ereignis `Zeit.Tick` mit der Methode `timer_Tick`.« Denn hier gibt es keine Möglichkeit, das Ganze, wie wir es kennen, über ein Eigenschaftenfenster zu erledigen. Die Anweisungsfolge

```
AddHandler button.Click, AddressOf button_Click
```

könnte also einem Button eine `Click`-Methode zuweisen bzw. beides verknüpfen. Das erledigt die Anweisung `AddHandler`, und mit `AddressOf` wird die Adresse der neuen Methode übergeben. Die braucht der Computer, damit er weiß, wo im Arbeitsspeicher die Methode liegt, wenn das Programm läuft.

Natürlich müssen wir selbst nun eine solche Methode definieren. Sie hat dieses Gerüst:

```
Private Sub timer_Tick(sender As Object, _
e As EventArgs)

End Sub
```

Dazwischen stehen alle die Anweisungen, die die Figur zum Laufen bringen sollen.

Zuerst aber brauchen wir jetzt zwei Bilder, die abwechselnd angezeigt werden können. Unter den zum Download angebotenen Dateien zum Buch befinden sich acht Bilder. Die benötigten Bilddateien sind von FIGUR01.PNG bis FIGUR08.PNG durchnummeriert.

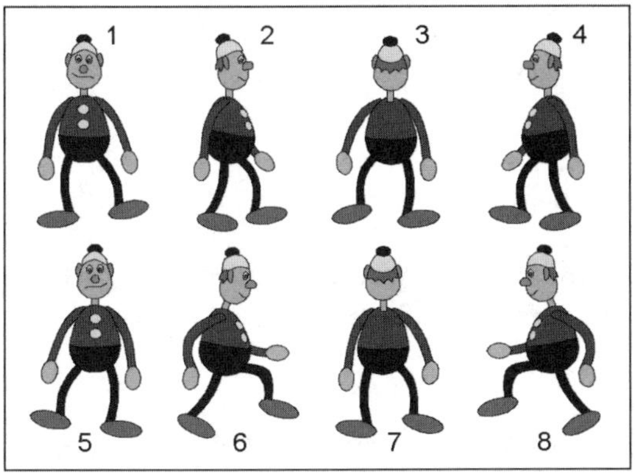

Du kannst dir natürlich deine eigene Bildergalerie erstellen, allerdings müssen die dann auch in derselben Reihenfolge mit einer Nummer von 1 bis 8 gespeichert werden, z.B. auch als FIGUR01, FIGUR02 usw. (Außerdem sollten alle Bilder die gleichen Maße haben.)

Dabei gelten die Regeln, die in der folgenden Tabelle zusammengefasst sind:

Bilddatei	erste Position	Bilddatei	zweite Position
FIGUR01.PNG	von vorn	FIGUR05.PNG	von vorn
FIGUR02.PNG	von rechts	FIGUR06.PNG	von rechts
FIGUR03.PNG	von hinten	FIGUR07.PNG	von hinten
FIGUR04.PNG	von links	FIGUR08.PNG	von links

Jede Figur-Richtung wird in zwei verschiedenen Positionen gespeichert. Weil unsere Figur von links nach rechts laufen soll, brauchen wir hier jetzt die Bilder FIGUR02 und FIGUR06. Die Namen der Bilder unterscheiden sich nur an einer Stelle.

Wie wäre es, wenn wir den Dateinamen so zerlegen, dass man die Nummer des Bildes erkennen kann? Mit

```
Txt = DName.Substring(0, DName.Length - 5)
```

wird aus dem Dateinamen ein Teilstring herausgefiltert. Den Dateinamen müssen wir uns später irgendwie über die Load-Methode holen.

Die Funktion SubString beginnt hier beim ersten Zeichen des Strings (Zählung ab 0!) und hängt die letzten 5 Zeichen ab. Mit Length wird dazu die Länge der Zeichenkette ermittelt.

So würde z.B. aus

```
"d:\visual basic\bilder\figur01.png"
```

der Reststring (ohne die letzten 5 Zeichen):

```
"d:\visual basic\bilder\figur0"
```

Dann brauchen wir eine neue Bildnummer, weil die Figur beim Start von vorn (1), beim Laufen aber von einer Seite (2) gezeigt werden soll:

```
Nr = 2
```

Das Gegenstück dazu hat dann eine Nummer, die um 4 höher liegen muss (wenn man sich an die oben aufgestellten Regeln hält!). Es geht bei mir also um die Bild-Nummern 2 und 6.

Es bewegt sich was

Zuerst müssen ein paar Vereinbarungen her (die gelten natürlich nur in Movie):

```
Private DName As String
Private Nr As Integer
```

Und nun können wir uns an den Teil machen, in dem der Dateiname neu zusammengesetzt wird:

```
Select Case Nr
  Case 2 : Nr = 6
  Case 6 : Nr = 2
End Select
DName = Txt + CStr(Nr) + ".png"
```

Die Select-Case-Struktur bewirkt, dass bei jedem Aufruf von timer_Tick abwechselnd das zweite und das sechste Bild der Figur geladen und angezeigt wird.

Dazu sind noch ein paar weitere Anweisungen nötig. Zuerst muss das Bild geladen werden:

```
Load(DName)
```

Dann wird der x-Wert, der ja für den Abstand des linken Randes zuständig ist, langsam hochgezählt, natürlich nur bis zu einer bestimmten Stelle am rechten Rand des Formulars:

```
If x < Strecke - Dicke Then
  x += 20
Else
  Zeit.Stop()
  Nr = 1
End If
```

Ansonsten wird der Zeitgeber gestoppt und die Bildnummer auf 1 gesetzt, damit beim nächsten »Tick« die Figur wieder nach vorn schaut, weil sie ja wieder steht.

Zuletzt fehlt noch eine Anweisung, die für die Verschiebung sorgt:

```
Me.Margin = New Thickness(x, y, 0, 0)
```

Und so sieht dann die gesamte Methode aus (→ MOVIE4, CLASS1.VB):

```
Private Sub timer_Tick(sender As Object, _
e As EventArgs)
  Dim Txt As String
  'Dateinamen bei Nummer "kappen"
  Txt = DName.Substring(0, DName.Length - 5)
  Select Case Nr
    Case 2 : Nr = 6
    Case 6 : Nr = 2
  End Select
  DName = Txt + CStr(Nr) + ".png"
  Load(DName)
  If x < Strecke - Dicke Then
    x += 20
  Else
    Zeit.Stop()
    Nr = 1
  End If
  Me.Margin = New Thickness(x, y, 0, 0)
End Sub
```

> Gib den Quelltext für die timer_Tick-Methode ein. Du kannst schon mal alles speichern, aber starten lässt sich das Programm noch nicht.

Wenn der Zeitgeber mit der Methode Stop angehalten wurde (sonst würde die Figur am rechten Bildrand auf der Stelle weiterlaufen), dann muss er doch irgendwann auch mal gestartet worden sein.

Und das erledigt die Methode Start. Doch die wurde bis jetzt noch nirgends aufgerufen. Das erledigen wir jetzt, und zwar in der Methode Move (→ MOVIE4, CLASS1.VB):

```
Public Shadows Sub Move()
  Nr = 2 'nach rechts
  ' Millisekunden
  Zeit.Interval = New TimeSpan(0, 0, 0, 0, 100)
  Zeit.Start()
End Sub
```

Sofort auffällig ist hier das Wörtchen Shadows. Weil die neue Methode denselben Namen trägt wie die bereits geerbte Methode Move, bringt Shadows genau dies zum Ausdruck. Wir können hier die alten Animations-Anweisungen nicht gebrauchen, wenn wir ein Objekt vom Typ Movie benutzen wollen.

Shadows sorgt dafür, dass die geerbte Methode mit gleichem Namen **ausgeblendet** wird, als wäre sie gar nicht verfügbar. Man nennt das auch Shadowing.

Eigentlich verdient die neue Methode ihren Namen gar nicht mehr, dennoch will ich sie nicht anders nennen, weil sie die alte Move-Methode ja **ersetzen** soll. Was passiert? Zuerst wird die Nummer des Bildes für die Bewegung nach rechts festgelegt:

```
Nr = 2
```

Dann benötigt der Timer natürlich ein Intervall, wozu jetzt eine Menge Parameter nötig sind, weil wir diese Zeit in Millisekunden haben wollen:

```
Zeit.Interval = New TimeSpan(0, 0, 0, 0, 100)
```

(Die Nullen am Anfang stehen für Tage, Stunden, Minuten, Sekunden.)

Und endlich kommt der Startschuss (und timer_Tick wird aktiviert):

```
Zeit.Start()
```

Womit auch die neue Move-Methode den Weg freimacht für die Anweisungen, die in timer_Tick stehen.

Womit wir nun fast alles zusammenhaben. Eine Sache fehlt noch, denn wir brauchen ja den Namen der Bilddatei, wie er vom Hauptprogramm übergeben wurde. Dazu erweitern wir die Load-Methode ein bisschen (→ MOVIE4, CLASS1.VB):

```
Public Shadows Sub Load(Datei As String)
  DName = Datei
  MyBase.Load(Datei)
End Sub
```

Man sieht, dass das Objekt sehr wohl auch an die geerbte Load-Methode herankommt – trotz Shadowing, indem man einfach MyBase benutzt.

≫ Und nun ergänze den Quelltext entsprechend, speichere alles und starte dann das Programm.

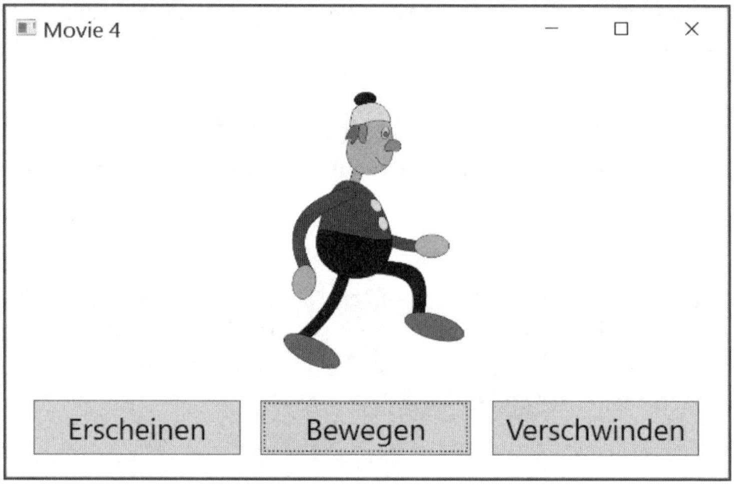

Zusammenfassung

In den letzten Kapiteln hast du den Weg zur eigenen Klassensammlung kennengelernt (obwohl diese Sammlung bis jetzt noch recht dürftig ist). Für Bewegliches stehen dir dabei Animationen oder Zeitgeber zur Auswahl.

Ein paar neue WPF-Klassen sowie deren Eigenschaften und Methoden sind dir dabei begegnet:

`Image`	Eine Anzeigefläche für Bilder
`BitmapImage`	Eigenschaft von `Image`: dient als Behälter für den Inhalt einer Bilddatei (z.B. PNG oder JPG)
`Source`	Eigenschaft von `Image`: Quelle der Bilddatei
`Inherits`	Kennzeichnung einer Mutter-Klasse (für Vererbung aller Eigenschaften und Methoden)
`Shadows`	Neuvereinbarung einer geerbten Methode
`MyBase`	Nutzung/Aufruf einer Eigenschaft oder Methode der Mutter-Klasse
`Uri`	Methode, um einen String so umzuwandeln, dass man damit eine Programm-Ressource holen/laden kann
`DispatcherTimer`	Ein Zeitgeber, der in eine Warteschlange integriert ist (für WPF geeignet)

Interval	Eigenschaft eines Timers: Zeitspanne, in der eine Tick-Methode aufgerufen wird
Tick	Ereignis eines Timers: Sobald es eintritt, wird eine verknüpfte Methode aktiviert.
Start	Methode, um einen Zeitgeber zu starten
Stop	Methode, um einen Zeitgeber anzuhalten
AddHandler	Zuordnung von Ereignis und Methode
AddressOf	Ermitteln der Adresse einer Methode

Auch ein paar neue Hilfsmittel zur Stringbearbeitung kennst du:

SubString	Einen Teilstring aus einem String ermitteln
Length	Die Länge eines Strings bestimmen

Dazu kommen noch einige Hilfswörter für den Zugriff auf Eigenschaften und Methoden eines Objekts:

Me	Kennzeichnung, wenn das eigene Element gemeint ist
MyBase	Kennzeichnung, wenn das Element der Mutter-Klasse gemeint ist
Shadows	Kennzeichnung eines Elements, das den gleichen Namen wie ein geerbtes trägt

Zwei Fragen ...

1. Wie erzeugt und benutzt man einen Zeitgeber?
2. Wie verknüpft man im Quelltext von Visual Basic ein Ereignis mit einer Methode?

... und ein paar Aufgaben

1. Versuche mal, im Projekt MOVIE3 einen Zeitgeber anstelle eines Animationsobjekts zu benutzen.
2. Ergänze das Projekt MOVIE4 um einen weiteren Button und die Möglichkeit, dass die Figur sich um die eigene Achse dreht.

3. Erweitere das Projekt MOVIE4 so, dass die Figur nicht nur nach rechts, sondern auch nach links, also hin und her wandern kann.
4. Wenn du dich gut mit Zinseszinsrechnung auskennst, kannst du das Zins-Projekt um eine Klasse erweitern, die zusätzlich die Laufzeit in Jahren mit einbezieht.

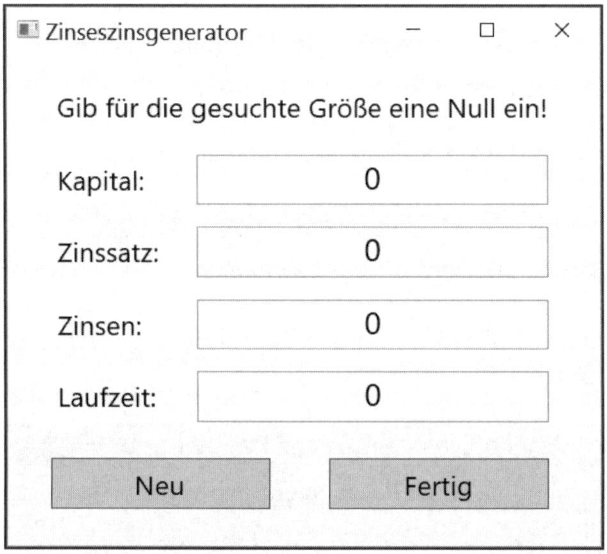

14

Polymorphie

Dass wir Methoden benutzen, die eine Klasse von einer anderen geerbt hat, ist nichts Neues. So haben wir in den letzten Projekten oft ungeniert von »Elternmethoden« Gebrauch gemacht. Man kann das, auch wenn man den Inhalt der Methodendefinitionen nicht kennt. Es genügt zu wissen, was die jeweilige Methode bewirkt.

Hier kümmern wir uns noch einmal intensiver darum, was sich mit der Erbschaft anstellen lässt. Außerdem beschäftigen wir uns mit Monstern, die verschiedene Gestalten annehmen können.

In diesem Kapitel lernst du

- wozu Monster auch gut sein können
- was man unter Polymorphie versteht
- den Unterschied zwischen Überschreiben und Überladen kennen

Von alten und neuen Methoden

Wenn in einer Kind-Klasse eine neue Fähigkeit ansteht, muss oft eine geerbte Methode neu definiert werden. Und will man auf die alte geerbte Methode zugreifen, so tut man dies über das »Vorwort« `MyBase`.

Aber warum meckert Visual Basic nicht, wenn wir einfach denselben Namen benutzen? Visual Basic könnte ja sagen »Schon vergeben« oder »Name bereits definiert«.

Offenbar kann in Visual Basic jede neue Klasse eigene Methoden mit genau denselben Namen haben wie die Mutter-Klasse. Allerdings sollte man diese nette Geste mit dem Wörtchen Shadows unterstützen. Das bedeutet zu Deutsch so viel wie »Schatten«.

Mit einem neuen Beispiel wollen wir hier erkunden, was genau es mit dem ganzen Mechanismus auf sich hat, der dahintersteckt. Dazu machen wir einen Zeitsprung um einige Jahrhunderte zurück und besuchen einen gewissen Dr. Frankenstein im Labor, um ihm über die Schulter zu schauen. Der hat nämlich so eine ähnliche Klasse entworfen:

```
Public Class Monster
  Private Name, Wesen As String

  Public Sub New(nn As String, ww As String)
    Name = nn : Wesen = ww
  End Sub

  Public Sub Show _
  (anzeige1 As Label, anzeige2 As Label)
    anzeige1.Content = "Name: " + Name
    anzeige2.Content = "Wesen: " + Wesen
  End Sub

End Class
```

Ein ganz einfaches Monster, das einen Namen und eine einzige weitere Eigenschaft hatte. Immerhin konnte es die bei seinem Erscheinen zeigen.

Dr. Frankenstein hatte keine so komfortablen Möglichkeiten wie wir, um seine Kreatur zu testen. Dafür geht es bei unserem Monstertest nicht so grauenerregend zu.

≫ Erzeuge ein neues Projekt und gib ihm den Namen Monster1.

Was du für das Testformular an Zutaten brauchst, sind drei Buttons und drei Labels. Und wenn du willst, kannst du den Labels noch einen Rahmen geben.

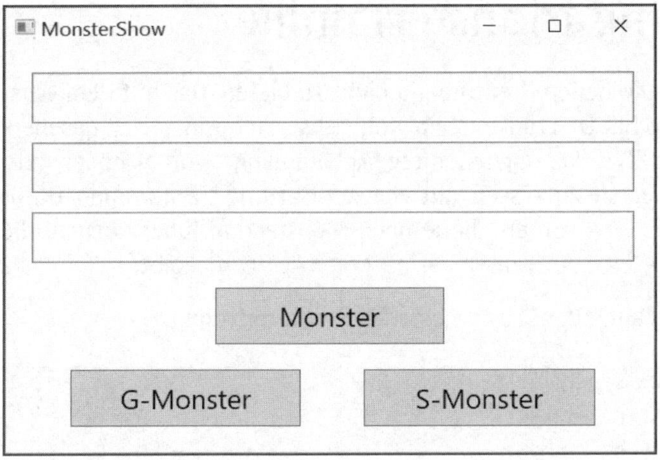

Wie du an der Aufschrift der Buttons sehen kannst, hat Dr. Frankenstein noch vor, zwei Kinder seines Monsters zu erschaffen. Da wollen wir natürlich dabei sein:

```
Public Class GMonster : Inherits Monster
  Public Sub New(nn As String, ww As String)
    MyBase.New(nn, ww)
  End Sub

  Public Function Type() As String
    Return "Geistes-Monster"
  End Function

End Class

Public Class SMonster : Inherits Monster
  Public Sub New(nn As String, ww As String)
    MyBase.New(nn, ww)
  End Sub

  Public Function Type() As String
    Return "Seelen-Monster"
  End Function

End Class
```

≫ Erzeuge über PROJEKT und KLASSE HINZUFÜGEN eine Quelltextdatei (CLASS1.VB) und tippe dort den obigen Text ein.

Eine kleine Monsterfamilie

Allzu viel haben die neuen Kreaturen ja nicht zu bieten. Das mit dem Geist und mit der Seele hat Dr. Frankenstein wohl etwas zu optimistisch gesehen. Aber für unsere Zwecke reichen diese Abkömmlinge von Monster aus. Immerhin scheinen sie zu wissen, aus welcher Gattung sie stammen. Dafür soll die Methode Type sorgen, die je nach Monsterkind (über Return) die Werte "Geistes-Monster" oder "Seelen-Monster" zurückgibt:

Übrigens könnte auch Monster so eine Methode vertragen:

```
Public Function Type() As String
  Return "Monster"
End Function
```

Allerdings ist dann – wie du bereits weißt – die Zusatzinformation Shadows für die gleichnamigen Methoden in den abgeleiteten Klassen nötig (→ MONSTER1, CLASS1.VB):

```
Public Shadows Function Type() As String
  Return "Geistes-Monster"
End Function

Public Shadows Function Type() As String
  Return "Seelen-Monster"
End Function
```

Nun muss die Monster-Methode zum Erscheinen noch um einen Parameter und eine Anweisung erweitert werden (→ MONSTER1, CLASS1.VB):

```
Public Sub Show(anzeige1 As Label, _
anzeige2 As Label, anzeige3 As Label)
  anzeige1.Content = "Name: " + Name
  anzeige2.Content = "Wesen: " + Wesen
  anzeige3.Content = "Typ: " + Type()
End Sub
```

Damit sind dann alle Klassen so versorgt, dass wir nur noch drei Instanzen erzeugen müssen. Dann können wir die Monster erscheinen lassen. Die Initialisierung erfolgt wie immer in der Window_Loaded-Methode (→ MONSTER1, MAINWINDOW.XAML.VB):

```
Private Sub Window_Loaded(sender As Object, _
e As RoutedEventArgs)
  Frank = New Monster("Frankie", "ungewöhnlich")
```

```
  Albert = New GMonster("Bertie", "nachdenklich")
  Sigmund = New SMonster("Sigi", "mitfühlend")
End Sub
```

Natürlich müssen sie zuvor vereinbart werden:

```
Dim Frank As Monster
Dim Albert As GMonster
Dim Sigmund As SMonster
```

Und die Methoden für die drei Buttons sorgen für den entsprechenden Auftritt:

```
Private Sub button_Click(sender As Object, _
e As RoutedEventArgs) Handles button.Click
  Frank.Show(label, label1, label2)
End Sub

Private Sub button1_Click(sender As Object, _
e As RoutedEventArgs) Handles button1.Click
  Albert.Show(label, label1, label2)
End Sub

Private Sub button2_Click(sender As Object, _
e As RoutedEventArgs) Handles button2.Click
  Sigmund.Show(label, label1, label2)
End Sub
```

> Gib den kompletten Quelltext ein und speichere dann alles. Dann lasse das Programm laufen und klicke nacheinander auf die drei Buttons.

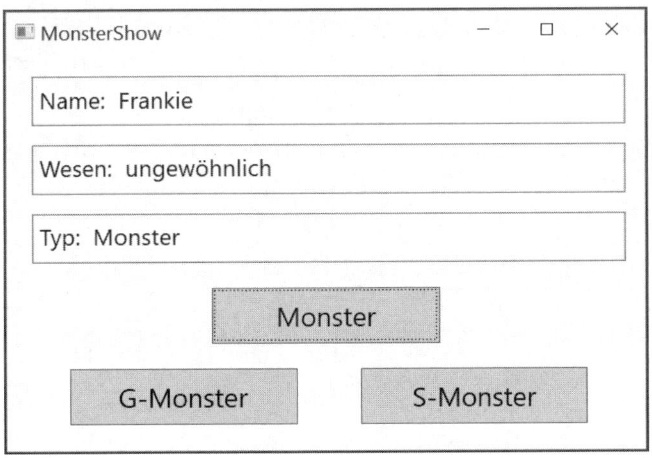

Mehr Schein als Sein?

Zwar nennen die Monster schön brav ihren Namen und sagen auch etwas über ihr Wesen. Aber beim Typ wissen die Kinder von Monster nicht mehr als ihr Vater. Es wirkt fast so, als hätten wir die Type-Funktionen für GMonster und SMonster gar nicht vereinbart!

Und damit haben wir auch schon unser Problem mit dem Erbe: Die Methode Type wird in der Methode Show aufgerufen. Diese Methode ist ein Erbstück von Vater Monster. Bei den Kindern GMonster und SMonster wurde keine eigene (neue) Methode dieses Namens vereinbart. Sollen die drei Monster erscheinen, läuft das nach diesem Schema ab:

Objekt	Show-Methode von	Type-Methode von
Frank	Monster	Monster
Albert	Monster	Monster
Sigmund	Monster	Monster

Das heißt: Weil Albert und Sigmund die Methode Show von Monster verwenden, benutzt Monster.Show auch die **eigene** Methode Type. Denn woher soll das Programm wissen, dass jeweils eine andere Type-Methode dran ist?

Aus einer alten Methode eine neue aufzurufen, scheint demnach so nicht zu funktionieren. Aktiviert werden hier offenbar nur Methoden, die aus der **eigenen** Klasse stammen. Dann wären die Type-Definitionen von GMonster und SMonster also sinnlos, obwohl wir hier Shadows verwendet haben?

Ist denn Visual Basic wirklich so dumm, dass es nicht kapiert, wann welche Methode dran zu sein hat? Was geschieht denn, wenn wir ein Programm zum Laufen bringen?

Zuerst wird das ganze Projekt mit Formular und Quelltext zu einer Anwendung gemacht. Das, was da drinsteht, könntest du nicht mehr wiedererkennen, aber dein Computer kann etwas damit anfangen, weil es in seine eigene Sprache übersetzt wurde (die für uns wie Kauderwelsch aussieht).

Das Übersetzen erledigt der **Compiler** von Visual Basic, eine Art Dolmetscher, der unsere Programmiersprache in die Sprache des Computers überträgt.

Beim **Kompilieren** – so nennt man diese Übertragung – erhält jede Methode eine **feste** Anfangsadresse. Das ist die Stelle, an der die Methode beginnt.

Wenn in unserem Falle der Compiler dorthin kommt, wo die Show-Methode **definiert** wird, setzt er beim Aufruf von Type die Speicheradresse ein, an der die Methode von Monster steht. Denn so ist es ja im Quelltext programmiert:

```
Public Sub Show(Parameter)
  ' andere Anweisungen
  anzeige3.Content = "Typ:  " + Type()
  ' gemeint ist Type von Monster!
End Sub
```

Und weil damit die Adresse von Type als Methode von Monster festgelegt ist, werden die anderen beiden Type-Methoden einfach nicht mehr berücksichtigt.

Visual Basic wäre nicht Visual Basic, wenn es dazu keine Lösung anbieten könnte. Es ist einfach nur jeweils ein Wort, das wir den betreffenden Methoden spendieren müssen, damit die **richtige** Methode zur **richtigen** Zeit aufgerufen wird.

➢ Erweitere die Klassenvereinbarungen von Monster bis SMonster so (→ MONSTER2, CLASS1.VB):

```
Public Overridable Function Type() As String
  Return "Monster"
End Function

Public Overrides Function Type() As String
  Return "Geistes-Monster"
End Function

Public Overrides Function Type() As String
  Return "Seelen-Monster"
End Function
```

➢ Dann speichere das Projekt und starte das Programm. Achte darauf, mit welchem Typ sich die Monster diesmal melden.

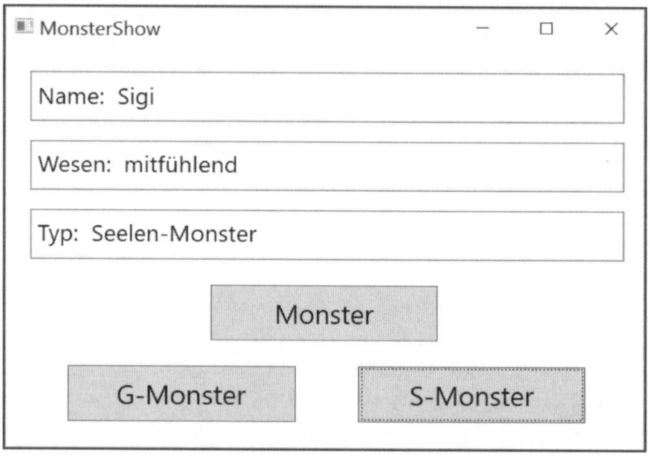

Polymorphie

Nun ist es nicht ein einzelnes Wort, sondern ein Wörterpaar: `Overridable` und `Override` bringen offenbar alles wieder ins Lot. Zu Deutsch heißt dies so viel wie »etwas außer Kraft setzen, aufheben«. Ein besserer Ausdruck dafür ist **Überschreiben**.

Mit diesem Mechanismus ausgestattet, kann also eine alte auch eine neue Methode aufrufen. Und das Erscheinen der drei Monster verläuft nun nach diesem Schema:

Objekt	Show-Methode von	Type-Methode von
`Frank`	`Monster`	`Monster`
`Albert`	`Monster`	`GMonster`
`Sigmund`	`Monster`	`SMonster`

Es gibt in Visual Basic für den Aufruf einer Methode offenbar diese beiden Möglichkeiten:

- Bei der Übersetzung des Quelltextes setzt der Compiler an die Stelle, an der eine Methode aufgerufen wird, deren Adresse im Speicher. Damit ist unveränderlich festgelegt, welche Methode verwendet wird. Das nennt man **frühe Bindung** (englisch: early binding). Die Methode wird ganz normal vereinbart. Man spricht hier auch von einer **statischen Methode**.

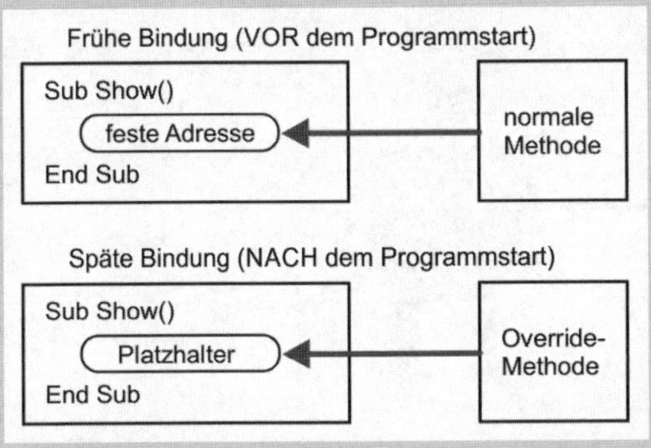

- Bei der Übersetzung des Quelltextes markiert der Compiler die Stelle mit einem Platzhalter, an der eine Methode aufgerufen wird. Damit schafft er einen **freien** Platz. Erst während des Programmlaufs wird dort dann die Adresse der passenden Methode eingesetzt. Das nennt man **späte Bindung** (englisch: late binding). Die Methode muss mit `Overridable` vereinbart werden. Man bezeichnet sie damit als **virtuelle Methode**. Durch die späte Bindung ist es möglich, diese Methode durch eine andere mit gleichem Namen zu überschreiben (`Override`).

Die beiden Versionen unseres kleinen Monster-Projekts unterscheiden sich also nur in diesem Wortpaar. Dabei wird die Methode der Elternklasse als `Overridable` vereinbart, und die Methoden des Nachwuchses bekommen den `Override`-Zusatz verpasst.

Wird die Methode `Show` nun von einem Objekt vom Typ `SMonster` oder `GMonster` aufgerufen, benutzt sie die überschreibende Methode `Type` – und das ist schließlich genau das, was wir wollen.

Und solltest du mal die Methode der Mutter benötigen, weißt du ja, wie man `MyBase` einsetzt. Mit `MyBase.Type` z.B. bekommt man aus jeder anderen Methode heraus wieder den Typ des Mutterobjekts.

So haben wir nun drei gleichnamige Methoden, die jede für sich das tut, was die jeweilige Klasse von ihr fordert. Man sagt dazu **Polymorphie** oder **Polymorphismus**. Mit Chemie hat das nichts zu tun, und es ist auch keine ansteckende Krankheit: Zu Deutsch heißt polymorph »vielgestaltig« oder »von verschiedener Gestalt«.

Polymorphie ist hier also auch die Fähigkeit des Programms, sich zur Laufzeit zwischen verschiedenen möglichen Methoden zu entscheiden. Und so taucht ja bei einem Aufruf der `Monster`-Methode `Show` die `Type`-Methode in der Gestalt auf, in der sie gerade benötigt wird.

Würde es die Polymorphie nicht geben, wären wir arm dran. So müsste man z.B. sehr umständlich die Show-Methode gleich noch zweimal definieren, in jeder Klasse extra:

```
Public Shadows Sub Show()  ' GMonster
  ' Anweisungen
End Sub

Public Shadows Sub Show()  ' SMonster
  ' Anweisungen
End Sub
```

Einen (kläglichen?) Versuch ohne virtuelle Methoden siehst du im Projekt MONSTER2A. Das Schema für das Erscheinen zeigt, dass zwar auch hier die richtigen Typ-Methoden zum richtigen Zeitpunkt aufgerufen werden – aber wie:

Objekt	Show-Methode von	Type-Methode von
Frank	Monster	Monster
Albert	GMonster	GMonster
Sigmund	SMonster	SMonster

Weil jetzt alle Klassen ihre Show-Methode haben, würde damit das Programm auch so laufen wie benötigt, wäre aber mit überflüssigem Programmcode beladen – auch Redundanz genannt.

Das sieht hier noch nicht so schlimm aus. Was aber ist, wenn du mal eine große Schar solcher Methoden wie Type benötigst und wenn der Aufruf an zahlreichen verschiedenen Stellen erfolgen soll? (Ich jedenfalls möchte so ein Monster nicht programmieren!)

Monstershow

Es ist an der Zeit, sich die drei Exemplare aus der Monsterfamilie auch mal anzuschauen. Dazu benötigen wir zuerst einen Pfad, damit das Programm die Bilder auch findet, z.B.

```
Const Pfad = "d:\visual basic\bilder\"
```

Diese Vereinbarung gehört ins Hauptprogramm (MAINWINDOW.XAML.VB).

Und nun erfährt unser Monster-Projekt eine gründliche Überarbeitung. Dazu musst du im Formular ein wenig Platz für ein zusätzliches Image-Objekt machen. Das führt auch zu einigen Änderungen in den Quelltextdateien. Auf jeden Fall sollte das Formular dann so oder ähnlich aussehen (dazu musst du es etwas nach rechts vergrößern und eventuell die Buttons neu anordnen):

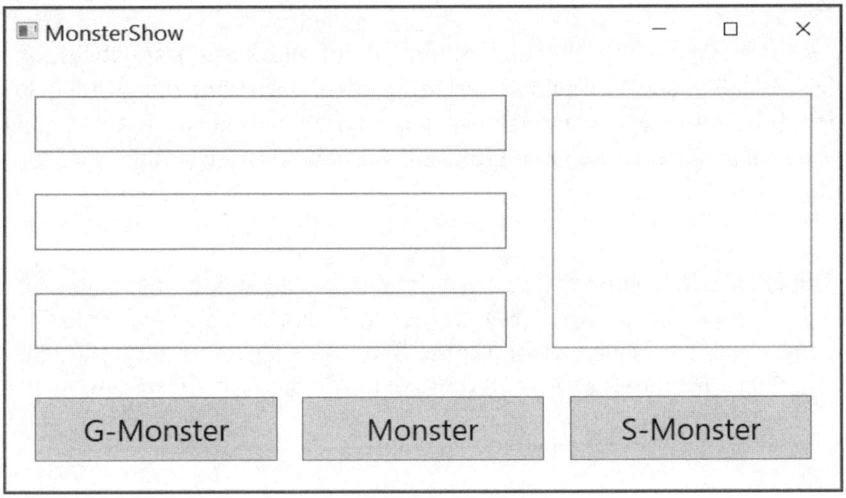

Und nun erhält Monster eine weitere Eigenschaft:

```
Private Name, Wesen, Datei As String
```

Datei merkt sich den Namen einer Bilddatei für das betreffende Monster.

> Ergänze die obige Vereinbarung und erweitere die New-Methode von Monster ein bisschen (→ MONSTER3, CLASS1.VB):

```
Public Sub New(nn As String, ww As String, _
dd As String)
  Name = nn : Wesen = ww : Datei = dd
End Sub
```

Wie du siehst, hat der Konstruktor nun einen Parameter mehr. Er übernimmt nämlich gleich bei der Initialisierung auch noch den Namen der Bilddatei.

Natürlich gibt es in der Klasse `MainWindow` ebenfalls etwas anzupassen (→ MONSTER3, MAINWINDOW.XAML.VB):

```
Private Sub Window_Loaded(sender As Object, _
e As RoutedEventArgs)
  Frank = New Monster("Frankie", "ungewöhnlich", _
  Pfad + "Frank.jpg")
  Albert = New GMonster("Bertie", "nachdenklich", _
  Pfad + "Albert.jpg")
  Sigmund = New SMonster("Sigi", "mitfühlend", _
  Pfad + "Sigmund.jpg")
End Sub
```

Das Erscheinen beschränkt sich nun nicht auf Informationsangaben, sondern es soll ja auch ein Bild angezeigt werden. Dazu wird eine Datei geladen (hier kann es auch mal ein JPG-Bild sein) und im `Image`-Objekt sichtbar gemacht. Was wiederum die Aufgabe des jeweiligen `Monster`-Objekts ist.

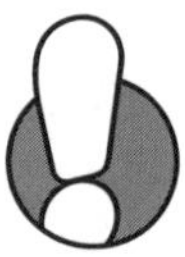

Auch hier gilt wieder: Die betreffenden Bilder müssen natürlich in dem unter `Pfad` angegebenen Ordner zu finden sein. Du kannst sie dir von der Download-Adresse für die anderen Projekte in diesem Buch holen. Oder du wirst im Internet fündig und passt die Dateinamen entsprechend an.

» Was fehlt, ist eine Lade-Methode, um das Bild in den Rahmen des `Bild`-Objekts zu kriegen (→ MONSTER3, CLASS1.VB):

```
Public Sub Show(anzeige1 As Label, _
anzeige2 As Label, anzeige3 As Label, bild As Image)
  anzeige1.Content = "Name:  " + Name
  anzeige2.Content = "Wesen:  " + Wesen
  anzeige3.Content = "Typ:  " + Type()
  Try
    bild.Source = New BitmapImage(New Uri(Datei))
  Catch
  End Try
End Sub
```

➢ Tja, nun ergänze auch diesen Quelltext, speichere alles und dann schaue dir deine Monster mal an.

Überschreiben und überladen

Werfen wir jetzt noch einmal einen genaueren Blick auf die Methodenvereinbarungen unserer Monsterfamilie. Wie du gesehen hast, **überschreibt** die Neudefinition einer Methode die alte Methode. (Und um trotzdem die alte weiterverwenden zu können, müssen wir das Wort `MyBase` benutzen.)

Überschrieben wird auch der Konstruktor. Das verlangt Visual Basic sogar bei jeder neuen Klassendefinition, falls es Parameter gibt. Selbst wenn die Konstruktoren der Kinder nichts anderes tun als die der Mutter.

Neben einem Konstruktor gibt es in Visual Basic übrigens auch einen Destruktor. Was ist der Unterschied?

Wie du weißt, kümmert sich der **Konstruktor** sozusagen um die gesunde Geburt eines Objekts.

Der **Destruktor** dagegen erledigt alle Aufräumarbeiten, die beim Ableben eines Objekts anfallen. Während dieser Begriff in anderen Programmiersprachen üblich ist, spricht man in Visual Basic auch vom Finalisierer. Visual Basic stellt für jede Klasse eine Methode namens `Finalize` zur Verfügung und sorgt auch dafür, dass diese Aufräummethode beim Löschen eines Objekts **automatisch** aufgerufen wird.

So wie der Konstruktor ein Geburtshelfer ist, könnte man den Destruktor also einen Totengräber nennen. (Oder ist dir das zu makaber?)

Innerhalb einer Klasse sind auch **mehrere** Konstruktoren möglich. Sie müssen sich nur in der Parameterliste unterscheiden. Deshalb könnte Monster in einer überarbeiteten Version z.B. über diese drei Konstruktoren verfügen (→ MONSTER3A, CLASS1.VB):

```
Public Sub New()
  Name = "Niemand" : Wesen = "monströs" : Datei = ""
End Sub

Public Sub New(nn As String, ww As String)
  Name = nn : Wesen = ww : Datei = ""
End Sub

Public Sub New(nn As String, ww As String, _
dd As String)
  Name = nn : Wesen = ww : Datei = dd
End Sub
```

Das nennt man dann **Überladen**. Gleiches funktioniert ja auch bei normalen Methoden, beispielsweise hier:

```
Public Overridable Function Type() As String
  Return "Monster"
End Function

Public Overridable Sub Type(info As Label, _
charakter As String)
  info.Content = "Ich habe " + charakter
End Sub
```

Die beiden Type-Methoden unterscheiden sich nicht nur in der Parameterliste, sondern auch im Typ selbst: Das eine ist eine Funktion mit Rückgabe eines Wertes, das andere eine Prozedur, die dafür sorgt, dass etwas angezeigt wird. (Das Overridable sorgt dafür, dass sich beide später auch problemlos überschreiben lassen.)

Auch wenn es nun zwei Type-Methoden gibt, funktioniert die Override-Dynamik allerdings nur bei denjenigen Methoden, die **genau die gleiche** Parameterliste und den **gleichen** Methodentyp haben! Die zweite als Prozedur vereinbarte Methode kann also nicht »aus Versehen« aktiviert werden.

Was ist, wenn man auch einer der beiden abgeleiteten Klassen eine Methode spendieren will, die z.B. in der Parameterliste von allen geerbten abweicht? Nehmen wir ein Beispiel:

```
Public Function Type(charakter As String) As String
  Return "Geistes-Monster mit " + charakter
End Function
```

Hier haben wir eine Funktion mit dem (schon vergebenen) Namen Type, aber einem Parameter, der zu keiner der übrigen Methoden passt. Visual Basic ist mit dieser Vereinbarung nicht einverstanden. Für das Monster-Projekt kein Beinbruch, aber was ist, wenn wir uns wirklich mal in einer Kind-Kasse eine neue Methode »mit altem Namen« wünschen, die auch eine andere Parameterliste benötigt?

Da hilft uns das Wörtchen Overloads aus der Patsche (→ MONSTER3A, CLASS1.VB):

```
Public Overloads Function Type(charakter As String) As String
  Return "Geistes-Monster mit " + charakter
End Function
```

Damit wird eindeutig bekundet, dass auch diese (neue) Methode überladen wird. So ist es möglich, sich eine ganze Palette von Methoden mit gleichem Namen zu »züchten«.

Willst du bei der Mutter-Klasse (hier: Monster) ebenfalls deine Sammlung an Type-Methoden erweitern, kann es nötig werden, dass du auch dort zusätzlich das Wort Overloads verwenden musst. (Dabei darf Overloads natürlich auch gemeinsam mit einer Override-Markierung verwendet werden.)

Eines für alle?

Wie wär's, wenn wir mal zufällige Monster erzeugen, erscheinen und wieder verschwinden lassen? Dann genügt für unsere nächste Programmversion nur noch ein einziger Button. Legen wir also wieder Hand ans Formular und ändern es so um:

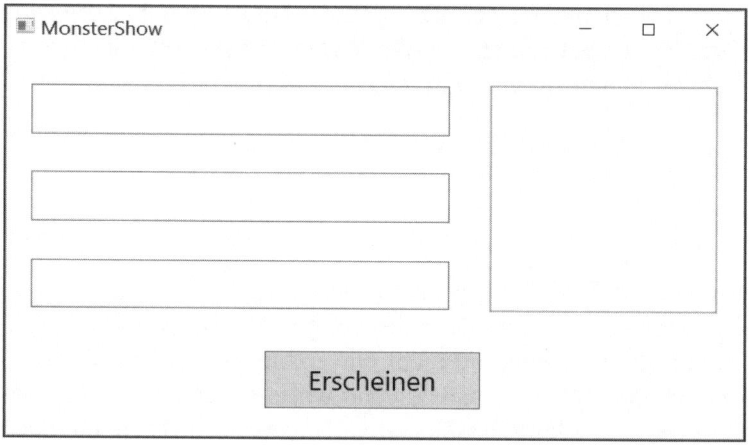

Und jetzt brauchen wir nicht mehr drei Instanz-Vereinbarungen, sondern nur noch eine:

```
Dim WerWohl As Monster
```

Hinzu kommen zwei neue Variablen: Die eine nimmt die Zufallszahl auf, die den Typ des Monsters festlegt, das auftauchen soll. Die andere bestimmt den Modus für sein Erscheinen oder sein Verschwinden:

```
Dim Zufall As Integer, Sichtbar As Boolean
```

Die Methode `Window_Loaded` startet den Zufallszahlengenerator und setzt `Sichtbar` auf `True` (hier für das Erscheinen, denn das soll auch auf der Schaltfläche stehen).

> Tippe diese Anweisungen für die Startmethode ein (→ MONSTER4, MAINWINDOW.XAML.VB):

```
Private Sub Window_Loaded(sender As Object, _
e As RoutedEventArgs)
  Randomize()
  Sichtbar = True
End Sub
```

Und wer hat die Hauptarbeit? Natürlich die einzige `button_Click`-Methode, die nun ganz schön anschwillt:

```
Private Sub button_Click(sender As Object, _
e As RoutedEventArgs) Handles button.Click
  If Sichtbar Then
```

```
    Zufall = Int(6 * Rnd())
    Select Case Zufall
      Case 0, 3 : WerWohl = New Monster _
      ("Frankie", "ungewöhnlich", Pfad + "Frank.jpg")
      Case 1, 4 : WerWohl = New GMonster _
      ("Berti", "nachdenklich", Pfad + "Albert.jpg")
      Case 2, 5 : WerWohl = New SMonster _
      ("Sigi", "mitfühlend", Pfad + "Sigmund.jpg")
    End Select
    WerWohl.Show(label, label1, label2, image)
    button.Content = "Verschwinden"
  Else
    WerWohl.Hide(label, label1, label2, image)
    button.Content = "Erscheinen"
  End If
  Sichtbar = Not Sichtbar
End Sub
```

- Vielleicht ist es sinnvoll, gleich ein neues Projekt anzufangen, die Daten von MONSTER3 zu importieren und alles unter neuem Namen zu speichern (→ MONSTER4).
- Dann ergänze die Monster-Klasse noch um diese Methode (→ MONSTER4, CLASS1.VB):

```
Public Sub Hide(anzeige1 As Label, _
anzeige2 As Label, anzeige3 As Label, bild As Image)
  anzeige1.Content = ""
  anzeige2.Content = ""
  anzeige3.Content = ""
  bild.Source = Nothing
End Sub
```

Hier werden alle Labelanzeigen und der Bildinhalt geleert, das heißt: Die Label-Texte bekommen Leerketten und weil es sich bei `Source` weder um einen String noch eine Zahl handelt, brauchen wir hier eben `Nothing`.

- Und nun endlich kannst du das Ganze laufen lassen (und häufig klicken).

Noch mal Vielgestalt?

Eigentlich müssten dir so nach und nach drei verschiedene Visagen erscheinen. Wie funktioniert es?

Wenn `Sichtbar` auf `True` gesetzt ist, dann wird eine Zufallszahl zwischen 0 und 5 erzeugt (es stehen zwar nur drei Monstertypen zur Auswahl, aber dadurch wird es abwechslungsreicher):

```
If Sichtbar Then Zufall = Int(6*Rnd())
```

In einer `Case`-Struktur wird dann entschieden, wann Dr. Frankenstein welches Monster erschaffen soll:

```
Select Case Zufall
  Case 0, 3 : WerWohl = New Monster _
  ("Frankie", "ungewöhnlich", Pfad + "Frank.jpg")
  Case 1, 4 : WerWohl = New GMonster _
  ("Berti", "nachdenklich", Pfad + "Albert.jpg")
  Case 2, 5 : WerWohl = New SMonster _
  ("Sigi", "mitfühlend", Pfad + "Sigmund.jpg")
End Select
```

Das scheint offenbar reibungslos zu klappen, obwohl wir doch `WerWohl` nur als einfaches `Monster` vereinbart hatten. Das bedeutet, dass `WerWohl` in der Lage ist, verschiedene Gestalten anzunehmen. Auch das ist ein klarer Fall von **Polymorphie**.

In der zufällig erzeugten Gestalt muss `WerWohl` nur noch erscheinen:

```
WerWohl.Show(label, label1, label2, image)
```

Dann wird die Aufschrift auf der Schaltfläche entsprechend angepasst:

```
button.Content = "Verschwinden"
```

Ganz am Schluss der Methode wird auch noch der Darstellungsmodus umgekehrt:

```
' macht True zu False und umgekehrt
Sichtbar= Not Sichtbar
```

Nun fehlt noch der andere Fall, für den `Sichtbar` auf `False` gesetzt ist. Dann muss das entsprechende Monster erst mal verschwinden, um einem neuen Platz zu machen (`WerWohl` kann immer nur **eine** Gestalt zur gleichen Zeit annehmen):

```
Else  'If Not Sichtbar
  WerWohl.Hide(label, label1, label2, image)
  button.Content = "Erscheinen"
End If
```

Alle Informationstexte verschwinden. Das Bild des Monsters wird unsichtbar und die Buttonaufschrift heißt jetzt wieder ERSCHEINEN.

Zusammenfassung

Damit ist es Zeit, das Labor von Dr. Frankenstein wieder zu verlassen, um eine Pause einzulegen. Im nächsten Kapitel kommen wir dann wieder ohne Monster aus. Vor dem Ausruhen aber wird noch mal ein bisschen zusammengefasst.

`Shadows`	Kennzeichnung für überschreibende Methoden
`Overridable`	Kennzeichnung für virtuelle Methoden (die später beliebig überschrieben werden können)
`Overrides`	Kennzeichnung für überschreibende Methoden, die von virtuellen Methoden abgeleitet wurden
`Overloads`	Kennzeichnung für überladende Methoden (mit abweichenden Parametern)
`MyBase`	Aufruf einer geerbten Methode (nur zur Erinnerung)

Und hiermit kennst du auch die drei wichtigsten Besonderheiten der OOP:

Kapselung	Eigenschaften und Methoden lassen sich zu einer Einheit, der Klasse, zusammenfassen.
Vererbung	Neue Klassen lassen sich aus bestehenden ableiten. Dabei werden deren Eigenschaften und Methoden übernommen.
Polymorphie	Je nach Bedarf lässt sich zur Laufzeit eine von mehreren gleichartigen Methoden einsetzen. Dazu muss die Basismethode virtuell vereinbart sein.

Ein paar Fragen ...

1. Was ist der Unterschied zwischen `Shadows` und `Override`?
2. Was bedeutet Überschreiben, was ist mit Überladen gemeint?

... aber keine Aufgaben

15

Einblick in die Spieleprogrammierung

An später Stelle möchte ich mich jetzt einmal darüber auslassen, ob man Visual Basic auch zum Programmieren von Spielen nutzen kann.

Die gute Nachricht zuerst: Man kann. Die schlechte Nachricht: Leider würde es den Platz eines ganzen Buches benötigen, um wirklich ausgiebig über die Spieleprogrammierung zu schreiben. Deshalb bekommst du hier auch nur einige Grundlagen serviert.

In diesem Kapitel lernst du

- etwas über den Aufbau eines Spiels
- Methoden für die Tastensteuerung kennen
- mehr über Maus-Methoden
- wie man eine Figur über ein Spielfeld bewegt
- wie man eine Figur in die richtige Richtung dreht

Spielfeld und Spielfigur

Wie ist ein Spiel aus der Sicht eines Programmierers aufgebaut? Im Prinzip besteht jedes Spiel aus drei Teilen:

Möglicher Inhalt	Mögliche Methode
Startwerte festlegen, Treiber, Objekte und andere Daten laden, Speicherplatz belegen (Konstruktor)	Loaded, New (Aufbauen)
Eingaben und Spielereignisse abfragen, Spielsituation anpassen/aktualisieren	Run, Update (Ausführen)
Alles wieder aufräumen, Speicherplatz freigeben (Destruktor)	Dispose, Finalize (Abbauen)

Den Aufbau der Spielsituation (sowie eventuelles Laden von Spielständen) kann hier sehr gut `Windows_Loaded` erledigen. Um das Aufräumen kümmert sich Visual Basic automatisch (so jemanden bräuchte man für sein Zimmer). Will man »mithelfen«, kann man die Methode `Dispose` benutzen.

Den eigentlichen Spielverlauf kann man z.B. in einer `button_Click`-Methode unterbringen, was wir hier auch tun werden. Natürlich hängt es vom jeweiligen Spiel ab, wie umfangreich eine Methode ausfällt. Außerdem können weitere Methoden hinzukommen.

Versuchen wir es jetzt einmal mit einem ganz einfachen Spiel, für das wir im Formular nur zwei Buttons benötigen.

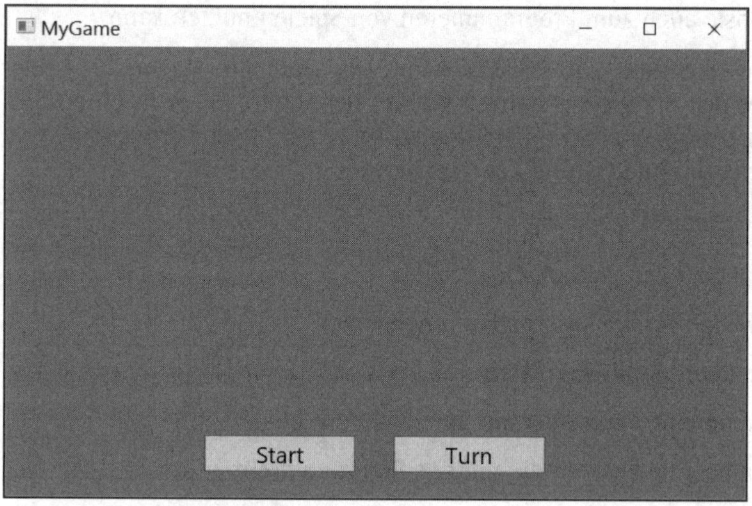

≫ Erzeuge ein neues Projekt und nenne es z.B. `Game1`.

Die beiden Knöpfe sollen die Aufschriften START und TURN tragen. Das **Spielfeld** ist hier das Formular bzw. das `Grid`-Objekt, dem ich gleich den Namen `Raster` gegeben habe. Du kannst es wie ich auch gleich einfärben.

Das geht über das Eigenschaftenfenster unter PINSEL. Dort kannst du für BACKGROUND in dem darunterliegenden Farb-Feld eine Farbe auswählen (einfach mit der Maus darin »herumrühren«). Ich habe mich für einen Grünton entschieden.

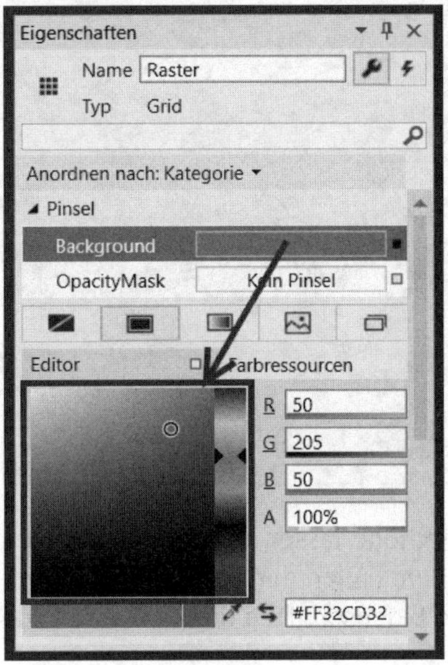

Du kannst aber auch ein `Image`-Objekt einfügen, das die gesamte `Grid`-Fläche bedeckt, und dem ein Bild verpassen, das du vorher selbst mit einem Grafikprogramm erstellt hast. Mit Spielfeld ist ja hier nicht vorwiegend so etwas wie Fußballfeld gemeint, sondern das kann auch eine Landschaft, ein Hindernisbereich, die Straßen einer Stadt oder etwas ganz anderes sein – je nach Spiel-Typ.

Auf jeden Fall brauchst du außerdem eine **Spielfigur**. Das kann eine echte Figur sein oder ein anderer Gegenstand. In vielen Spielen gibt es mindestens eine Hauptfigur, meistens sind es Personen, aber auch ein Auto bei einem Rennspiel wäre dann eine »Hauptfigur«. In unserem Fall soll es ein kleiner Ball (oder eine Kugel) sein.

Dieses Objekt soll sich über das Spielfeld bewegen und an den Rändern abprallen. Das regeln wir über den START-Button. Dem TURN-Button gönnen wir vorerst noch etwas Ruhe.

≫ Erzeuge eine neue Quelltextdatei für die neue Klasse (PROJEKT / KLASSE HINZUFÜGEN).

Und nun sollten wir unsere Klasse definieren, damit du auch etwas einzutippen hast. Ich habe ihr den Namen `Token` gegeben, was auf Deutsch u.a. auch Spielfigur heißt (→ GAME1, CLASS1.VB):

```
Public Class Token : Inherits Image
  Protected x, y, Dicke As Integer
  Protected xDiff, yDiff As Integer
  Protected xLinks, xRechts, yOben, yUnten As Integer
  Private Raster As Grid

  Public Sub New()
  End Sub

  Public Sub Run()
  End Sub

  Public Sub Turn()
  End Sub

End Class
```

Fangen wir von hinten an. Die Turn-Methode lassen wir jetzt noch leer, auf sie kommen wir später zurück. Mit dem Füllen der Methoden Run und New beschäftigen wir uns, sobald wir die Eigenschaften dieser Klasse kennengelernt haben.

Schon vom letzten Movie-Projekt bekannt sind x und y für die Position der Spielfigur auf dem Spielfeld sowie Dicke für die Maße. Auch hier arbeiten wir ja mit einem quadratischen Objekt, in dem ein Ball dargestellt wird.

Damit sich etwas bewegen kann, müssen die Margin-Werte sich verändern. Dabei sind die Variablen xDiff und yDiff hilfreich. Und damit der Ball in seinen Grenzen bleibt, brauchen wir noch die passenden Werte für das Spielfeld: xLinks und xRechts, yOben und yUnten.

Game-New

Kommen wir jetzt endlich zum Konstruktor (→ GAME1, CLASS1.VB):

```
Public Sub New(rr As Grid, _
xx As Integer, yy As Integer, dd As Integer, _
ww As Integer, hh As Integer)
  Raster = rr : x = xx : y = yy : Dicke = dd
  ' Startwerte für die Spielfigur
```

```
    Me.Width = Dicke : Me.Height = Dicke
    Me.Margin = New Thickness(x, y, 0, 0)
    Me.HorizontalAlignment = HorizontalAlignment.Left
    Me.VerticalAlignment = VerticalAlignment.Top
    ' ins Raster einfügen
    Raster.Children.Add(Me)
    ' Schrittwerte
    xDiff = 15 : yDiff = 10
    'Startwerte für das Spielfeld
    xLinks = 10 : xRechts = ww - Dicke - 30
    yOben = 10 : yUnten = hh - Dicke - 50
  End Sub
```

≫ Benenne die neue Klasse in `Token` um und leite sie von `Image` ab. Dann gib die Vereinbarungen der ganzen Eigenschaften sowie den Quelltext für die `New`-Methode ein.

Wenn dir die Anzahl der Parameter zu viel wird, kannst du auch eine andere (oder weitere) `New`-Methode vereinbaren:

```
Public Sub New(rr As Grid, xx As Integer, _
yy As Integer, dd As Integer)
```

Die Grenzen des Spielfeldes ließen sich durch eine zusätzliche Methode wie diese erhalten:

```
Public Sub SetBounds(x1 As Integer, x2 As Integer, _
y1 As Integer, y2 As Integer)
  xLinks = x1 : xRechts = x2
  yOben = y1 : yUnten = y2
End Sub
```

Schauen wir aber jetzt noch einmal nach weiter oben und in den Quelltext des Konstruktors mit den vielen Parametern hinein. Wichtig ist, dass alle Eigenschaften einen sinnvollen Startwert bekommen. Das geschieht in diesen Anweisungen:

```
' Mutter-Komponente, Position und Maße
Raster = rr : x = xx : y = yy : Dicke = dd
' Schrittweite für horizontale-vertikale Bewegung
xDiff = 15 : yDiff = 10
' Spielfeld-Ränder (ausprobieren/anpassen!)
xLinks = 10 : xRechts = ww - Dicke - 30
yOben = 10 : yUnten = hh - Dicke - 50
```

Dass das abgeleitete Bild-Objekt natürlich auch seine Werte bekommen muss, damit es später Gestalt annehmen kann, kennst du ja bereits vom Movie-Projekt:

```
Me.Width = Dicke : Me.Height = Dicke
Me.Margin = New Thickness(x, y, 0, 0)
Me.HorizontalAlignment = HorizontalAlignment.Left
Me.VerticalAlignment = VerticalAlignment.Top
Raster.Children.Add(Me)
```

Nun ist das Bild noch leer, deshalb benötigen wir auch hier eine `Load`-Methode:

```
Public Sub Load(Datei As String)
  Try
    Me.Source = New BitmapImage(New Uri(Datei))
  Catch
  End Try
End Sub
```

≫ Ergänze die Klassenvereinbarung um die `Load`-Methode.

Und nun könnten wir doch schon einmal ausprobieren, ob wir etwas zu sehen bekommen. Dazu sind allerdings im Hauptprogramm ein paar Zeilen Quelltext nötig.

Zuerst gesellen sich zur Vereinbarung einer Konstanten für den Dateipfad noch die des Spielobjekts und einer Schaltvariable für die Bewegung:

```
Const Pfad = "d:\visual basic\bilder\"
Dim Ball As Token
Dim isMoving As Boolean
```

Die Methode `Window_Loaded` sorgt dann dafür, dass alles für das Spiel vorbereitet ist: (→ GAME1, MAINWINDOW.XAML.VB):

```
Private Sub Window_Loaded(sender As Object, _
e As RoutedEventArgs)
  Ball = New Token(Raster, _
  Width/2 - 25, Height/2 - 50, 50, Width, Height)
  Ball.Load(Pfad + "kugel1.png")
  isMoving = False
End Sub
```

Zuerst wird unser Spielball erzeugt und `isMoving` bekommt den Startwert `False` (für »erst mal nicht bewegen«).

≫ Erzeuge im Hauptprogramm eine Windows_Loaded-Methode und gib den obigen Text ein. Vergiss die Dim-Vereinbarungen nicht. Dann speichere alles. Anschließend kannst du das Spiel (das eigentlich noch keins ist) schon mal starten.

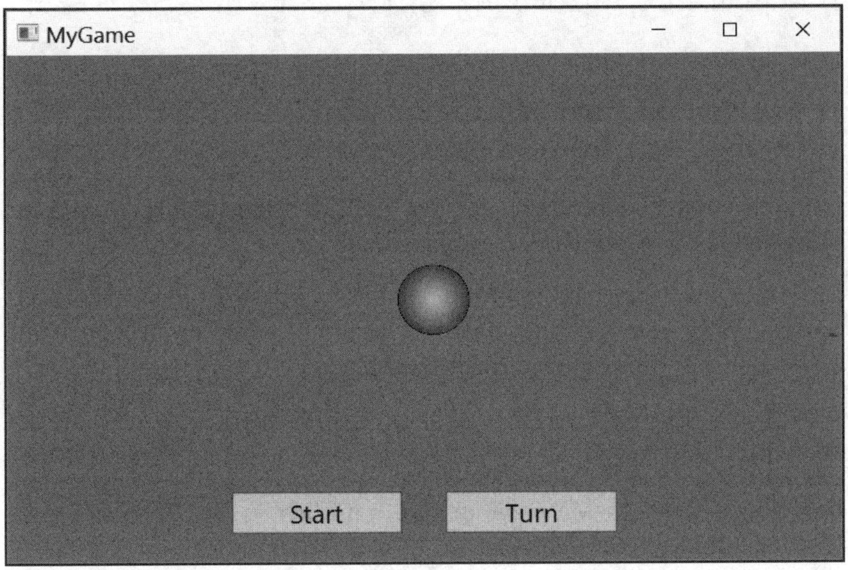

Game-Run

Wenn alles glattgeht, bekommst du ein grünes Spielfeld und einen roten Spielball zu sehen. Damit der nicht unbeweglich bleibt, kümmern wir uns jetzt um die Run-Methode – sobald du das Spiel wieder verlassen hast (→ GAME1, CLASS1.VB):

```
Public Sub Run()
  ' Rand links und rechts kontrollieren
  If Me.Margin.Left < xLinks Then xDiff = -xDiff
  If Me.Margin.Left > xRechts Then xDiff = -xDiff
  ' Rand oben und unten kontrollieren
  If Me.Margin.Top < yOben Then yDiff = -yDiff
  If Me.Margin.Top > yUnten Then yDiff = -yDiff
  ' Ball bewegen
  Me.Margin = New Thickness(Me.Margin.Left + xDiff, _
  Me.Margin.Top + yDiff, 0, 0)
End Sub
```

Das ganze Spiel besteht nur darin, dass der Ball sich so lange in eine Richtung bewegt, bis er an einen Rand stößt. Dann ändert er einfach seine Richtung. In der Regel bedeutet das entweder eine horizontale Änderung:

```
If Me.Margin.Left < xLinks Then xDiff = -xDiff
If Me.Margin.Left > xRechts Then xDiff = -xDiff
```

Oder die Änderung findet vertikal statt:

```
If Me.Margin.Top < yOben Then yDiff = -yDiff
If Me.Margin.Top > yUnten Then yDiff = -yDiff
```

Dadurch entsteht ein Effekt, der den Ball im selben Winkel vom Rand abprallen lässt, in dem er dort angekommen ist.

Die letzte Anweisung der Run-Methode bewirkt, dass der Ball sich weiterbewegt, wobei die Richtung dadurch bestimmt wird, ob die Werte von xDiff und yDiff positiv oder negativ sind:

```
Me.Margin = New Thickness(Me.Margin.Left + xDiff, _
Me.Margin.Top + yDiff, 0, 0)
```

Der Aufruf der Run-Methode gehört natürlich in die button_Click-Methode des Hauptprogramms:

```
Private Sub button_Click(sender As Object, _
e As RoutedEventArgs) Handles button.Click
  Ball.Run()
End Sub
```

≫ Ergänze den Quelltext von Token-Klasse und Hauptprogramm entsprechend. Dann kannst du das Programm starten.

Eine Enttäuschung bleibt uns leider nicht erspart: Der Ball bewegt sich immer nur ein kleines Stück, für jede weitere Bewegung müssen wir den START-Knopf erneut anklicken.

Mehr aber kann die Run-Methode nicht leisten. Es fehlt die Möglichkeit der automatischen Wiederholung. Du denkst an eine Schleife? Doch unter welcher Bedingung soll die Schleife beendet werden?

Eine elegante Methode bietet da ein **Timer**. So etwas hatten wir ja auch schon mal in Betrieb. Würde der mitlaufen, könnte eine Tick-Methode dafür sorgen, dass der Ball sich bewegt.

Also her damit! Und schon bekommt die Klasse Token ein weiteres Element:

```
Protected Zeit As DispatcherTimer
```

Auch hier darf nicht vergessen werden, die nötige Bibliothek einzubinden:

```
Imports System.Windows.Threading
```

≫ Ergänze die Klassendefinition um diese beiden Zeilen (an den richtigen Stellen).

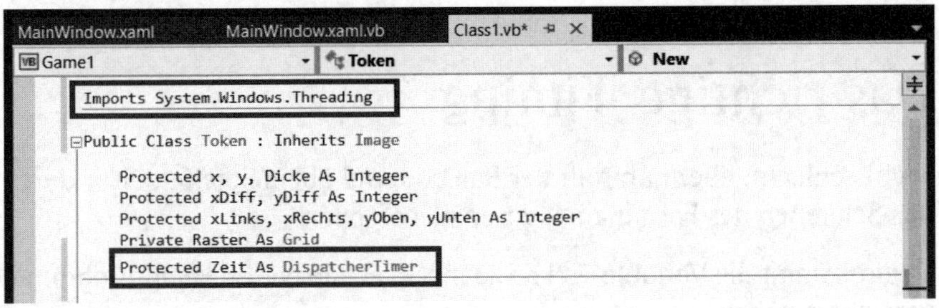

≫ Und erweitere auch den Konstruktor um diese beiden Anweisungen (→ GAME2, CLASS1.VB):

```
Zeit = New DispatcherTimer()
AddHandler Zeit.Tick, AddressOf timer_Tick
```

Damit wird ein Zeitgeber erzeugt und anschließend mit einer Methode namens `timer_Tick` verknüpft, sodass sie auf ein `Tick`-Ereignis reagieren kann. Und um diese Methode kümmern wir uns jetzt. Dort packen wir alles hinein, was in der aktuellen `Run`-Methode steckt (→ GAME2, CLASS1.VB):

```
Private Sub timer_Tick(sender As Object, _
e As EventArgs)
  If Me.Margin.Left < xLinks Then xDiff = -xDiff
  If Me.Margin.Left > xRechts Then xDiff = -xDiff
  If Me.Margin.Top < yOben Then yDiff = -yDiff
  If Me.Margin.Top > yUnten Then yDiff = -yDiff
  Me.Margin = New Thickness(Me.Margin.Left + xDiff, _
  Me.Margin.Top + yDiff, 0, 0)
End Sub
```

Nun ist die `Run`-Methode leer, aber das bleibt nicht lange so. Dort müssen jetzt die Anweisungen stehen, die den Zeitgeber in Schwung bringen:

```
Public Sub Run()
  Zeit.Interval = New TimeSpan(0, 0, 0, 0, 20)
  Zeit.Start()
End Sub
```

Erst wird das Intervall festgelegt, in dem »getickt« werden soll. Da habe ich eine sehr kurze Zeit genommen, damit der Ball richtig ins Schwitzen kommt. Ja, und dann wird der Zeitgeber gestartet.

≫ Passe den Text für die beiden Methoden Run und timer_Tick an. Dann probiere das Ganze aus.

Das richtige Timing

Nicht schlecht, aber nun rollt der Ball dauernd übers Spielfeld. Nur durch das Schließen des Formulars lässt er sich stoppen.

Damit kommt die Variable isMoving ins Spiel, die wir im Hauptprogramm vereinbart haben:

```
Dim isMoving As Boolean
```

Zuerst erweitern wir die Methode button_Click. Denn der START-Button soll das An- und Ausschalten der Bewegung erledigen, genauer ausgedrückt, wird er so auch mal zum STOPP-Button (→ GAME2, MAINWINDOW.XAML.VB):

```
Private Sub button_Click(sender As Object, _
e As RoutedEventArgs) Handles button.Click
  isMoving = Not isMoving
  If isMoving Then
    button.Content = "Stopp"
  Else
    button.Content = "Start"
  End If
  Ball.Run(isMoving)
End Sub
```

Ist dir aufgefallen, dass Run auf einmal einen Parameter bekommt? So war das aber nicht vereinbart. Wir müssen also in der Token-Klasse nachbessern (→ GAME2, CLASS1.VB):

```
Public Sub Run(modus As Boolean)
  Zeit.Interval = New TimeSpan(0, 0, 0, 0, 20)
  If modus Then Zeit.Start() : Else Zeit.Stop()
End Sub
```

Wenn isMoving (im Hauptprogramm) angeschaltet ist, bewegt sich der Ball. Wenn nicht, dann nicht. Dafür sorgt Run durch das An- und Ausschalten des Zeitgebers.

> Ergänze den Quelltext, speichere alles noch einmal ab, starte das Programm und klicke auf START. Nach einer Weile kannst du das Ballspiel wieder stoppen und das Programm beenden.

Der Platz in diesem Kapitel reicht nicht, um ein richtiges Spiel mit allem Drum und Dran zu programmieren. Aber ein kleines bisschen mehr könnte das Beispielprojekt schon bieten. Dazu ist der zweite Button da.

> Doppelklicke darauf und tippe den folgenden Text ein:

```
Private Sub button1_Click(sender As Object, _
e As RoutedEventArgs) Handles button1.Click
  Ball.Turn()
End Sub
```

Was für ein Geheimnis steckt nun hinter der Turn-Methode? Das hängt davon ab, was du daraus machst. Eine einfache Lösung wäre diese:

```
Public Sub Turn()
  xDiff = -xDiff
  yDiff = -yDiff
End Sub
```

Wenn der Ball schön seine Bahnen zieht, wird seine Richtung mit Klick auf den TURN-Button einfach komplett umgekehrt. Man könnte in der Turn-Methode auch eine zufällige Position erzeugen, an die der Ball springen soll.

Sicher werden dir selbst ein paar weitere Möglichkeiten einfallen. Du bist ja inzwischen schon (fast) ein Profi. Außerdem könntest du dir überlegen, ob du nicht für den Ball einen Ersatz findest, den du stattdessen übers Spielfeld hüpfen lässt?

Ball oder Käfer?

Für unsere nächste Version bleiben wir beim alten Spielfeld, lassen jetzt aber eine echte Figur darüberlaufen. Ich habe mich für einen kleinen bunten Käfer entschieden. Du kannst aber auch ein anderes Objekt wie z.B. ein kleines Auto über den Hintergrund fahren lassen (und der wiederum könnte dafür vielleicht eher straßengrau aussehen). Oder du versuchst es mit einer Figur, wie wir sie ja schon im Movie-Projekt hatten.

Wir könnten das Ganze in derselben Spielklasse unterbringen, denn zunächst muss ja nur statt einer Kugel ein Käfer als Bild geladen werden, das ist alles. Andererseits sollte da schon noch mehr möglich sein, denn wenn sich der Käfer wie einen Ball über das Spielfeld bewegt, sieht das doch recht seltsam aus, weil er immer in dieselbe Richtung schaut, egal wohin er sich bewegt.

Ein Käfer sollte sich also auch in die Richtung mitdrehen können, in die er will. Außerdem denke ich an eine Steuerung der Spielfigur mit den Tasten oder der Maus. So wie es aussieht, passt das besser in eine neue Klasse, die wir von Token ableiten.

Aber weil die aktuelle Klasse schon so groß ist (und du sie vielleicht später noch um einiges erweitern willst), benutzen wir auch gleich eine neue (zusätzliche) Datei.

≫ Erzeuge eine neue Quelltextdatei für die nächste Klasse (PROJEKT / KLASSE HINZUFÜGEN). Die trägt jetzt den Namen CLASS2.VB.

Weil mir nichts Besseres eingefallen ist, habe ich der Kind-Klasse den Namen TokenX gegeben. (Dir steht es natürlich frei, dies zu ändern.)

```
Public Class TokenX : Inherits Token
  Public Sub New(rr As Grid, _
  xx As Integer, yy As Integer, dd As Integer, _
  ww As Integer, hh As Integer)
    MyBase.New(rr, xx, yy, dd, ww, hh)
  End Sub
End Class
```

Nun brauchen wir eine neue Methode für die Steuerung der Figur. Denn die soll sich ja nun nicht mehr automatisch bewegen, sondern über die Tasten oder die Maus gelenkt werden.

Deshalb benötigen wir auch die beiden Schaltflächen nicht mehr. Und die entsprechenden Click-Methoden samt Inhalt müssen natürlich jetzt auch aus dem Hauptprogramm verschwinden.

Als Nächstes vereinbaren und erzeugen wir im Hauptprogramm ein Objekt vom Typ der neuen Klasse:

```
Dim Buggy As TokenX
Buggy = New TokenX(Raster, _
Width / 2 - 25, Height / 2 - 65, 65, Width, Height)
Buggy.Load(Pfad + "insekt1.png")
```

≫ Passe die drei Zeilen an den richtigen Stellen entsprechend an.

(Natürlich muss es dazu eine Datei mit dem Namen INSEKT1.PNG geben!)

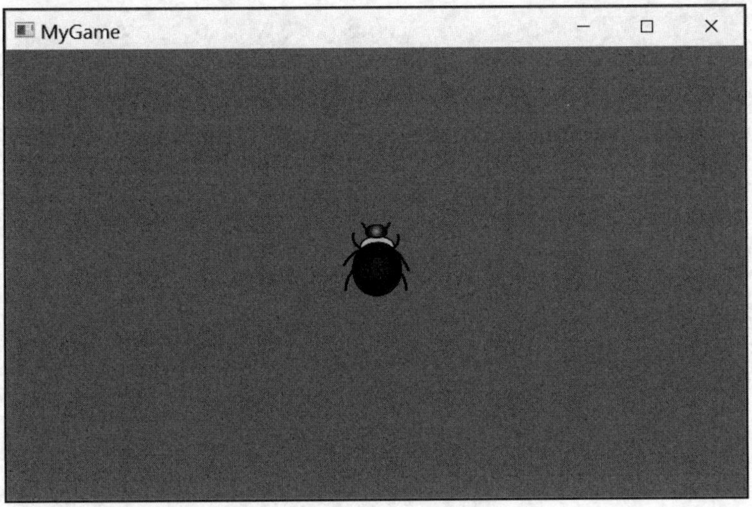

Tastensteuerung

Und nun brauchen wir eine Methode, die für das Auswerten von Tasten zuständig ist. Dazu müssen wir im Eigenschaftenfenster auf die Ereignisseite. (Die kennst du ja u.a. von `Window_Loaded` her.)

≫ Suche jetzt den Eintrag KEYDOWN, doppelklicke auf das Feld dahinter und du landest im Editor in der Methode `Window_KeyDown`.

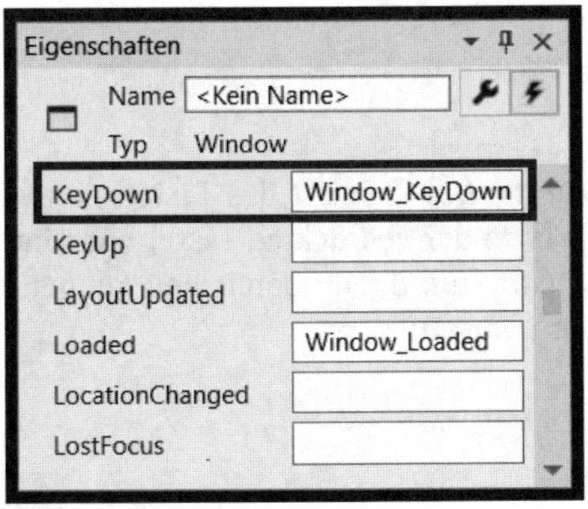

Den Unterschied zwischen den beiden Key-Ereignissen zeigt die kleine Tabelle:

Ereignis	Methode	Wirkung
KeyDown	Window_KeyDown	eine (beliebige) Taste wird gedrückt
KeyUp	Window_KeyUp	eine Taste wird losgelassen

Für unsere Käferwanderung benötigen wir nur die vier Pfeiltasten, die wir gleich im Hauptprogramm unter den anderen Vereinbarungen in einem kleinen Array festlegen:

```
Dim Tasten() As Key = New Key() _
{Key.Left, Key.Right, Key.Down, Key.Up}
```

In der Methode `Window_Keydown` müssen wir nur überprüfen, ob die gedrückte Taste eine von diesen vier ist (→ GAME3, MAINWINDOW.XAML.VB):

```
Private Sub Window_KeyDown(sender As Object, _
e As KeyEventArgs)
  Dim Taste As Key
  For Each Taste In Tasten
    If Taste = e.Key Then Buggy.Move(e.Key)
  Next
End Sub
```

Mehr nicht? Der Rest liegt wohl in der `Move`-Methode verborgen? Doch um die kümmern wir uns gleich. Erst sollst du wissen, was es mit dem `Each` auf sich hat.

Du kennst die `For`-Schleife bisher nur z.B. so:

```
For i = 0 To 3
   If Tasten(i) = e.Key Then Buggy.Move(e.Key)
Next
```

Damit würde von 0 bis 3 gezählt und jedes Element des Tasten-Arrays getestet, ob es den Wert von `e.Key` (also der gedrückten Taste) hat. Und genau dasselbe erledigt auch diese Struktur, die du damit neu kennenlernst (aber nicht unbedingt benutzen musst):

```
For Each Taste In Tasten
  If Taste = e.Key Then Buggy.Move(e.Key)
Next
```

Was ja heißt: »Für jede Taste im Tastenfeld ...«. Allerdings muss dazu eine Extra-Variable (`Taste`) vereinbart werden.

Und jetzt kommen wir endlich zu der Methode, die die Klasse TokenX neu bekommen hat (→ GAME3, CLASS2.VB):

```
Public Sub Move(Taste As Key)
  Select Case Taste
    Case Key.Left :  If x > xLinks  Then x -= xDiff
    Case Key.Right : If x < xRechts Then x += xDiff
    Case Key.Up :    If y > yOben   Then y -= yDiff
    Case Key.Down :  If y < yUnten  Then y += yDiff
  End Select
  Me.Margin = New Thickness(x, y, 0, 0)
End Sub
```

Hier nutzen wir die Select-Case-Struktur (die du später auch leicht erweitern kannst, wenn du zusätzliche Tasten definieren willst). Bei jedem Tastendruck auf eine der vier Pfeiltasten wird zuerst geprüft, ob sich die Spielfigur an einer Grenze des Spielfeldes befindet. Wenn nicht, dann darf sie bewegt werden:

Richtung	Wenn	Dann
Links	x größer als linker Rand	x-Wert verkleinern
Rechts	x kleiner als rechter Rand	x-Wert vergrößern
Rauf	y größer als oberer Rand	y-Wert verkleinern
Runter	y kleiner als unterer Rand	y-Wert vergrößern

» Ergänze das Hauptprogramm und die neue Klasse durch die Methoden Window_KeyDown und Move. Dann speichere alles und starte das Programm.

Wirklich zufriedenstellend ist das nicht. Einerseits lässt sich der Käfer mit den Pfeiltasten über das Spielfeld steuern und bleibt auch schön brav am jeweiligen Rand stehen. Andererseits können die meisten Insekten doch eigentlich nicht seitwärts- und rückwärtslaufen, oder? Besser wäre es auf jeden Fall, wenn der Käfer sich dorthin dreht, wohin er krabbelt.

Drehmoment

Was wir brauchen, sind also vier verschiedene Bilder, die den Käfer in jeweils einer anderen Richtung zeigen. Oder wir bedienen uns bei einem Rotations-System, das uns Visual Basic in einer Bibliothek zur Verfügung stellt. Und machen daraus gleich eine Methode (→ GAME3, CLASS2.VB):

```
Protected Sub Rotate(dreh As Integer)
  Dim bild As New TransformedBitmap()
  ' Bild übernehmen
  bild.BeginInit()
  bild.Source = Me.Source
  ' Drehung festlegen
  bild.Transform = New RotateTransform(dreh * 90)
  bild.EndInit()
  ' Gedrehtes Bild zuweisen
  Me.Source = bild
End Sub
```

Zuerst brauchen wir einen Träger, in den wir das aktuelle Bild packen, das sich unser `Image`-Objekt über `Source` geholt hat:

```
Dim bild As New TransformedBitmap()
```

Ein Objekt vom Typ `TransformedBitmap` kann Bilder skalieren (in ihrer Größe ändern) oder in 90-Grad-Schritten drehen. Letzteres ist das, was wir brauchen. Damit die folgenden Anweisungen wirken, ist hier ein `BeginInit` als Einleitung nötig. Dann bekommt `bild` den Inhalt des `TokenX`-Objekts:

```
bild.Source = Me.Source
```

Nun muss die Transformation (Umwandlung) festgelegt werden:

```
bild.Transform = New RotateTransform(dreh * 90)
```

Dass `RotateTransform` Drehung bedeutet, dürfte klar sein. Doch es gibt noch mehr:

RotateTransform	Bild (in 90-Grad-Schritten) drehen
ScaleTransform	Bild vergrößern oder verkleinern (strecken oder stauchen)
SkewTransform	Bild »schrägstellen« (kippen)
TranslateTransform	Bild verschieben

Das Ändern von Position und Größe lässt sich aber auch anders regeln – wie du weißt.

Danach wird die ganze Aktion mit EndInit abgeschlossen. Und das TokenX-Objekt bekommt die neue Fassung des Bildes zugewiesen:

```
Me.Source = bild
```

Nun brauchen wir aber noch den richtigen »Dreh«: Der Haken ist, dass mit jedem Aufruf von Rotate das Bild um einen bestimmten Winkel gedreht wird. Aber wie finden wir heraus, wie viel Grad eine Drehung haben soll, damit der Käfer in die richtige Richtung blickt?

Zuerst vereinbaren wir eine gleichnamige Eigenschaft:

```
Protected Richtung As Integer
```

Und die setzen wir in New auf null:

```
Richtung = 0
```

Dabei lege ich mich so fest:

Links	Richtung = 1	**Rauf**	Richtung = 0
Rechts	Richtung = 3	**Runter**	Richtung = 2

Am Anfang schaut mein Käfer nach oben (= 0), dann zähle ich im Uhrzeigersinn weiter. Nun müssen wir diese Richtung bei jedem Tastendruck neu festlegen. Das aber geht nicht ohne die Hilfe einer zusätzlichen Variablen, wodurch die Move-Methode um einiges wächst (Methode (→ GAME3, CLASS2.VB):

```
Public Sub Move(Taste As Key)
  Dim Drehung As Integer
  Select Case Taste
    Case Key.Up
      If y > yOben Then y -= yDiff  ' nach oben
      Drehung = 0
    Case Key.Left
      If x > xLinks Then x -= xDiff  ' nach links
      Drehung = 1
    Case Key.Down
      If y < yUnten Then y += yDiff  ' nach unten
      Drehung = 2
    Case Key.Right
      If x < xRechts Then x += xDiff  ' nach rechts
      Drehung = 3
  End Select
```

```
    ' Figur ausrichten und bewegen
    Rotate(Richtung - Drehung)
    Richtung = Drehung
    Me.Margin = New Thickness(x, y, 0, 0)
  End Sub
```

Die Hilfsvariable Drehung bekommt hier zuerst den Wert der neuen Richtung. Damit wir die Rotation bestimmen können, brauchen wir die **Differenz** zwischen der alten und der neuen Richtung:

```
Rotate(Richtung - Drehung)
```

Danach wird die Spielfigur in diese Richtung verschoben.

≫ Tippe den Quelltext ein und starte dann das Projekt. Benutze die Pfeiltasten und schaue zu, ob der Käfer wirklich seine Richtung »sieht«.

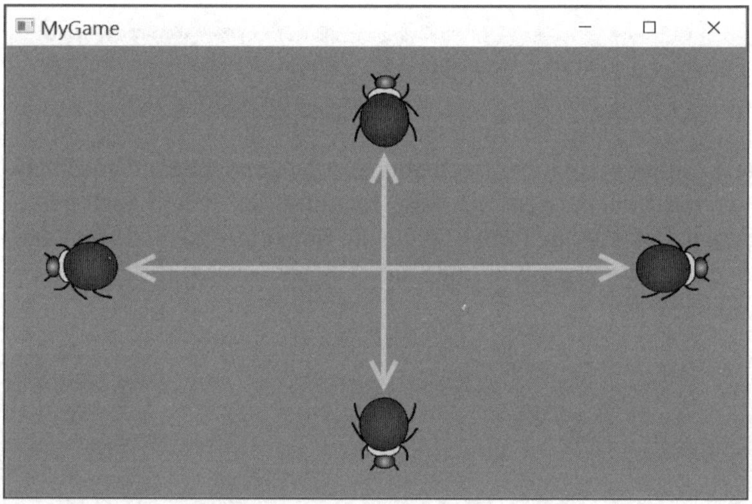

Maussteuerung

Oft möchte man eine Figur direkt mit der Maus an eine bestimmte Stelle befördern. Man klickt irgendwo ins Spielfeld und schon macht sich die Figur auf den Weg. Dazu verwende ich eine neue Klasse, die ich ebenfalls von Token ableite (→ GAME4, CLASS2.VB):

```
Public Class TokenY : Inherits Token
' Konstruktor mit Aufruf von MyBase.New
End Class
```

Hier können wir dann auch eine neue Move-Methode definieren. Die braucht als Parameter die Position des Mauszeigers:

```
Public Sub Move(xPos As Integer, yPos As Integer)
End Sub
```

Übernehmen können wir hier einiges aus der Move-Methode von TokenX, allerdings geht es hier nur darum, dass die Mauszeiger-Koordinaten korrigiert werden müssen, wenn sie zu nah am Formularrand liegen, dabei genügt eine Kontrolle für ganz rechts und für ganz unten:

```
If xPos > xRechts Then xPos = xRechts
If yPos > yUnten Then yPos = yUnten
```

Wie bewegen wir jetzt den Käfer zum Ziel? Am besten wäre hier doch eine Animation, wie wir sie von unserem Movie-Projekt her kennen. Und von dort können wir auch vieles direkt übernehmen und müssen es nur ein bisschen an die neue Situation anpassen (→ GAME4, CLASS2.VB):

```
Dim animation As New ThicknessAnimation()
animation.From = New Thickness(x, y, 0, 0)
animation.To = New Thickness(xPos, yPos, 0, 0)
animation.Duration = _
New Duration(TimeSpan.FromSeconds(1))
Me.BeginAnimation(Image.MarginProperty, animation)
```

Damit bewegt sich der Käfer in Sekundenschnelle ans Ziel (wenn dir das zu schnell ist, ändere den Wert hinter FromSeconds).

Zum Schluss muss dann die neue Position auch in den Eigenschaftswerten von x und y angepasst werden:

```
x = xPos : y = yPos
```

- Erweitere die Datei CLASS2.VB um eine Klasse, die du z.B. TokenY nennen kannst (oder wie du willst), und leite sie von Image ab. Dann ergänze diese Klasse um die Methoden New und Move (siehe oben).
- Vergiss die Einbindung der Animations-Bibliothek nicht:

```
Imports System.Windows.Media.Animation
```

Nun fehlt uns noch einiges im Hauptprogramm. Zunächst wird diesmal alles von TokenY statt von TokenX abgeleitet, denn wir benutzen hier ja die Maus statt der Tastatur:

```
Dim Buggy As TokenY
Buggy = New TokenY(Raster, _
Width / 2 - 25, Height / 2 - 65, 65, Width, Height)
```

- Die Methode `Window_KeyDown` brauchen wir nicht mehr, du kannst sie aus dem Quelltext löschen, musst sie aber auch aus dem Eigenschaftenfenster entfernen.
- Bei dieser Gelegenheit suchst du unter den Ereignissen den Eintrag MOUSEDOWN. Doppelklicke auf das Feld dahinter, um im Editor in der Methode `Window_MouseDown` zu landen.

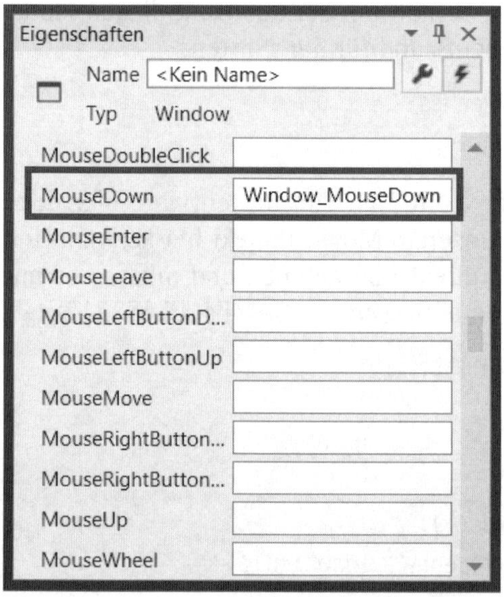

Auch hier eine kleine Tabelle für einige Maus-Ereignisse:

Ereignis	Methode	Wirkung
MouseDown	Window_MouseDown	eine Maustaste wird gedrückt
MouseUp	Window_MouseUp	eine Maustaste wird losgelassen
MouseMove	Window_MouseMove	die Maus wird bewegt

Und hier ist die Methode, die auf das Drücken der Maustaste reagiert (→ GAME4, MAINWINDOW.XAML.VB):

```
Private Sub Window_MouseDown(sender As Object, _
e As MouseButtonEventArgs)
  Dim position As Point = Mouse.GetPosition(Me)
  Buggy.Move(position.X, position.Y)
End Sub
```

Viel brauchen wir nicht, nur ein Objekt, das die Daten des Punktes übernimmt, auf den mit der Maus geklickt wurde:

```
Dim position As Point = Mouse.GetPosition(Me)
```

`Point` ist der Typ, der die Position in zwei Werten übernehmen kann, `GetPosition` die Methode zur Übernahme.

Und dann wird die (neue) `Move`-Methode der Spielfigur aufgerufen:

```
Buggy.Move(position.X, position.Y)
```

≫ Tippe das alles ein und speichere es. Dann lasse das Programm laufen. Zufrieden?

Winkelfunktionen

Nein, natürlich nicht. Denn jetzt fehlt uns noch die Ausrichtung des Käfers. Diesmal ist es mit 90-Grad-Drehungen nicht getan. Kann das nicht auch eine Animation erledigen? Versuchen wir's.

Zuerst vereinbaren wir eine Eigenschaft für die aktuelle Ausrichtung der Spielfigur (als »Kommazahl«):

```
Protected Winkel As Double
```

Und hier folgt gleich die komplette `Rotate`-Methode (→ GAME4, CLASS2.VB):

```
Public Sub Rotate(xWeg As Integer, yWeg As Integer)
  ' Winkel berechnen
  Dim Grad As Double
  xWeg -= x : yWeg -= y
  Grad = Math.Atan2(xWeg, -yWeg) * 180 / Math.PI
  ' Animation vorbereiten, Figur ausrichten
  Dim animation As New DoubleAnimation()
  animation.From = Winkel
  animation.To = Grad
  animation.Duration = _
  New Duration(TimeSpan.FromMilliseconds(200))
  ' um Mittelpunkt drehen
  Dim bild As New RotateTransform()
  bild.CenterX = Dicke / 2 : bild.CenterY = Dicke / 2
  bild.BeginAnimation _
  (RotateTransform.AngleProperty, animation)
```

```
    Me.RenderTransform = bild
    ' neuen Winkel merken
    Winkel = Grad
End Sub
```

Zuerst geht es darum, den richtigen Winkel zu berechnen. Dazu brauchen wir den Weg, den die Spielfigur von ihrer aktuellen Position (x,y) bis zum Zielpunkt (xPos,yPos) zurücklegt. Und den bekommt man, wenn man den Abstand der beiden Koordinaten ermittelt.

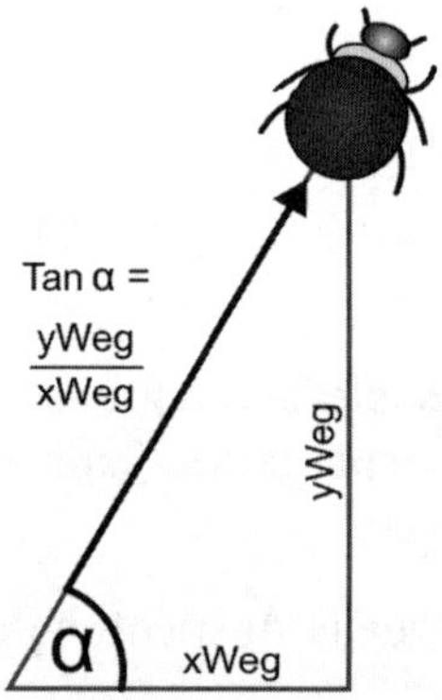

Die Rotate-Methode übernimmt die Zielposition, davon werden dann die Werte der Startposition subtrahiert:

```
xWeg -= x : yWeg -= y
```

Und dann wird es kompliziert. Doch ich mache es kurz: Vielleicht weißt du aus dem Matheunterricht, dass man für das Rechnen mit Winkeln die sogenannten Winkelfunktionen benutzt. Eine davon heißt **Tangens**, die Abkürzung ist Tan. Damit erhält man eine Zahl, die etwas über das Verhältnis der beiden Strecken xWeg und yWeg aussagt.

Wir brauchen hier aber einen Winkel, dazu ist die Funktion Atan da. Die übernimmt aber nur einen Wert. Bequemer wird es mit Atan2, denn da können wir die beiden Strecken übergeben (einen als negativen Wert), um den benötigten Winkel zu erhalten:

```
Grad = Math.Atan2(xWeg, -yWeg)
```

Damit haben wir den Winkel im sogenannten Bogenmaß, was wir hier nicht gebrauchen können. Also müssen wir das Ganze noch in richtige Gradzahlen umrechnen, womit die Formel dann so aussieht.

```
Grad = Math.Atan2(xWeg, -yWeg) * 180 / Math.PI
```

(Wenn du das kaum oder gar nicht verstanden hast: Merke dir einfach die Formel, wenn du mal einen passenden Winkel zu einer »schrägen« Strecke suchst.)

Wenn wir den Winkel haben, können wir ein geeignetes Animationsobjekt vereinbaren. Der Winkel liegt als Zahl vor, also bietet sich der Typ DoubleAnimation an:

```
Dim animation As New DoubleAnimation()
animation.From = Winkel
animation.To = Grad
animation.Duration = _
New Duration(TimeSpan.FromMilliseconds(200))
```

Winkel gibt die aktuelle (alte) Ausrichtung an, Grad die neue. Damit sich die Spielfigur zügig dreht, benutzen wir hier Millisekunden statt Sekunden für die Animationsdauer.

Und nun brauchen wir ein neues Objekt für die Rotation:

```
Dim bild As New RotateTransform()
```

Die Drehung soll natürlich um den Mittelpunkt der Spielfigur erfolgen, deshalb müssen wir das Ganze noch zentrieren:

```
bild.CenterX = Dicke / 2 : bild.CenterY = Dicke / 2
```

Dann kann die Animation beginnen:

```
bild.BeginAnimation _
(RotateTransform.AngleProperty, animation)
```

AngleProperty gibt an, dass es sich hier um eine Winkel-Animation handelt.

Und nun bekommt das TokenY-Objekt über RenderTransform die Daten, mit denen es sein Bild gedreht darstellen kann:

```
Me.RenderTransform = bild
```

Wichtig ist auch hier, dass zum Schluss der neue Winkel als aktuell vermerkt wird:

```
Winkel = Grad
```

Damit das Ganze auch in der Gesamtbewegung der Spielfigur ankommt, muss natürlich die Rotate-Methode in Move aufgerufen werden:

```
Public Sub Move(xPos As Integer, yPos As Integer)
  ' Ziel anpassen
  Rotate(xPos, yPos)
```

> Erweitere die TokenY-Klasse um die Rotate-Methode und deren Aufruf in der Move-Methode. Und vergiss die Winkel-Vereinbarung nicht. Dann lasse den Käfer frei.

Zusammenfassung

Hineingeschnuppert in die Spieleprogrammierung hast du nun und hoffentlich auch genug Ideen, um die Projektbeispiele weiterzuentwickeln. Denn du weißt jetzt auch, wie man in Visual-Basic-Projekten gezielt mit Maus und Tastatur umgehen kann, z.B.:

KeyDown	Methode, die auf eine gedrückte Taste der Tastatur reagiert
Key	Datentyp für den Tastatur-Code (eine ganze Zahl)
MouseDown	Methode, die auf eine gedrückte Maustaste reagiert
MouseMove	Methode, die auf die Mausbewegung reagiert
GetPosition	Methode, um die Position des Mauszeigers zu ermitteln

Auch für Animationen sind noch ein paar Elemente angefallen:

TransformedBitmap	Träger für Bilder, die transformiert werden sollen (z.B. Änderung der Größe, Neigung oder Drehung)
BeginInit	Methode, die eine Initialisierung eines Bild-Trägers einleitet
EndInit	Methode, die eine Initialisierung eines Bild-Trägers abschließt
RotateTransform	Transformationstyp für die Rotation
AngleProperty	Eigenschaftstyp der Animation: Drehwinkel eines Bildes

Und schließlich gibt es noch eine Handvoll weiterer Wörter, die sich hier angesammelt haben:

`For Each`	FÜR JEDES Element einer bestimmten Menge WIEDERHOLE etwas (Anweisungsblock)
`Atan2`	Arcus-Tangens für zwei Streckenwerte (die senkrecht aufeinander stehen)
`Point`	Punkt, der aus zwei Koordinatenwerten besteht

Zum Schluss

Das war es nun, das letzte Kapitel über Visual Basic. Aber beileibe nicht alles, was dieses Programmiersystem zu bieten hat. Wenn du dich tiefer in den Dschungel der Visual-Basic-Programmierung wagen willst, dann sollte dir das Hilfesystem von Visual Basic zur Seite stehen. Und auch im Internet ist unter dem Stichwort »Visual Basic« eine Menge zu finden.

Keine Fragen ...

... aber noch zwei Aufgaben

1. Ändere im Projekt GAME3 die `Move`-Methode so um, dass der Käfer jeweils verschwindet, wenn er an den Spielfeldrand kommt, und auf der anderen Seite wieder auftaucht.
2. Ersetze im Projekt GAME4 die Methode `MouseDown` durch `MouseMove`, sodass der Käfer dem Mauszeiger mit der Bewegung der Maus folgt.

Anhang A

Für Eltern ...

Programme selber schreiben? Manch einer wäre froh, wenn er auf dem heimischen PC überhaupt das Programm zum Laufen kriegt, mit dem er gerade arbeiten will. Und zu beneiden sind diese Programmierer ja auch nicht gerade, obwohl so mancher mit seinem Job gar nicht mal übel verdient.

Aber dem Computer mal sagen können, wo's langgeht, mit diesem Gedanken könnte man sich doch anfreunden. Nichts spricht dagegen, wenn Sie Ihren Kindern über die Schulter schauen, was die da so an Programmen aushecken. Vielleicht bringt es Sie dazu, auch selber mal in die vielen Kapitel vor diesem Anhang hineinzuschauen?

> Wenn Sie meinen, noch überhaupt nichts »von diesem Zeug« zu verstehen, können Sie sich auch erst mal ein Buch wie **Computer für Kids** vornehmen. Das macht Sie fit für den Umgang mit dem Computer und verhindert, dass Ihre Kids Ihnen zu schnell über den Kopf wachsen – was das Thema PC angeht.

Helfen können Sie Ihren Kindern auf jeden Fall erst mal bei der Installation von Visual Studio. Genaueres dazu steht in **Anhang B**.

Bei Visual Basic gibt es zwar Installationsprogramme, die dafür sorgen, dass alles sicher auf der Festplatte ankommt. Aber es kann ja nicht schaden, wenn man zu zweit versucht, alles auf dem PC einzurichten. Und so bekommen Sie auch mit, was da auf der Festplatte an neuen Ordnern und Dateien auftaucht:

- Das Standardverzeichnis von Visual Studio können Sie z.B. C:\VISUAL BASIC nennen. Sie können aber auch die Vorgaben von Visual Basic übernehmen. Daneben gibt es weitere Unterverzeichnisse (bzw. Ordner).
- Sämtliche Programmbeispiele zum Buch finden Sie ebenso wie die Lösungsprogramme als Download-Angebot auf der Verlags-Homepage unter

  http://www.mitp.de/206

- Die Herstellerfirma von Visual Basic, **Microsoft**, bietet selbst eine ganze Reihe weiterer Programme bzw. Projekte. Hier lohnt sich ein Blick auf eine dieser Internetseiten:

  http://www.microsoft.com/germany/msdn

  https://www.visualstudio.com/de-de/

  https://www.visualstudio.com/get-started/

  https://www.visualstudio.com/support/

USB-Sticks

Es ist nicht unbedingt nötig, dass Ihre Kinder einen USB-Stick benutzen, auf der sie ihre Programmierversuche speichern. Sie können auf der Festplatte einen Ordner z.B. mit dem Namen D:\VISUAL BASIC einrichten. Dort haben alle Programme Platz. Es kann aber nicht schaden, alles noch einmal zur Sicherheit auf USB-Sticks oder einem anderen Speichermedium außerhalb des PC unterzubringen.

Will Ihr Kind seine Dateien auf USB-Stick oder in den VISUAL-BASIC-Ordner speichern, ist es vielleicht nötig, dass Sie ihm dabei helfen.

... und für Lehrer

Weil Visual Basic sich in der vorliegenden Version nicht mehr vor Programmiersprachen wie C++, Java oder Delphi verstecken muss, könnte auch dieses Buch als Lernwerk für den Informatik-Unterricht in der Schule eingesetzt werden – vor allem, wenn Schüler aus der »Basic-Ecke« kommen.

Natürlich setzt jeder Lehrer seine eigenen Schwerpunkte. Benutzen Sie an Ihrer Schule bereits ein Werk aus einem Schulbuchverlag, so lässt sich dieses Buch vielleicht auch als Materialienband einsetzen – in Ergänzung zu dem vorhandenen Schulbuch. Weil dieses Buch sozusagen »von null«

anfängt, ist ein direkter Einstieg in Visual Basic möglich – ohne irgendwelche anderen Programmierkenntnisse.

Ein wichtiger Schwerpunkt in diesem Buch ist die **objektorientierte Programmierung** (OOP). Auf die wichtigsten Eigenheiten (Kapselung, Vererbung und Polymorphie) wird ausführlich eingegangen. Außerdem gibt es ein Kapitel zum Thema Spieleprogrammierung.

In den Projekten werden alle wesentlichen Elemente des Visual-Basic-Wortschatzes wie auch die wichtigsten Komponenten eingesetzt. In den Lösungen zu den Aufgaben finden Sie weitere Vorschläge zur Programmierung.

Speichermedien

Für den Informatik-Unterricht sollte jeder Schüler ein externes Speichermedium haben, um darauf seine Programmierversuche zu sichern. So wird verhindert, dass sich auf der Festplatte des Schulcomputers mit der Zeit allerlei »Datenmüll« ansammelt. Außerdem dient der eigene Datenträger dem Datenschutz: Nur der betreffende Schüler kann seine Daten ändern.

Regelmäßig sichern

Es kann nicht schaden, die Programmdateien, an denen gerade gearbeitet wird, etwa alle **zehn** Minuten zu speichern. Denn Computer pflegen gern gerade dann »abzustürzen«, wenn man seine Arbeit längere Zeit nicht gespeichert hat.

Anhang B

Visual Studio installieren

Visual Studio lässt sich recht einfach installieren. Genauer gesagt: Du installierst ein komplettes umfangreiches Paket, in dem u.a. Visual Basic enthalten ist. Dazu musst du nur ein paar Schaltflächen anklicken, um die Installation zu steuern. Im Zweifelsfall kannst du dir aber auch von jemandem helfen lassen.

Zuerst aber musst du dir das benötigte Paket aus dem Internet holen. Es heißt **Visual Studio Community** und ist kostenlos (im Gegensatz zu den anderen Versionen). Was nicht heißt, dass es nicht auch für Profis geeignet ist.

> Die folgende Installation wurde im Sommer 2015 durchgeführt. Zu späteren Zeiten kann es sein, dass Microsoft, der Hersteller von Visual Studio, durchaus einiges geändert hat. Außerdem könnten die Installationsschritte andere sein (das kann u.a. davon abhängen, was auf deinem Computer bereits von Microsoft vorhanden ist). Doch auch dann dürfte es kein Problem sein, Visual Studio erfolgreich zu installieren.

≫ Öffne nun deinen Browser und gib dort diese Adresse ein:

https://www.visualstudio.com/de-de/

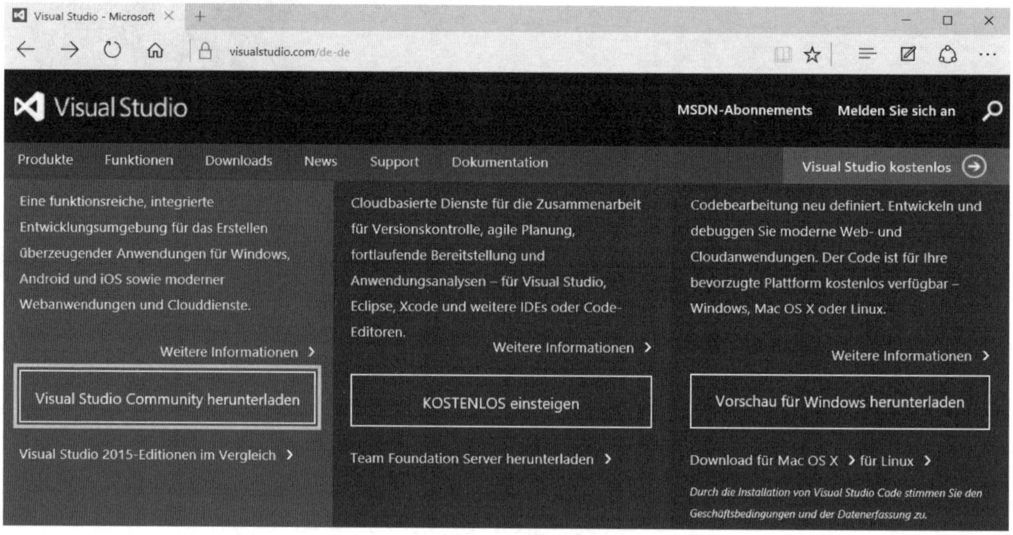

≫ Klicke dort auf den Eintrag VISUAL STUDIO COMMUNITY HERUNTERLADEN.

Und kurze Zeit später landet das (noch ziemlich kleine) Startprogramm auf deiner Festplatte. Wahrscheinlich im DOWNLOAD-Ordner (je nachdem, was du für deinen Browser als Download-Ziel eingestellt hast).

≫ Du kannst vom Browser aus über AUSFÜHREN das Setup starten. Oder du schließt den Browser wieder und öffnest das Fenster zu dem Ordner, in dem das SETUP-Programm liegt.

≫ Doppelklicke dort auf das Symbol für VS_COMMUNITY.EXE.

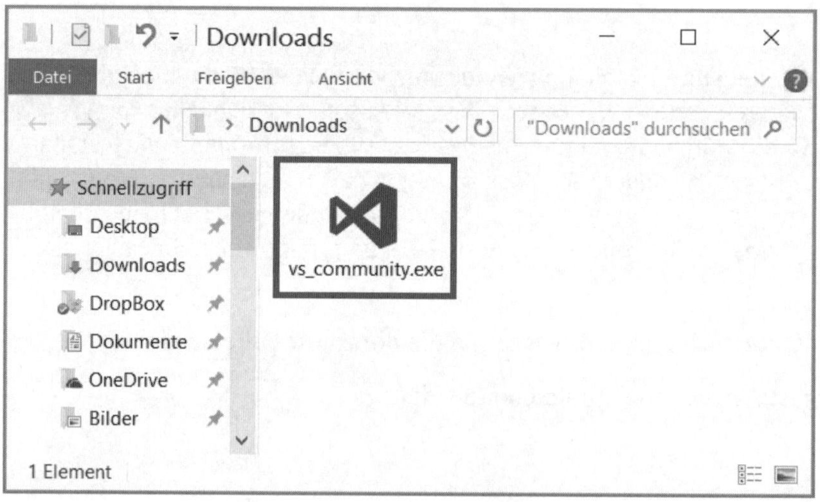

Einen Moment musst du nun schon warten, bis das SETUP-Programm loslegt. Zur Begrüßung erwartet dich ein solches Bild:

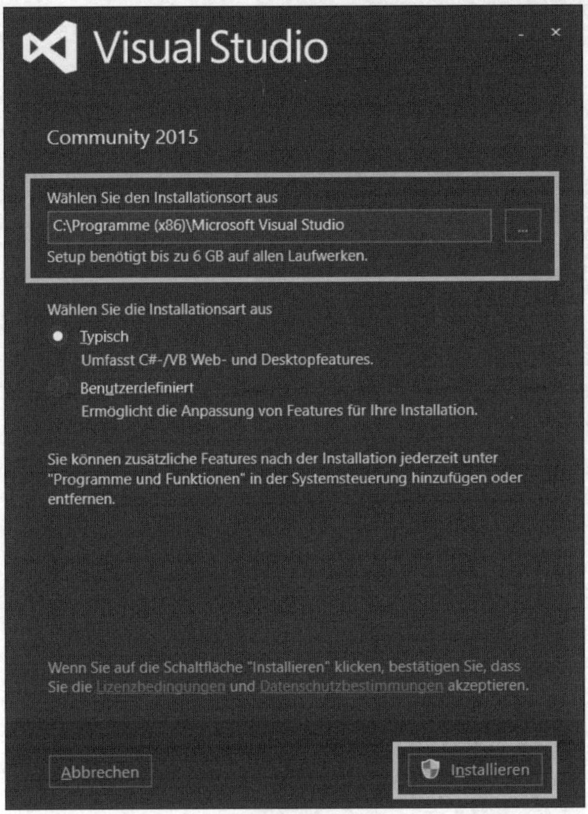

Du hast hier die Möglichkeit, z.B. das Verzeichnis zu ändern, in das Visual Studio installiert wird. Oder du schaltest von TYPISCH auf BENUTZERDEFINIERT um, wenn du selbst einiges einstellen willst.

≫ Ich empfehle: Lasse alles so, wie es ist, und klicke auf INSTALLIEREN.

Und nun wird installiert, dabei kannst du an den Balken den Fortschritt der Installation ablesen.

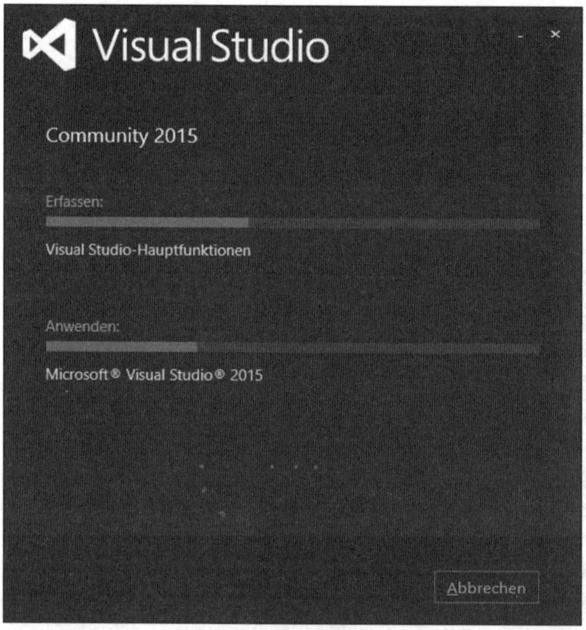

➢ Stelle dich auf eine (sehr) lange Wartezeit ein, bis alles installiert ist.

Zum Schluss erscheint diese Erfolgsmeldung:

➢ Klicke auf STARTEN.

Und einige Zeit später landest du in der Entwicklungsumgebung, in der du dann deine Projekte in Visual Basic erstellen kannst. Wie das geht, erfährst du dann ab Kapitel 1.

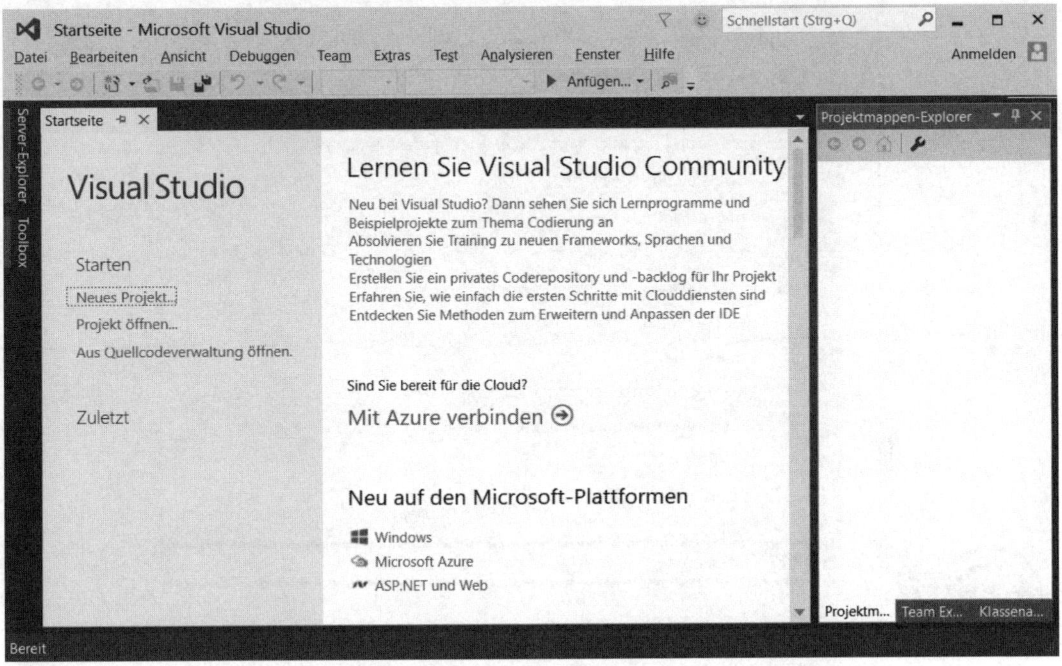

Möglicherweise bekommst du gleich oder irgendwann später das Angebot, dich bei Microsoft mit einem vorhandenen oder neuen Konto anzumelden. Den Zeitpunkt dazu kannst du selbst bestimmen. Allerdings muss die kostenlose (!) Registrierung nach 30 Tagen erledigt sein (Menüeintrag HILFE / PRODUKT REGISTRIEREN).

Einsatz der Buch-Dateien

Wenn du die Beispieldateien für Visual Basic ebenso wie die Lösungen nutzen willst, kannst du sie dir herunterladen, und zwar von der Seite

http://www.mitp.de/206

Für den Download klickst du einfach unten auf den Eintrag PROJEKTE.

Für die Projekte, die in Visual Basic erstellt werden, sind die Verzeichnisse voreingestellt.

Um die Standardeinstellung zu ändern, klickst du auf EXTRAS und OPTIONEN.

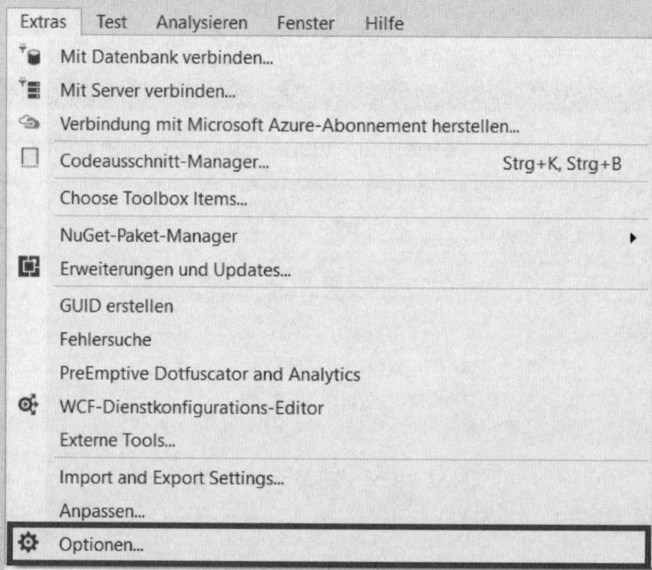

Im Dialogfeld findest du unter PROJEKTE und PROJEKTMAPPEN die aktuellen Pfadangaben. Du kannst sie so stehen lassen oder nach eigener Wahl anpassen.

Ich benutze im Buch einen Ordner namens D:\VISUAL BASIC.

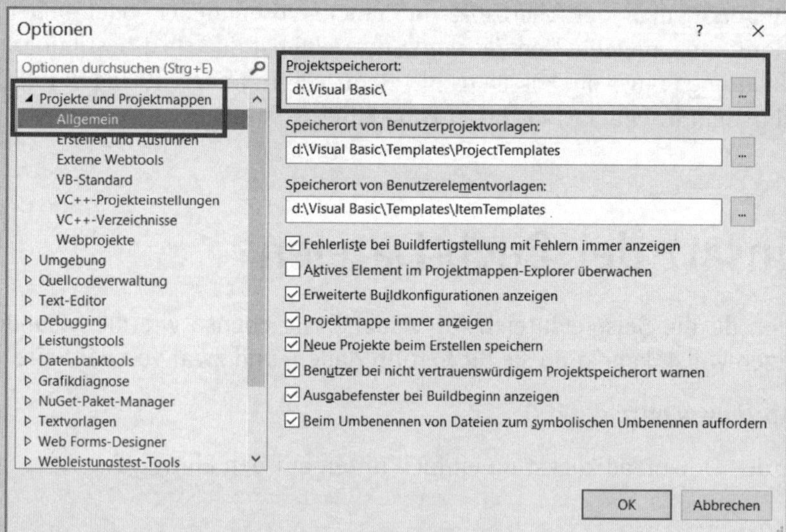

Anhang C

Die Suche nach Fehlern hat so manchen Programmentwickler schon an den Rand des Wahnsinns getrieben. Zumal die schlimmsten meist so gut verborgen sind, dass man zuerst daran zweifelt, sie jemals zu finden. Gerade deshalb ist es gut und wichtig, zu wissen, dass Visual Basic bemüht ist, dir dein Programmierleben so bequem wie möglich zu machen, und darüber hinaus auch eine Reihe von Werkzeugen zur Fehlersuche bereitstellt.

Kleine Checkliste

Etwas falsch zu machen, ist fast immer ärgerlich! Deshalb hier noch eine kleine Checkliste, die man sich hin und wieder einmal anschauen sollte:

- Sind vielleicht scheinbare »Kleinigkeiten« wie z.B. Punkt, Doppelpunkt (:) oder Unterstrich (_) vergessen worden?
- Sind alle Blöcke einer Programm-Einheit (z.B. hinter `Class`, `If`, `Do`, `For`, `Try` oder in Methoden) auch abgeschlossen? (Oft fehlt eine `End`-Zeile.)
- Haben Methoden (Prozeduren, Funktionen) ihre nachfolgenden Klammern – auch wenn die Parameterlisten leer sind?
- Steht jede Anweisung in einer eigenen Zeile oder wurde der Doppelpunkt zum Trennen von Anweisungen benutzt?

- Wurde bei Anweisungen, die nicht in eine Zeile passen oder sollen, am Zeilenende ein Unterstrich gesetzt (und steht davor auch ein Leerzeichen)?
- Können Bedingungen z.B. hinter `If` oder `While` oder `Until` überhaupt erfüllt werden?
- Sind alle Variablen, Objekte, Methoden (richtig) vereinbart?
- Haben Variablen und Parameter, die weiterverarbeitet werden sollen, einen (sinnvollen) Wert?
- Passt bei Zuweisungen der Typ links und rechts vom Zuweisungsoperator (=)? Stimmen bei der Übergabe von Methodenparametern Typ und Anzahl überein?

Dem Fehler auf der Spur

Weil allzu viele Fehler so hinterlistig sind, sich nicht gleich zu zeigen, müssen sie erst einmal aufgespürt werden. In Visual Studio gibt es deshalb einige Hilfsmittel, die dir bei der Suche nach Fehlern helfen können.

Alle zusammen gehören zum sogenannten **Debugger**. Das bedeutet zu Deutsch so viel wie »Entwanzer«. Damit ist hier kein Desinfektionsmittel gemeint, sondern ein Zusatzprogramm, das dir dabei hilft, Fehler zu finden.

Der Name kommt daher, dass unter Programmierern meist nicht von Fehlern, sondern von **Bugs** (gesprochen: Baggs) die Rede ist. Und um so einen Bug (englisch für »Wanze, Ungeziefer«) auszumerzen, dafür gibt's den Debugger.

Der kann ein Programm zum Beispiel in einzelnen Schritten ablaufen lassen oder dafür sorgen, dass es nur bis zu einer bestimmten Stelle ausgeführt wird. Mehr darüber erfährst du über das HILFE-System von Visual Studio.

Ein Programm in Einzelschritten laufen lassen

Um genau beobachten zu können, was ein Programm macht, kann es nützlich sein, dass jede Anweisung einzeln ausgeführt wird. Dann lässt sich der Programmlauf Schritt für Schritt mit einem Tastendruck steuern:

- Starte das Programm nicht wie üblich, sondern drücke die Tastenkombination [F10]. Dann wird jede Anweisung einzeln ausgeführt. So kannst du beobachten, was das Programm an welcher Stelle macht. (F10 entspricht dem Menüpunkt DEBUG/PROZEDURSCHRITT.)

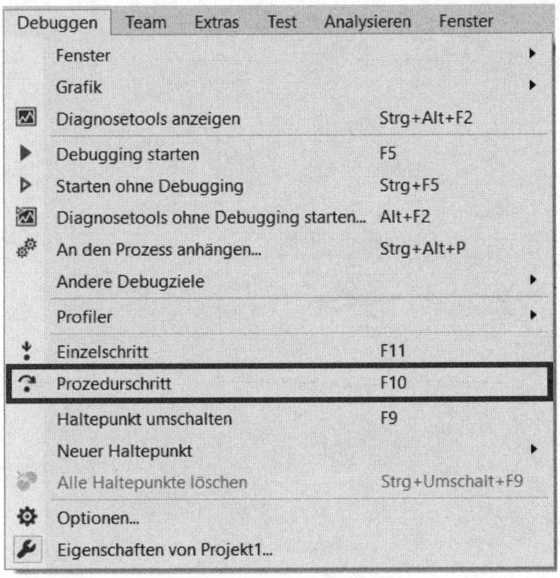

◇ Weil F10 auch Methoden wie eine einzelne Anweisung betrachtet, wird eine Methode (Prozedur/Funktion) in einem Schritt ausgeführt. Deshalb gibt es noch die Möglichkeit, die Taste F11 zu nutzen. Damit werden auch die Anweisungen in einer Methode einzeln ausgeführt. (F11 entspricht dem Menüpunkt DEBUG/EINZELSCHRITT.)

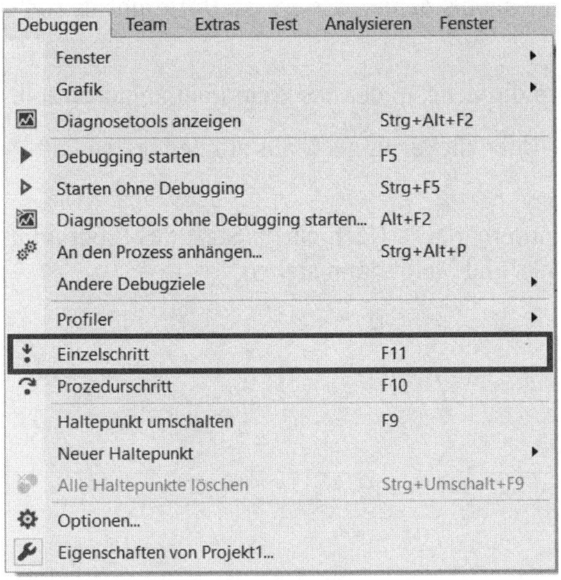

◇ Falls du die schrittweise Programmausführung wieder abbrechen möchtest, bringst du sie über DEBUG / DEBUGGEN BEENDEN wieder zum Stillstand. (Das gilt auch, wenn das Programm in einem Laufzeitfehler steckt.)

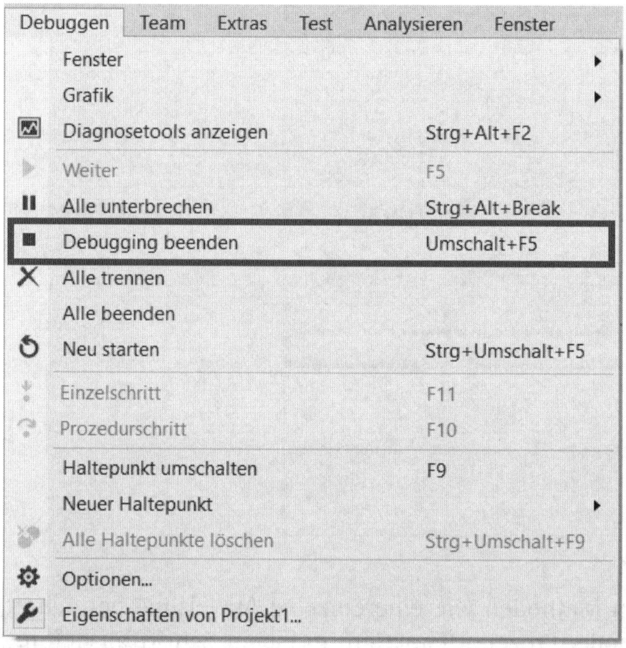

Haltepunkte setzen

Es kann auch nötig sein, ein Programm an genau einer bestimmten Stelle anzuhalten, um zu sehen, was bis dahin passiert ist. Dazu gibt es sogenannte Haltepunkte:

◇ Setze den Textcursor in die Zeile, in der das Programm anhalten soll.

◇ Drücke die Taste F9. (Oder klicke mit der Maus auf den linken Editorrand.)

Die betreffende Zeile ist nun markiert. Nach einem Start des Programms läuft es bis zu diesem Punkt und bleibt dann stehen.

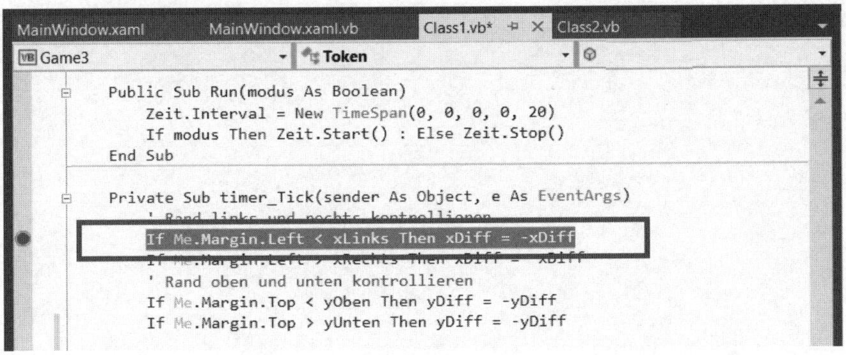

- Mit erneutem Klick auf DEBUG/DEBUGGEN STARTEN bzw. mit [F5] läuft das Programm weiter – bis zum nächsten Haltepunkt (falls es einen gibt) oder bis zum Ende.
- Ausschalten kannst du Haltepunkte, indem du den Textcursor darauf setzt und wieder die Taste [F9] drückst (wie zum Einschalten).

Stichwortverzeichnis